人生修炼必读丛书

学会低头才能出头

Xuehuiditou
cainengchutou

耕涛 ◎ 编著

内蒙古大学出版社

图书在版编目(CIP)数据

学会低头才能出头/耕涛编著. —呼和浩特:内蒙古大学出版社,2008.3

(人生修炼必读丛书)

ISBN 978-7-81115-352-1

Ⅰ.学… Ⅱ.耕… Ⅲ.成功心理学—通俗读物 Ⅳ.B848.4-49

中国版本图书馆 CIP 数据核字(2008)第 033058 号

书　　名	人生修炼必读丛书(1-4 册)
编　　著	耕　涛
责任编辑	石　斌
出　　版	内蒙古大学出版社
	呼和浩特市大学西路 235 号(010021)
发　　行	内蒙古新华书店
印　　刷	北京旺银永泰印刷有限公司
开　　本	787×960　1/16
印　　张	64
字　　数	800 千
版　　期	2008 年 5 月第 1 版 2008 年 5 月第 1 次印刷
标准书号	ISBN 978-7-81115-352-1
全套定价	119.20 元

前言

低头是为了更好出头

人生路上,低头是一种智慧,一种境界。

有人问过苏格拉底:"您是天下最有学问的人,那么您说天与地之间的高度是多少?"苏格拉底毫不迟疑地说:"三尺!"那人不以为然:"我们每个人都五尺高,天与地之间只有三尺,那不是要戳破苍穹吗?"苏格拉底笑着说:"所以,凡是高度超过三尺的人,要立于天地之间,就要懂得低头。"

那么为什么要"低头"呢?

怀着满腔热血,揣着远大抱负,想轰轰烈烈干一番事业,是每个有理想的人都有的愿望。但是,在前行的人生道路上难免品尝失意的苦涩滋味,纷繁复杂的现实世界并不像我们所想象的那么美好。面对坎坷、荆棘,现实的人会吸取教训,会审视、思索,采用迂回缓和的方法去战胜和超越;而理想的人则会傲气不敛,锋芒毕露,小觑或无视生活有意无意设置的低矮"门框",其结果,只能被碰得头破血流。

碰壁并不可怕,可怕的是碰不回头,痛不思变。在厚重坚固的"门框"前面,暂时低头并不意味着卑屈和纡降人格,更不表明失去原则和自尊,而是一种艺术的处世方法和智者的表现。

相反,那些自认为怀才不遇的人,往往看不到别人的优秀;愤世嫉俗的人,往往看不到世界的美好。只有敢于低头并不断否定自己的人,才能够不断吸取教训,才会为别人的成功而欣喜,为自己的善解人意而自得,才会在挫折面前寻找失败的原因。

由此可见,只有那些能屈能伸之人才会懂得"低头"之道。能屈能伸,刚柔兼济,从来不失男子汉大丈夫的气度和风范。一时的低头是为了长久的出头,正如暂时的退让是为了更好地前进一样,不失为一种快捷的方法。虽然我们没有苏格拉底的豁达,但是学会低头,拥有谦逊的美德,的确是每个人都要学会的。

学会低头,就学会了审时度势,牺牲小局,着眼全局,忍小气,谋大事;学会低头,也就能顺利跨越生活中意想不到的低矮"门框"而免受无谓的伤害。当你从困惑中走出来时,你会发现,低头其实是一种难得的境界。你会发现,有时,稍微低一下头,我们的人生路会走得更精彩。

第一章 低得了头,才出得了头

> 低头做人并不是无奈之举,而是我们自身发展的需要。只有低头,我们才能顺利地走过生活的风风雨雨。我们都是生活在这个世界上的凡夫俗子,凡人就有无法企及之事,对于我们做不到的、或者是无力承担的东西,我们就要低头承认自己能力的缺失,推掉我们承载不起的负担,让自己活得轻松快乐一些,这是智者之所举。

1. 低头做人是为了更好地出人头地 ·············· 3
2. 没有你的世界照样会转 ·············· 5
3. 做得了孙子,才能当得了老子 ·············· 7
4. 低势者得天下 ·············· 9
5. 低头只为躲屋檐 ·············· 11
6. 意气用事不明智,适当低头是正理 ·············· 13
7. "眼泪"是一种低头的哲学 ·············· 15
8. 地低成海,人低称王 ·············· 17
9. 木秀于林,风必摧之 ·············· 19
10. 低处处事,高处成事 ·············· 21
11. 只有舍非常之舍才能得非常之得 ·············· 23
12. 彰显有度只为留得青山 ·············· 25
13. 卧薪尝胆只为日后扬眉吐气 ·············· 26
14. 自贬自嘲人常在 ·············· 28

第二章 谦卑处事,抬头做人

> 一个懂得谦卑的人,是一个真正懂得积蓄力量的人,谦卑的态度能够避免给人造成张扬狂妄的印象,而这种印象对于一个人的生活与工作相当重要。正如日本著名的企业家松下幸之助所说:"谦和的态度,常常使别人难以拒绝你的要求,这也是一个人无往不胜的要诀!"

1. 谦卑处事天地宽 ………………………………………… 33
2. 要谦卑处事,但不是苟且偷生 ………………………… 35
3. 别让傲慢毁了自己 ……………………………………… 37
4. 成人之美,与人为善,何乐而不为 …………………… 39
5. 装得了糊涂,左右才能逢源 …………………………… 41
6. 只有放下公平,你才能得到公平 ……………………… 43
7. 绕道而行或许路更宽 …………………………………… 45
8. 迂回前进才是平坦之道 ………………………………… 47
9. 为人处世要通晓走曲线弯路 …………………………… 49
10. 舍弃固执就是舍弃累赘 ………………………………… 51
11. 放弃个性才能谦卑处世 ………………………………… 53
12. 以屈求伸,知耻而后勇 ………………………………… 55
13. 冷庙烧香只因奇货可居 ………………………………… 57
14. 欲扬先抑更有威力 ……………………………………… 59
15. 头撞南墙也回头 ………………………………………… 61
16. 好马也吃回头草 ………………………………………… 63

第三章 谦逊交际,得人脉至宝

> 有一位智者曾写下这样几句话:"对上级谦逊,是一种本分;对平级谦逊,是一种和善;对下级谦逊,是一种高贵;对所有的人谦逊,是一种安全。"无数的经验事实告诉我们:谦逊可以让一个人从平凡走向辉煌,而狂妄只会让一个人从巅峰滑向深渊。与人交往的过程中,保持谦逊的态度,不仅能让自己得到别人的认可,更能为自己获得人脉至宝!

1. 姿态低一点,人脉广一点 …………………………………… 67
2. 大话少一点,人际关系好一点 …………………………… 68
3. 放下身份路更宽 …………………………………………… 70
4. 只有放下架子,才能做到礼贤下士 ……………………… 72
5. 减少自己的脾气,提高自己的人气 ……………………… 74
6. 不逞口舌之快,以免误伤人心 …………………………… 76
7. 不做无谓之争,防止无谓的矛盾 ………………………… 78
8. 面子是小,人际是大 ……………………………………… 81
9. 好为人师不如拜人为师 …………………………………… 82
10. 为人认真,但不能太较真 ………………………………… 84
11. 故人面前莫得意 …………………………………………… 86
12. 乐于忘记,相逢一笑泯恩仇 ……………………………… 88
13. 以心换心赢真诚 …………………………………………… 90
14. 只有得理饶人才能征服人心 ……………………………… 92

第四章 低头拉车只为游刃职场

> 老子说:"国之利器不可示人",职场做人也一样,深藏自己的拿手绝技,不要展露无遗,点点滴滴地展示自己的造诣,才能让人觉得你的厉害。含蓄节制乃生存与制胜的法宝,在重要事情上尤其如此,千万不要因为自己的才能而让自己当了出头鸟,死到临头还不知道是什么东西害了自己。

1. 人微言轻,少说多听 …………………………………… 97
2. 急流勇退是因迂回有道 ………………………………… 98
3. 将上司尊敬到底 ………………………………………… 100
4. 枪打出头鸟 ……………………………………………… 103
5. 同事面前莫逞能 ………………………………………… 105
6. 高职位是忍出来的 ……………………………………… 107
7. 承担责任要量力而行 …………………………………… 109
8. 批评意见需虚心接受 …………………………………… 111
9 莫忘和他人分享快乐 …………………………………… 113
10. 劲风不折墙头草 ………………………………………… 115
11. 名利是小,生存是大 …………………………………… 117

12. 善与下属平起平坐 …… 120
13. 多看多做,少说少问 …… 122
14. 低头帮人,抬头谢人 …… 124
15. 别忘记自己的身份 …… 126
16. 走远了不忘停下来等等别人 …… 128
17. 只有坐得了冷板凳,才能坐得了高堂 …… 130
18. 不妨自己给自己穿小鞋 …… 133

第五章 低头求人,高效办事

> 人生在世,难免要求助于他人。求人办事又是一件非常困难的事情,涉及人的尊严。抹不开面子,没有足够的胆量,求人难以成功。要想高效求人办事,首先要做到一点:勇敢地低下头来。

1. 有求于人,必先低势于人 …… 137
2. 适当示弱,博人同情得人心 …… 139
3. 求人办事不是命令人 …… 141
4. 淡泊名利才能宠辱不惊 …… 143
5. 锋芒毕露必遭拒绝 …… 145
6. "说软话"是必要的 …… 147
7. 落难之时别逞强 …… 149
8. 欲取于人,必先给予人 …… 151
9. 藏锋显拙只为顺利成事 …… 153
10. 故意弯腰是为笼络人心 …… 155
11. 借力行事必先低头求人 …… 157
12. 要央求更要婉求 …… 159
13. 请求中不妨加点眼泪 …… 161
14. 大脸面求胜,小脸面求败 …… 163
15. 跌倒了,不妨先不站起来 …… 165
16. 贬低自己是为了捧高别人 …… 167

第六章　成败之争，低头不误前进

> 我们生活在一个竞争的时代，但是，有斗志并不一定要逆流而上，知难而进，其实低头迂回也不失为一计良策。老子说："大直若曲"、"不争为大争"，前进是检验能力的一种标准，低头不误前进更能体现人的能力与素质。

1. 低头是为了更快地前进 …………………………… 171
2. 让他三尺又何妨 …………………………………… 173
3. 不必事事都要强出头 ……………………………… 175
4. 用一丑来掩百丑 …………………………………… 177
5. 用弱点来迷惑对手 ………………………………… 179
6. 明着认输是为了暗中较劲 ………………………… 181
7. 放弃一点是为了得到十点 ………………………… 183
8. 以低就高，以弱图强 ……………………………… 186
9. 假痴不癫，深藏不露 ……………………………… 188
10. 不要告诉人家你比他更聪明 …………………… 190
11. 拥抱敌人是为了更好地打击敌人 ……………… 192
12. 忍辱负重才能厚积薄发 ………………………… 194

第七章　缩首畏尾，只求自保

> 为人处世，千万不要因为眼前的短期利益或者面子，而忍受不了小小的委屈或者让步，结果因小失大，追悔莫及。其实，在人生很多时候，都应该时时提醒自己，懂得放小取大，及时缩头也没有什么丢人之处，因为那是一种自保的智慧。

1. 暂时低头是为了永远抬头 ………………………… 199
2. 鸡蛋碰石头，受伤的是自己 ……………………… 202
3. 暂避锋芒以求保全自己 …………………………… 204
4. 两面倒是为了更好地自保 ………………………… 206
5. 明哲才能保身 ……………………………………… 208

6. 防范小人是为了躲避冷枪暗箭 ………………………………… 210
7. 装疯卖傻只为委屈求存 …………………………………………… 212
8. 委曲求全只等出头之时 …………………………………………… 215
9. 得意忘形只会毁了自己 …………………………………………… 217
10. 恃才傲物定遭恨 ………………………………………………… 219
11. 好草必先遭啃食 ………………………………………………… 221
12. 功成身退以免兔死狗烹 ………………………………………… 222

第八章　低头的温柔,只为心中的爱

有人说,爱情是一场博弈,但爱情不是战争,既不能用爱来制约对方,也不是用来打败对方的。爱是一种柔韧、持久、坚强的力量。夫妻之间,并无高下贵贱之分,谁付出更多一些,这些都无关紧要。重要的是低头可以赢得关系的和谐,赢得美满的家庭。

1. 做得了奴隶,才能做王子 ………………………………………… 227
2. 服得了软,才爱得了人 …………………………………………… 229
3. 下得了厨房,才上得了厅堂 ……………………………………… 231
4. 低头迎纠纷,不了而了 …………………………………………… 233
5. 给对方台阶,就是给自己台阶 …………………………………… 235
6. 是赌气还是赌情 …………………………………………………… 237
7. 软声细语牵住爱情 ………………………………………………… 239
8. 爱情没有输赢对错之分 …………………………………………… 240
9. 认错是为了更多的和谐 …………………………………………… 242
10. 低头认错以免鱼死网破 ………………………………………… 244

第一章

低得了头，才出得了头

低头做人并不是无奈之举，而是我们自身发展的需要。只有低头，我们才能顺利地走过生活的风风雨雨。我们都是生活在这个世界上的凡夫俗子，凡人就有无法企及之事，对于我们做不到的、或者是无力承担的东西，我们就要低头承认自己能力的缺失，推掉我们承载不起的负担，让自己活得轻松快乐一些，这是智者之所举。

1 低头做人是为了更好地出人头地

俗话说:总想着比别人高一头的人,最后会比别人低几个头。眼空一切,目中无人,并非就能证明自己真的高人一等了,很多时候只有先低头,才能换来出头的机会。

一只漂亮的蝴蝶从敞开的窗户飞了进来,在房间里一圈又一圈地飞舞,显然有些惊慌失措,果然,它迷路了。左冲右突地努力了好几次,它都没有飞出房子。而它之所以无法从原路飞出去,原因就是它总是在房间的顶部空间找寻出路,却总不肯往低处飞——而那低一点的方向就是敞开着的窗户的位置。甚至有好几次,它都飞到离开着的窗户的顶端只有两三寸的位置了,但它就是不肯再飞低一点!只要飞低一点点,它就可以重新回到外面广阔的天地中了。最终,这只不肯低飞一点的蝴蝶耗尽了所有气力,奄奄一息地飘落到桌子上,就像一片毫无生机的枯叶。

马哈鱼相较蝴蝶来说,则显得更加的死板。马哈鱼是生活在深海之中的一种非常漂亮的鱼类,银肤燕尾大眼睛,只有到了春夏之交繁育后代的时候,它们才会成群结队的随着海潮漂游到浅海。但是它们空有一副美丽的外表,行动上却是死脑筋一根。每年它们溯流产卵、繁育后代之际,也是渔民们开始捕捞它们的大好时节。马哈鱼"个性"很强,遇事不爱转弯,即使闯入罗网之中也不会停止,所以渔民们捕捉它们的方法非常简单:用一个孔目粗疏的竹帘,下端系上铁坠,放入水中,由两只小艇拖着,拦截鱼群。只要第一只进入渔网之后,后面所有的都会前赴后继地陷入到竹帘孔中,然后一拉绳子,帘子随之收紧,马哈鱼被激怒,瞪起眼睛,张开脊鳍,更加拼命地往前冲,结果被牢牢卡死,轻轻松松就被渔人所获。

一些人经常抱怨自己的人生路越走越窄,离成功的距离也越来越远;同时对原有的行事方式或者是思维习惯又不加以改变,就像那些最后一败涂地甚至搭上了自己性命的蝴蝶和马哈鱼一样。其实我们大可不必这样。俗话说得好,"东方不亮西方亮",只要我们对自己的目标稍作调整,改换一下思路,就会出现柳暗花明又一村的无限风光。

在人生道路上,很多人都用不屈不挠、百折不回作为自己的座右铭,要想有所成就,的确是需要这样一股子韧劲,但是不分场合情境地盲目遵循,最后的结果就只能是输掉自己,输掉一切!所以用平和的心态,低头做人是最基本的生活常识。相信大家都见过这样的场景。在大雪纷飞的山谷中,雪花落满了雪松的枝丫。当积雪的厚度达到一定程度时,雪松那富有弹性的枝丫就会向下慢慢弯曲,直到积雪一点一点地从枝上滑落。通过这样反复地积,反复地弯,反复地落,等到来年春暖花开之时,雪松依旧俊俏挺拔。再看看山谷中其他的树,因为不懂得弯腰低头,枝丫早被积雪压断了,再也无法体验到春回大地的感觉。所以不要将低头弯腰作为不齿,要知道,只有低得了头,才能获得新的出头之日。

中国有句谚语说,"既在矮檐下,焉敢不低头",将低头说成是被迫的无奈之举,其中隐含的另一层意思也就是说一旦走出"矮檐",就该挺直腰杆,昂首阔步。这其实是一种误解。做人的境界有两层,一是堂堂正正做人,另一个就是低头做人。"堂堂正正做人"的意思就是说为人处世要光明磊落,真诚正直,但绝不是那种昂首向天,目空一切,如果那样,迟早也会栽跟头;"低头做人"的意思就是说为人要有自知之明,知道自省,但绝不是毫无立场,见风使舵,甚至是奴颜婢膝,懦弱无能。

低头做人并不是无奈之举,而是我们自身发展的需要。只有低头,我们才能顺利地走过生活的风风雨雨。正因为我们都是生活在这个世界上的凡夫俗子,所以就不可能是十全十美,就会犯错,既然犯了错就该低头认错,只要是一个良心未曾泯灭的人,就不会允许自己做错上加错的违背自己良心道德的事;所以就不可能凡事做到完美无缺,总有我们能力无法企及之事,对于我们做不到的、或者是无力承担的东西,我们就要低头承认自己能力的缺失,推掉我们承载不起的负担,让自己活得轻松快乐一些,这是智者之所为;所以就摆脱不了人情世故,难免会有与人冲突的时候,只要无关重要的原则问题,就低一下头,自己吃点亏,也无伤大雅,俗话说退一步海阔天空嘛。

在时下这个充满了激烈竞争的商品经济时代,商场就犹如战场一样,也需要懂得低头做人的道理,只有这样才能在时代的经济浪潮中屹立不倒。比如:向竞争对手低头,竞争可能两败俱伤,退出,转产新的产品,为双方都留下生存的空间;向合作方低头,让利给对方,以求得长久的合作,取得最后双赢的效果;向自己的员工低头,虚心征求他们对于企业发展的意见,给员工分发红利,为自己企业的发展注入新的动力,等等。一个只知道高昂头颅抬头看天、逞强好胜的商人,是无法在市场竞争中挺立不倒的。

走路的时候需要抬头,这样才能看清前行的方向;走路的时候也需要低头,这样才能知道自己前进的路上有没有障碍,自己才能够走得平稳。做人也是一样,有时需要抬头看人,这是对他人的一种尊重,也是对自己的一种信任;有时需要低头,这样才不会让自己锋芒毕露,才能更好的学习别人的长处,获得更多前进的动力。

人生在世,外界的压力使我们不得不去承受,在承受不住的时候,不妨低一下头,就像风雪中的青松那样,这样就不至于被压垮。

2 没有你的世界照样会转

人生之初都是平等的,造物主并没有事先就规定好谁应该是头顶光环、名气压人,也没有命令谁就是低三下四,可怜巴巴的。如果你做出了一番大事业,获得了成功了,有了大名声,但人还是那个人;如果你的一生都是平平凡凡,默默无闻的,那你也依然是人类社会中的一分子。

人们拼尽一生所追求的权势钱财,到头来也不过是"生不带来,死不带去"的身外之物,所以即使你腰缠万贯,权势通天,说到底你也只是普通人一个,世界不会因为少了你一个就停止了它的转动。所以,别把自己不当普通人。

在美国纽约的一个又脏又乱的候车室里,靠门的座位上坐着一个满脸疲惫的老人,衣服上的尘土及鞋子上的污泥表明他走了很长的路。列车进站,开始检票了,老人不紧不慢地站起来,准备往检票口走。忽然,候车室外走来一个胖太太,她提着一只很大的箱子,显然也要赶这趟车,可能是箱子太重,累得她呼呼直喘。人们都在不断地涌向检票口,胖太太向四周看了看,最后目光落在了那个满身尘土的老人身上,冲他大喊:"喂,老头,你给我提一下箱子,我一会儿给你小费。"那个老人想都没想,拎过箱子就和胖太太朝检票口走去。

他们刚刚检票上车,火车就开动了。胖太太抹了一把汗,庆幸地说:"还真多亏你,不然我非误车不可。"说着,她掏出一美元递给那个老人,老人微笑地接过。这时,列车长走了过来:"洛克菲勒先生,请问我能为你做点什么吗?""谢谢,不用了,我只是刚刚做了一个为期三天的徒步旅行,现在我要回纽约总部。"老人客气地回答。

学
会
低
头

才
能
出
头

"什么？洛克菲勒？"胖太太惊叫了起来，"上帝，我竟让著名的石油大王洛克菲勒先生给我提箱子，居然还给了他一美元小费，我这是在干什么啊？"她忙向洛克菲勒道歉，并诚惶诚恐地请洛克菲勒把那一美元小费退给她。"太太，你不必道歉，你根本没有做错什么。"洛克菲勒微笑着说道，"这一美元，是我挣的，所以我收下了。"说着，洛克菲勒把那一美元郑重地放在了口袋里。

此则故事说明：人生需要有一颗平和之心，不要自己看高自己，也别拿自己不当普通人。有时候不把自己太当回事，这样反而更能赢得别人的尊重与爱戴。

过多的追名逐利，往往只会让人失去人的最纯真的本性，甚至扭曲了自己的心灵；那些品格修养达到了一定境界的人，从来都只是将名利当作身外之物，在他们的心中，人之俱生来的那种自然、单纯的状态，才是他们孜孜追求的。一个真正称得上大人物的人，虽然身居高位，但仍懂得如何去做平常人，他们从来都是虚怀若谷的，他们不会因为自己腰缠万贯而变得盛气凌人，他们也从来不会见人就喋喋不休地述说着自己成功的经历，甚至是对于那些曾经对自己"居心叵测之人"，他们也只是以"不以物喜，不以己悲"的心态淡然处之，仍旧平和地去干着自己分内的事情。

只有以平常心面对人生，才会有平常的生活，才会有真正的成功和幸福。否则一不小心碰到了挫折，便会经受不起，一击即垮。

老李在部门里曾是副主管，因为工作的变动到了一个新的部门，这个部门似乎没有以前的职位风光，也没有以前的地位显赫，于是他总是担心别人会有什么其他的想法："怎么回事，是不是犯了错误被下放了啊，"等等，虽然是正常的工作调动，而且也是自己一直希望的，但还是担心别人会说些什么，于是除了工作之外的时间他都窝在家中，好久都不曾在外露面。

有一天老李在大街上遇到了过去的一个老熟人老张，他问道："这段时间去你们单位总没见着你，怎么，不做老总啦？调到哪儿去了？"老李当下心里一紧，慢悠悠地说了一句："不做了，调北京办事处去了。"老张说到："好呀，祝贺你！"老李无可奈何地笑了笑："有时间去玩呀。"然后作别。但是心里总有一种淡淡的感觉，害怕老张是在笑话他。

过了不久，恰巧在某处又碰到了老张，他说："听说你不做老总了，调哪儿去了呢？"老李心想："你这人怎么这样，这么不在意人，不是同你说过了吗？"但最后还是淡淡地说："我调北京办事处去了，有时间去玩。"他好像一下恍然大悟："噢，对了对了，你说过的，对不起呀对不起呀，我忘了。"听了他这话，老李心里突然清朗起来,好像是一下子悟出了什么来。是呀,自己整天担心别人说什么,整天把自己当回事,但别人早把自己忘了,于是,照旧同原来一样,同朋友们一起喝酒聊天,大家依然是那样的热情,依然是那样的真诚和开心。

由此可见,其实所有的担心和疑惑,所有的不堪和烦恼,都只不过是因为自己杯弓蛇影的自恋和自虐而已,在别人的心中自己并不如自己所想像的那般重要!

生活中我们常常会为自己无意之中说错了一句话,或者做了一个不得体的举动让他人产生了误会而耿耿于怀,总想着给周围所有的人都解释一下这只是自己的一个无心之过,但实际上也许别人早就把它当作过眼烟云了。现在的生活节奏越来越快,每个人对自己的事情都处理不完,那还有精力去关心那些与自己不太相关的事情?事情一旦过去,就没有人会去理会别人曾经说过的一句闲话,或者一个小的过失、疏忽。只要你不对别人造成什么伤害,没有损害到别人的切身利益,就没有人会对你的失误或尴尬太在意,也许新一轮太阳升起的时候,别人什么事都没有了,只有自己还在耿耿于怀。所以你要明白一点,自己只是一个普通人,别人并不会太在意你的。

3　做得了孙子,才能当得了老子

人生一世离不开忍耐,无论是现在当孙子还是以后想当老子,都需要忍耐。清代金兰生《格言联璧·存养》中说:"必能忍人不能忍之触忤,斯能为人不能为之事功。"只有忍常人所不能忍,才能成别人所不能成之大事!

忍,不仅仅是一种充满了韧性的战斗,而且还是一种能让人永不败北的处世法宝,更是一种能让人战胜危难和排除险恶的有利武器。宋代的苏洵也曾经说过:"一忍可以制百辱,一静可以制百动。"历史上,很多有志之士也是经过"忍"的磨炼,才获得后面令世人瞩目的成就的。正是因为"忍",他们才从一个"孙子"成长为一个"老子"!

战国时有一位忍辱负重、奋斗不息的杰出军事家,他一生坎坷不平,甚至连

真实姓名都没留下,只因其曾遭陷害受过膑刑(砍掉两块膝盖骨的刑罚),故史书上称他为孙膑。

孙膑少年时便胸怀大志,准备作出一番大事业,所以他下定决心要学习兵法。成年后,他出外游学,又到深山里拜精通兵法和纵横捭阖之术的隐士鬼谷子先生为师,勤奋地学习兵法阵式。孙膑也算天资聪颖,于是鬼谷子就把《孙子兵法》教给孙膑,想不到三天他便能倒背如流,并能根据自己的理解阐述出许多精辟独到的见解。鬼谷子为他奇异的军事才能而兴奋地说:"这一下,大军事家孙武后继有人了!"

与此同时跟孙膑一块学习兵法的还有一个人,名叫庞涓,他对孙膑的才能十分忌妒,但表面上却装作和孙膑很要好,相约以后一旦得志,彼此互不相忘。后来,庞涓先行下山,在魏国做了将军。而后他派人邀孙膑下山共同辅佐魏王。孙膑到来之后,他先是虚情假意地热烈欢迎,而后委以客卿的官职,孙膑自然对不忘旧日同窗之情的庞涓感激万分。然而半年之后,庞涓却玩弄阴谋手段,捏造罪名,诬陷孙膑私通齐国,对他施以膑刑,脸上也刺上字,目的在于从精神上折磨孙膑。对庞涓所做的一切,孙膑起初毫不知情,后来当他知道让自己成为一个不能行走的废人的元凶竟是庞涓时,便下定决心要报仇雪恨。他摆脱庞涓手下的监视,暗地里潜心研究兵书战策,准备有朝一日逃离虎口。为了蒙骗监视他的人,孙膑甚至装疯卖傻,以粪便为食,与牲畜做伴。

不久,齐国使者来到魏国,他们听说了孙膑的军事才华,便暗中探访孙膑,然后把他藏入车中带回齐国。在一次王公贵族的赛马活动中,大将田忌将足智多谋的孙膑推荐给齐威王。在齐威王面前,孙膑畅谈兵法,尽叙平生所学,受到齐威王的赏识,被任命为齐国军事。从此,孙膑开始在战国风云齐聚的军事舞台上大显身手。

公元前354年,魏国派庞涓率大军围攻赵国都城邯郸,企图一举消灭赵国。孙膑与田忌商量,提出"围魏救赵"的作战方针,不但解了邯郸危急,并且在次年的桂陵之战中以逸待劳,大破魏军。此战,魏军几乎全军覆灭,庞涓仅率少数兵士仓皇逃脱。

桂陵战后13年,魏王又派庞涓率兵攻打韩国。齐王答应救援,派田忌为大将,孙膑为军师,攻魏救韩。孙膑冷静分析了敌我双方的具体情况,根据魏军悍勇轻敌和急于求成的心理,提出退兵减灶的作战方针,忍一忍魏军狂妄之气,诱敌深入。而后齐军故意做出怯战的样子,减少锅灶表示齐军已大多逃亡,以此来麻痹敌人。魏军果然中计,穷追猛赶,齐军却一味退却,最后在山高路窄、树多林密的马陵道设下埋伏。同时,孙膑还命人把路旁一棵大树的树皮刮去并写上"庞涓死于此树之下"八个大字,并吩咐士兵说:"夜里发现红光,就一齐放箭!"天黑之后,庞涓率兵马不停蹄地追到马陵道。但见路上横七竖八地扔着许多木头,便命士兵下马下车,准备开路追击,却忽然看见路边的白色树干上隐隐约约有几个大字。庞涓疑心特重,便命人点火观看,但没等看完就连叫不好。但为时已晚,齐军乱箭齐发,魏军顿时大乱,四面被围,箭如雨下,既无法抵抗,又无路可逃。庞涓自己也身负重伤,眼见败局已定,绝无挽回的余地,只好垂头丧气地拔剑自刎,齐军大获全胜。这就是历史上著名的马陵之战,而孙膑则也从此名扬天下了。

孙膑的确是位杰出的军事家,同时也是一个深知忍字秘诀的人。面对命运的不公,面对"朋友"的陷害,他仍能忍隐不发,潜心等待时机的到来。这不但需要一份惊人的耐力,同时也需要有一种卓越的审视力和观察力。

忍,可以顶得住任何砖石的磨砺,可以经得起任何风雨的冲击。忍,是医治磨难的良方,不仅可以让我们脱离被动的局面,更是一种意志、毅力的磨炼,为日后的发愤图强、励精图治、事业有成,奠定了正常情况下所不能获得的基础。因此,只有忍得了孙子的无奈,才能享受得了老子的待遇。在现实生活中,善于用时间,事实来告诫自己:做得了孙子,才当得了老子。

4 低势者得天下

语说"得势者得天下",这句话千百年来一直深深地影响着每一个想成就一番大事业的人,这一真理也给每一个想取得成功的人指明了一条康庄大道。但从另一角度来说,得势者也未必就能得天下,过早得势的人难免会产生眼空一切,目中无人的恶习。而真正获得大成功的,反而是那些善于韬晦心机,隐藏自己的智慧,让自己处于"低势"的人。

让自己日常的行为表现得低调一点,在别人面前表现得大智若愚,大巧似拙一些,在等待中积蓄自己的力量,然后伺机而动,就能成就自己的最终目标。埃及的前总统萨达特就是依靠低势得到成功的典型。

萨达特是埃及1952年"七·二三"革命的组织者和发起者之一。在革命取得成功之后，领导者之间为了争夺权利，斗争得十分激烈，只有他一个人不图大权，恬然自若。对于国家的内政大权、外交大事从不发表自己的主见，在日常的工作中也从不露声色，表现平平，尤其对当时大权在握的领导者纳赛尔十分的尊敬。1967年第三次中东战争以后，纳赛尔准备隐退，将扎克里亚·毛希丁提名为继任者。但他权衡再三，最后将继任者的名单定在了萨达特的头上，当时的埃及军方也表示支持萨达特。

1970年9月纳赛尔去世，埃及政坛迎来了一场无比激烈的权力之争，后来基于政治妥协，众人将平日毫不起眼的萨达特捧上了总统的宝座。就这样一个名不见经传的小人物，在继任总统之后，却大刀阔斧地进行了一系列的改革。每一个初握大权的统治者在登上统治地位之后，当务之急肯定是要排除异己，以巩固自己的地位，萨达特也不例外，他首先做的一件事就是把把毛希丁、萨布里等潜在对手革职或降职。接下来他实行了一系列的变革：如在政治上实行民主，在经济上实行改革等等，他在外交方面尤其加大了力度。1972年7月，他下令驱逐了在埃及的两万名苏联方面的专家；1973年10月，他向以色列发起了"十月战争"，打破了中东"不战不和"的僵硬局面；1974年6月，与美国恢复了外交关系；1977年11月，他亲自访问了以色列，打破了埃及与以色列之间关系的僵局；1978年与美国、以色列签订戴维营协议，他也因此而获得了"诺贝尔和平奖"，等等。他在外交方面实行的一系列惊人之举，让他一跃成为20世纪70年代世界政治舞台上叱咤风云的大人物。

俗话常说"枪打出头鸟"，人们对于那些太过张扬的人，心理上会有一种本能的防卫，而对于相对于弱势的人，他们反而会因为怜悯而放松对他们的警惕，他们也会因为对方的弱小而施予同情。萨达特之所以能登上后来的总统宝座，与他先前处于"低势"的地位是分不开的，正是因为他在别人都忙于权利之争的时候，他表现出来的那份与世无争的淡定，那种非比常人的心机与智慧，为自己赢得了宝贵的机会。

"低处纳百川"，做人的格调放得越低，将自己置于越平凡的位置，就越能接纳到更多有识之士，得到更多人的青睐，承载更多的元素。在这个到处被浮华所充斥的社会，张扬的表露似乎成为了一种潮流，似乎只有时时刻刻保持高调，做事才能够获得成功，才能被人们经久流传。但实质上，纵观古今，那些经得住历史沉淀的，取得了成功的，不论做人或是做事都是低调的，只有那些得势便猖狂的小人，才会无休无止的张扬卖弄自己，最后的结果也就只能是将自己孤立，给自己带来无尽的灾难和无穷的后患。

当然，并不是说高调做人，凡事必争就不会取得成功，只是将自己适当的收敛一些,是一种更为保险的人生策略。时刻保持自己的"低势",不论是在商场,官场或者是政治军事舞台上,都是一种进可攻、退可守,看似平淡实则高深的处事谋略。

"物择天竞,适者生存",一个人应该与周围的环境相适应。曲高者,和心寡;人浮于众,众必毁之。隐藏自己的锋芒,低调做人才能保持一颗平凡的心,才不会被纷繁的外界所左右,才能够保持一颗冷静的头脑,才能有一颗务实之心,这是一个人能够成就大事的最基本的前提,人们也都乐意相信和跟随踏实之人。

商界巨子李嘉诚在他的儿子进入商界之时,曾经给他一句训示:"树大招风,低调做人。"他们一直秉持着"低调"的原则,所以他们的事业能常立于不败之地。

让自己处于"低势",并不是无能之举,而是一种人生真正的大智慧。只有懂得收敛自己锋芒的人,才能在人生的舞台上,演好每一个角色,走好每一段人生之路!

5 低头只为躲屋檐

当今社会,与人相处,只要稍有点处理不当,就会招致不少麻烦。轻则,与人产生不愉快;重则,则会影响自己一生的发展。因此,与人相处,最为关键的就是要懂得"在人屋檐下,一定要低头"的道理。

所谓"人在屋檐下,不得不低头",意思也就是说人处在困境的时候,一定要懂得低头退让。做人"低头"的目的是为了让自己与现实环境更加的和谐,以便为自己保存更多的能量走更多的路,把不利的环境转化成对自己有利的力量,这是做人的一种高明的生存智慧。而所处的"屋檐",就是指别人的势力范围,更直白一点说,只要你处在别人的这个势力范围之内,那么你就在别人的屋檐下了。此时别人能容纳你已是不错了,那么你就得遵守人家的规矩,同时你也会受到很多有意无意的排斥和限制,以及不知从何而来的压力。但也不必因此而感到害怕,这种情形任何人都会碰到,特别是想干成一番事业的人更会碰到。

学会低头 才能出头

美国开国元勋之一的富兰克林年轻时，去一位老前辈的家中做客，他昂首挺胸走进了老先生家的那座低矮的小茅屋，刚一进门，"嘭"的一声，他的额头重重地撞在了门框上，青肿了一大块。老前辈笑着出来迎接说："很痛吧？你知道吗？这可是你今天来拜访我最大的收获。"看着富兰克林一头雾水似的表情，老先生接着说到，"一个人要想洞明世事，练达人情，就必须时刻记住低头。"富兰克林记住了，也就成功了。

所以，当你身处在他人"屋檐"之下时，"低头"至少有以下两点好处：首先，既自知在他人屋檐之下，你自然而然就会低下头，这样既不会因为自己不情愿低头而将自己的头撞破，也不会因为自己一人独比他高而成为明显的目标；其次，正所谓"眼不见心不烦"，你低下了头，就不会因为沉不住气而想把"屋檐"拆了。中国有句古话："伤敌一千，自损八百"，你要明白，不管拆得掉拆不掉，你始终是要受伤的。

另外，低头也是一种权术的变通。学会低头，就能把你和外界的对抗降低到最小，这样就能保证你顺利的突围。中国的古代历史，是一部充满了政治、军事和权力多方面的、极其复杂的斗争史，有时更是瞬息万变。所以，忍受暂时的屈辱，低头磨炼自己的意志，寻找合适的机会，也就成了一个成功者所必不可少的心理素质。所谓"尺蠖之曲，以屈求伸也，龙蛇之蛰，以求存也"，正是这个意思。

隋朝的时候，隋炀帝杨广十分残暴，各地农民起义风起云涌，隋朝的许多官员也纷纷倒戈，转向农民起义军。因此，隋炀帝的疑心很重，对朝中大臣，尤其是外藩重臣，更容易起疑心。当时唐国公李渊曾多次担任朝廷和地方官，每到一处，他都悉心结纳当地的英雄豪杰，多方树立恩德，因而声望很高，许多人都来归附。因此，他周围的人都很替他担心，怕遭到隋炀帝的猜忌。

正在这时，隋炀帝下诏让李渊到他的行宫去晋见。李渊因病未能前往，隋炀帝为此很不高兴，对他多少有了点猜疑之心。当时，李渊的外甥女王氏是隋炀帝的妃子，当时隋炀帝向她问起李渊未来朝见的原因，王氏回答说是因为病了，隋炀帝又问道："会死吗？"王氏把这消息传给了李渊，李渊在以后的行事当中变得更加谨慎起来。他知道自己迟早会为隋炀帝所不容，但过早起事又力量不足，只好缩头隐忍，等待时机。

于是，他故意败坏自己的名声，不仅广纳贿赂，还整天沉湎于声色犬马之中，而且大肆张扬。隋炀帝听到这些，果然放松了对他的警惕。如果当初李渊不学会低头，很可能就被隋炀帝送上断头台，历史可能就要被重新改写了。

由此可见：处于屋檐下，不同的人可能会采取不同的态度。胸怀大志之人，在屋檐下低头是将此当作磨炼自己的机会，在此过程中不断丰富、充实自己，为将来东山再起积蓄力量，而绝不会消极乃至沉沦；而那些经不起困难和挫折的人，往往会因此而彻底失去希望，畏缩不前，不愿去克服眼前的困难，只是一味地怨天尤人听天由命，真正的低下了头。

因此，当你在人屋檐下时，必须调整好自己的心态。只要你已经站在了别人的屋檐下，就一定要厚起脸皮低下头，不必等到旁人来提醒，更不能等撞到屋檐感觉到疼后才低头。这是一种对客观环境的理性认知，没有丝毫勉强，根本没有必要感到难为情或拉不下脸。

"人在屋檐下"是人生经常会遇到的情况，它会以各种不同的方式出现，当你面对"屋檐"时，请不要说："不得不"，而要告诉自己："一定要低头！"因为要想让自己完好无损，或者最后能成就自己心中的一番大事业，就必须要记得时刻低头，躲避屋檐！

6 意气用事不明智，适当低头是正理

"低头做人，低调处事"常常会被人误认为是软弱的表现，是对他人的一种屈服，其实不然，这是一种非常务实、且通权达变的生存智慧。每一个生活中的智者，都懂得在一个恰当的时机向别人低头妥协，或者是接受别人对自己的妥协，因为人要想生存的话，就要靠自己的理性来维持，而不能意气用事，这是一种非常不明智的做法。

美国总统林肯以伟大的业绩和完美的人格被后人所称颂，但他在成长道路上也曾因为凡事都得争个胜负而经历了不少的坎坷。他年轻时住在印第安那州的一个小镇上，那时也许是年轻气盛，他不仅专找别人的缺点，还喜欢写信嘲弄别人，且故意把信丢在路旁，让人拾起来看，他的这种举措使得周围的绝大多数人都很厌恶他。后来他当了律师，仍然不时在报上发表文章为难他的反对者。有一回做得过了头，竟"搬起石头砸了自己的脚"，将自己逼入了困境。

1942年秋天，林肯以匿名的方式在报纸上写了一片讽刺文章，嘲笑当时的

学会低头才能出头

一位虚荣心很强、且非常自以为是的爱尔兰籍政治家杰姆士·休斯。文章公开之后,在很长一段时间里都被市民们引为饭后谈资,惹得一向争强好胜的休斯大为恼火,打听出作者的姓名后,他立刻骑马赶到林肯的住处,要求与林肯来一次决斗。林肯虽然极不情愿,却也无法拒绝。身高手长的林肯选择了骑马使剑,请求陆军学校毕业的学生教授剑法,以应付这次决斗。后来在双方监护人的调解下,这场"恶战"才得以被阻止。

这件事给林肯的教训很大,他认识到批评别人、斥责别人,甚至诽谤别人的事是最愚蠢的人才会做的,而一个具有优秀品质并能克己的人,常常是抛弃恶意而使用爱心的人。林肯从此改变了自己对人刻薄的做法,并以博大的胸怀赢得了民心。

林肯的教训及成功是值得我们仔细体味的。为人处世的过程不可能总是顺顺畅畅的,总是不可避免地会遇到一些争执或者是争斗,解决这些问题的方式有许多种,而适当的低头妥协是一种比较明智的选择,虽然在解决问题上这不是最好的办法,但在没有更好的方法出现之前,它却是最佳的选择。

适时低头,它不仅可以避免自己在胜利无望,而自身资源又即将消耗殆尽之时对时间、金钱等方面的继续投入,又可以籍自己"低头"所带来的平和时期,给自己前面的过度消耗带来一个喘息、修整的机会,同时还可以借此扭转对自己不利的劣势局面。而如果你本身就处于弱者状态,主动向对方低头的话,起码可以维持住自己的"存在",而"存在"是一切的根本,俗话说"留得青山在,不怕没柴烧"就是这个道理。

而要做到遇事能适时"低头",对自己来说,首先就需要你有一个宽广的心胸,要有一颗能容人的心。这颗心的"宽广"不需要建立在任何的前提之上,它不是我们平常所说的那种"人不犯我,我不犯人,人若犯我,我必犯人"的处事观念,更不是"你不仁,我就不义"的逻辑思想。人世间的许多悲剧都是因为没有一颗容人之心而发生!不能宽容,实和愚昧同义,而这种愚昧的产生,多数是因为人们对于世间的事物认识不清,导致由隔膜而误会,由误会而发怒,最终使自己深受其害。

战国时期,齐国有一位名叫夷射的大臣,齐王整治别人的坏点子多数出自其人之手,因此非常深得齐王的宠爱。一次齐王宴请他,但是他的酒量极差,一阵推杯换盏之后,他决定到宫门后去吹吹风,醒醒酒。那里的守门人是个曾经坐过牢的无聊之人,欲向夷射讨杯酒吃,夷射对他很鄙弃,便大声斥责,叫他滚到一边去,说他不过是个囚犯,不配向他讨酒吃!守门人想分辩时,夷射已悻悻离去。因此这个守门人对夷射十分愤恨。这时因天下雨,门前刚好积了一滩水,状如有人便溺之物,守门人便萌生报复心理。正巧,次日清晨齐王出门,见门前那滩不雅的水迹心生不悦,急问守门人是谁放肆,在宫门前便溺。守门人故作惶恐道:"我不是很清楚,但我昨晚看到大臣夷射曾经站在这里一段时间。"齐王果然以辱君之罪,处死了夷射。

此虽是一则故事,但足以说明做人需要多一些包容之心,少一点尖酸刻薄,这是做人的基本修养与美德。人与人之间的相处贵在"和谐"二字,如果谴责别人的小过失,念念不忘别人的旧恶,不仅会让自己变得心眼狭小,更会造成自己与别人相处时的潜藏危机,为自己树立更多的敌人。适当低头,是为自己,也为他人留下更多的生存机会。处世过程中少一点意气用事,多一点理性处理,这才是为人处世之良策。

7 "眼泪"是一种低头的哲学

"**眼**泪"一直以来都被看作是女人的专利,是弱者的象征,只有无用之人才会动不动就"以泪示人"。其实,是我们对于"眼泪"有一个认识的误区。同情弱者是人的天性,在事情陷入僵局的时候,以"眼泪"作为解决问题的方法,放下面子对人动之以情,再固执、再铁石心肠的人也不会对眼泪无动于衷,不为之动容的。

拿破仑的妻子约瑟芬是前博阿尔内子爵夫人,一向水性杨花,生活放荡。当她刚与拿破仑新婚不久后,拿破仑就前往意大利和埃及率军作战。此时的约瑟芬一点也没有担心在前线战场上丈夫的生命安危,而是在家中与一个叫夏尔的中尉偷情私通,她以为拿破仑会战死在沙漠中,早已没有再等他回来之心,而像已经没有拿破仑一样的安排后事。

可是,约瑟芬的算盘打错了。1799 年 10 月,拿破仑从埃及回到法国,并受到了人们的热烈欢迎。当这个消息传到巴黎后,约瑟芬惊呆了:拿破仑成了欧洲最知名的人物,法国的救星,前程无量,而自己却欺骗了拿破仑,甚至想抛弃他。这时约瑟芬感到后悔了。于是她一改往日作风,决定坐着马车去法国南

部的里昂迎接拿破仑。她想在拿破仑与家人见面前见到他,并趁着他的兴奋蒙骗住他,不使自己的丑事暴露。但当她好不容易到达里昂后,拿破仑却早已和家人会和,从另一条路走了。拿破仑对于妻子的不贞已早有耳闻,只是不怎么相信,当他从家人口中确定约瑟芬对他不忠后,暴跳如雷,下定决心与她离婚。

约瑟芬知道大事不好,便又不辞辛苦地日夜兼程赶回巴黎。可拿破仑吩咐仆人不让她走进家门。她好不容易勉强进了门,静下神来之后决定壮着胆子去见丈夫。她来到拿破仑的卧室门前,轻轻敲门,没有回答;转动门把,早已从里面反锁上;她再次敲门,并温柔而哀婉地呼唤拿破仑,却仍旧无济于事,拿破仑丝毫不理睬她。

于是她又失声大哭,短促呻吟,拿破仑无动于衷;她哭着,用双手捶打着门,请求他原谅,承认自己因一时的轻率和幼稚犯下了大错,并提起他们以前的海誓山盟,说如果得不到他的宽恕,那么她就只有以死谢罪,但这些仍然无法改变拿破仑的初衷。

约瑟芬哭到深夜,见事情没有任何的好转的倾向,她也不再哭了,就在她濒临绝望的时候,忽然眼前一亮,她想起了孩子们,她知道,拿破仑爱她的两个孩子,奥当丝和欧仁,尤其喜欢欧仁,这是打动拿破仑心肠的好办法。如果是孩子们求他,他可能会改变主意的。

她叫醒了睡梦中的两个孩子,他们在门外天真而笨拙地哀求着,求爸爸不要抛弃他们的妈妈。"人非草木,孰能无情?"这一招终于奏效了。拿破仑心中虽然依旧怀疑约瑟芬的不忠,但是她的声声痛苦却让他的脑海泛起他们刚刚相爱时的美好回忆;奥当丝和欧仁的哀求声,冲破他心中设下的最后防线,他早已热泪盈眶。于是,房门打开了,拿破仑与约瑟芬重归于好了。后来拿破仑登基时,约瑟芬成了皇后,荣耀之至。

约瑟芬用眼泪向拿破仑表示了自己的"悔改",表示了自己的"歉意",同时也用眼泪为她迎来了一生的尊荣。

但是在用眼泪表示自己的"低头"时,一定要把握好时机和分寸,稍微的偏差就会影响它的威力。所以,要想得到一个理想的效果,得到一个理想的回应,那么在落下眼泪前就必须作出周详的计划与安排。对着强者落泪,可以展现出你的弱小,然后博得他们对你的仁慈之心;对着弱者落泪,可以展示出你对他们的怜悯,从而获得他们对你的感激之心;对着义气之士落泪,可以凸显出他们的刚直,进而获取他们对你的忠义之心……委屈的眼泪会得到别人的同情,无奈的眼泪会令人黯然、撒野的眼泪会讨人厌、喜悦的眼泪则会令人感动……

眼泪是一个人生命力的表现,眼睛被视为人的心灵之窗,眼泪的枯竭通常就意味着心死,意味着感觉的硬化,钝化和老化。只要对生命还有所希冀,眼泪就会流淌,无论是快乐还是痛苦的时候。也许理智会告诉你眼泪只是象征着无能与孩子气,但哭泣是自然的反应,没有必要刻意抑制。威廉·弗雷说:"强忍着自己的眼泪,就等于是慢性自杀。"只要环境情况许可,来吧,就来痛哭一场,让自己疲惫的身心在眼泪中得到释放吧!

在为人处世的过程中,采用"眼泪"作为一种迂回战术,用"眼泪"作为武器来打动人心,不失为一种妙方,在《三国》中,刘备就是用眼泪求得了人才,争得了天下,甚至迎得了美人归。虽然这样做会让自己的"面子"稍有损毁,但如果把握好了其中分寸,就不失为是一个成就大业的绝妙良方了。

8 地低成海,人低称王

正所谓:"地不畏其低,方能聚涓成海;人不畏其低,方能孚众成王。"世间万物都起之于低,也都成之于低。低是高得发端,高是低的嬗变,而保持做人的低调,学会把自己的姿态摆得比别人还低,从小处着手,从低处起步,踏实地从一点一滴做起,总有一天你可以成长为一棵参天大树,让自己走出壮美的人生。

在日本流传着这样一个小故事。许多年前,一个女大学生利用假期到东京帝国酒店当服务员。这是她涉世之初的第一份工作,因此她很激动,暗下决心:一定要好好表现,为自己的人生迈出漂亮的第一步。但她万万没想到的,上级给他安排的第一份工作竟然是要她洗厕所!

这份工作对于极爱洁净、而以前却从未干过粗重活儿的她来说,实在不是一件容易的事。

而且洗厕所时,在视觉上、嗅觉上的冲击力,以及对自身体力的要求,都令她对眼前的这个工作难以接受,更严重的是心理的暗示作用更使她无法忍受,自己能干得了吗?当她用自己白皙细嫩的手拿着抹布伸向马桶时,胃里立刻变得翻江倒海,恶心得几乎呕吐但又吐不出来,简直是难受之极!而上级对她的工作质量要求还特别高,并且高得骇人:必须把马桶抹洗得光洁如新!

她当然明白"光洁如新"的含义是什么,她当然更知道自己不适应洗厕所这一工作,真的难以实现"光洁如新"这一高标准的质量要求。因此,她陷入困惑、苦恼之中,也哭过鼻子。这时,她面临着人生第一步怎样走下去的抉择:是继续干下去,还是另谋职业?继续干下去——太难了!另谋职业——知难而退?人生之路岂有退堂鼓可打?她不甘心就这样败下阵来,因为她想起了自己初来时曾下过的决心:人生第一步一定要走好,马虎不得!

正在此关键时刻,跟她一起做清洁的一位老者及时地出现在她面前,帮她摆脱了困惑与苦恼,用他的实际行动为她以后的人生之路上了一堂生动的课。首先,他一遍遍地抹洗着马桶,直到抹洗得光洁如新,然后,他从马桶里盛了一杯水,一饮而尽!喝的过程中竟然毫不勉强。实际行动胜过万语千言,他不用一言一语就告诉了少女一个极为朴素、极为简单的真理:光洁如新,要点在于"新"!新,则不脏,因为不会有人认为新马桶脏,也因为背后马桶中的水是不脏的,是可以喝的;反过来讲,只有马桶中的水达到可以喝的洁净程度,才算是把马桶抹洗得"光洁如新"了,而这一点已被证明是可以办到的。

老清洁工的举动给大学生很大的启发,令她了解到所谓的敬业精神,就是任何工作,不论性质如何,都有理想、境界,与更高的品质可以追寻;而工作的意义和价值,不在其高低贵贱如何,只在于从事工作的人,能否把重点放在工作本身,去挖掘或创造其中的乐趣和积极性。

从此之后,她的心态大变,变得异常的振奋,她又暗自下了一个决心:"即使是洗一辈子的马桶,也一定要做一个洗得最好的人!"再进入厕所时,她不再引以为苦,却视为自我磨炼与提升的道场,每清洗完马桶,也总清晰自问:"我可以从这里面舀一杯水喝下去吗?"假期结束,当经理验收考核成果,她在所有人面前,从她清洗过的马桶里舀了一杯水一饮而下!这个举动同样震惊了在场所有人,尤让经理认为这名工读生是绝对必需延揽的人才!毕业后,她果然顺利进入帝国饭店工作。而凭着这份敬业精神,她在进入帝国饭店后,成为了一名最出色的员工和晋升最快的人。

这个故事的主人公就是日本前邮政大使——野田圣子。她是认认真真从小事中一步步慢慢成长起来的。在这里,她受到了锻炼,也经受了考验,正是在这个卑微的位置上,她长成了参天大树。

在我们的身边,在我们的生活中,有许许多多的工作并不是被别人所关注的岗位,但只要你有一颗求进的心,将来一样能有所作为;而且在这种岗位上工作,因为本就不被人关注,因此能减少很多与别人的摩擦,也因此你可以节省许多宝贵的时间——用来应付不必要的烦恼,正所谓不显眼的花草少遭挫折,你可以借此机会来静心地做自己的事,而不会有人来妨碍你。

古罗马大哲学家西刘斯曾说:"要想达到最高处,必须从最低处开始。"将自己的位置放得越低,在面临问题的时候就越能从容不迫,而离成功的距离也就越近。当我们为自己的理想努力的时候,不妨学学野田圣子的精神,让自己在小事中磨炼,在小事中成长,终有一天,也会迎来成长为参天大树的那一刻。

9 木秀于林,风必摧之

古语云:木秀于林,风必摧之;堆出于岸,流必湍之;行离于人,众必诽之。一个人有丰富的才学知识是好事,但是如果不分场合、事事处处都要强出头、求表现,做人狂傲自大,目空一切的话,才识反而会给自己带来负面影响,严重的甚至会招致身败名裂的悲剧。

三国时期的祢衡,是一个非常有才华的年轻人。他虽然年少才高,但是他极为自负,甚至是目空一切。

建安初年,二十出头的祢衡初到许昌。当时许昌是汉王朝的都城,名流云集,司空掾、陈群、司马朗、荡寇将军赵稚长等人都是当世名士。有人劝祢衡结交陈群、司马朗。祢衡说:"我怎能跟杀猪、卖酒的在一起?"有人劝其参拜荀彧和赵稚长,他回答道:"荀某白长一副好相貌,如果吊丧,可借他的面孔用一下;赵某是酒囊饭袋,只好叫他看厨房了。"这位才子唯独与少府孔融、主簿杨修意气相投,对人说:"孔文举是我大儿,杨德祖是我小儿,其余碌碌之辈,不值一提。"由此可见他是何等狂傲!

献帝初年间,孔融上书荐举祢衡,大将军曹操有意召见他。但祢衡看不起曹操,便借口生病拒绝了召见,还口出不逊之言。当时曹操求才心切,为了收买人心,还是给他封了个击鼓小吏的官,借以羞辱他,灭灭他的狂傲之气。一天,曹操大会宾客,便命祢衡穿戴鼓吏衣帽当众击鼓为乐,祢衡竟在大庭广众之下脱光衣服,赤身露体,让当时在场之人都倍感尴尬,宾主都讨了个没趣。曹操因此对祢衡恨之入骨,但又不愿因杀他而坏了自己的名声。

曹操心想像祢衡这样狂妄的人,迟早会惹来杀身之祸。当时曹操正考虑派一个使者到荆州劝说荆州牧刘表投降,于是便把祢衡送给荆州的刘表。祢衡去了之后替刘表掌管文书,颇为卖力,但不久便因倨傲无礼而得罪众人。刘表也聪明,把他打发到江夏太守黄祖那里去。祢衡为黄祖掌书记,起初干得也不错。后来黄祖在战船上设宴,祢衡说话无礼受到黄祖呵斥,祢衡竟顶嘴骂道:"死老

头，你少啰嗦！"黄祖是个急性子，盛怒之下便把他杀了。当时，祢衡年仅26岁。

祢衡虽有一身才华，但他却也因此断送了自己年轻的生命。他自恃才高便轻看天下，仿佛普天之下有才之士仅此他一人而已。殊不知，一介文人，在世上也没有什么了不得，赏则如宝，不赏则如敝履。但祢衡似乎并不知道这些，他孤身居于权柄高握的虎狼群中，不仅不知道保护自己，反而放浪形骸，无端冲撞权势人物，最后沦落为他人的刀下亡魂。

因此，一个有才华的人，虽然很优秀，但必须懂得适应环境，学会审时度势，万不可清高自傲、一意孤行、我行我素；应虚怀若谷，团结别人，用自己的行动，带动大家的能动性和创造性。要做到既能有效地保护自我，又能让自己的才学智慧得到充分的发挥，这才是真正的智者所为。

唐朝诗人刘禹锡，才富五车，诗名很大。他为人爽直，但有时做人不够圆通，为此惹来不少麻烦。当时有种风俗，举子在考试前都要将自己的得意之作送给朝廷有名望的官员，请他们看后为自己说几句好话或者是对作品赞扬一番，以提高自己的声誉，这种行为称之为"行卷"。

襄甲有位名叫牛僧孺的才子，这年到京城赴试，便带着自己的得意之作，慕名来见很有名望的刘禹锡。刘禹锡很客气地招待了他。听他说明了自己的来意之后，刘禹锡便打开他的大作，毫不客气地当面修改他的文章。论辈分来说，刘禹锡是牛僧孺的前辈，论地位，刘禹锡是当时颇负盛名的文坛大家，他能不做任何计较地亲自为牛僧孺修改文章，对牛的创作水平的提高实际是很有好处的。但牛僧孺是个非常自负的人，对于刘禹锡毫不客气的当面修改从此便记恨于心了。后来，由于政治上的诸多原因，刘禹锡仕途一直不是很顺，牛僧孺成为唐朝宰相时，刘禹锡还只是个小小的地方官。

一天，刘禹锡与牛僧孺相遇在宫道上，两人便一起进了道边的一家酒店，喝酒畅谈文学典故。酒酣之际，牛写下一首诗，其中有"莫嫌恃酒轻言语，憎把文章逼后尘"之语，显然是对当年刘禹锡当面改其大作一事耿耿于怀。刘见诗大为吃惊，猛然想起以前的事情，赶紧赋诗一首，表示自己的歉意，牛才解前怨。刘惊魂未定，后对他的弟子说："我当年一心一意想扶植后人，谁料适得其反，差点惹来大祸，你们要以此为戒，不要好为人师。"

古人说："君子要聪明不露，才华不逞。"一个人若总是喜欢昭显自己的才干，那么他必定会遭受很多的挫折。为人处世一定要懂得藏拙隐晦的道理，心里要明白一点，过于高调的行事，锋芒毕露的性格，只是为自己前进的道路不断地设堵，而这样做的后果就是最后必定没有好的结果。有才干原是好事，但也要明白,带刺的玫瑰最容易伤人,同时也会伤了自己,所以自己千万不要做那支带刺的玫瑰。

10 低处处事,高处成事

在凡事都讲求高调的今天,低调为人早已被人们抛在了脑后。其实,低调才是真正制胜的法宝,低调行事,往往胜过高调的宣传。人生在世也不可能总是那么顺畅,不如意事十之八九。想要在这个反复无常的世界里求得一片容身之地,就要学会放低自己,能忍善让,以低姿态处事,才能在高处成事。

俗话说"忍一时之苦,换得百日幸福",适时的忍让与退步是能担得大任者的美德之一。每一个人在通往成功的道路上都会遇到困难与挫折,每向前迈进一步都要付出巨大的艰辛,而最后能够到达巅峰的人也都是忍受了生活痛楚的人。清末著名将领曾国藩用他一生的经历总结出了他获得成功的忍辱负重之术:"好汉打脱牙要血吞。"他还说:"这句话是我生平咬牙立志的秘诀,自出道以来,无不遭受屈辱。我在庚戌、辛亥年间被京城的权贵们所唾骂,癸丑、甲寅年间被长沙的权贵所唾骂,乙卯、丙辰年间又被江西人所唾骂,以后又在岳州、靖江、湖口三次打了败仗,都是打脱牙的时候,没有一次不是和着鲜血往肚里咽的。"正是靠了这种低调忍让的处世哲学,曾国藩终于修成了人格上的魅力及道德上的正果。而历史上因为不懂得利用"忍术"而让自己陷入生命危险的人也大有人在。

有一次唐太宗在庆善宫举行宴会,大宴有功之臣,同州刺史尉迟敬德也在被邀请之列。当他走进宴席的时候,发现自己的上座竟还有人,于是就很生气地质问对方说:"你有什么功劳战绩,竟坐在我的上首?"当时的任城王李道宗席位被安排在他的下首,就来劝解他。但尉迟敬德不但不予以理会,反而举起拳头殴打李道宗,差点打瞎李道宗的眼睛。

本来挺喜庆的宴会,被他这一拳头打进了不和谐音符。唐太宗异常不悦地停止了宴会。他对尉迟敬德说:"我本想和你共富贵,但是你做官后不断触犯法律。现在才明白像韩信、彭越那样被剁成肉酱,并不一定就是汉高祖刘邦的错呀!"尉迟敬德听到这种极其严厉的警告后害怕了,从此以后收敛了许多。

　　古人不懂得忍让之术，就有可能给自己招来杀身之祸，在当今，如果遇事不懂得忍让，不懂的低调为人的哲学，则也会给自己徒添不少的麻烦，尤其是对于刚刚走进岗位的年轻人尤为重要。在有的公司里，经常会发生老员工以老欺新，本地人排挤外地人的现象。如何才能让自己在新的环境里成为一个受人欢迎的新人？最重要的一点就是要处理好自己的心态，保持低调做人的态度。

　　自己初到一个陌生的工作环境，这里的一切都不是自己所熟识的，要想尽快的融入这个新环境，自己就只有依赖老员工的介绍以及他们的指引。如果在此时你表现得不够虚心，没有足够的耐心，就很有很能给别人造成一种自命不凡、不可一世的印象，在以后的相处过程中就有可能遭受别人的白眼，甚至是连最起码的礼遇都得不到。

　　因此，作为一个职场新人，要记得时刻锻炼自己的"忍"字功，对于前辈的指正，要虚心接受，即使你的做法或者观点是正确的，也不要当面对前辈的指点予以反驳；偶尔要是遭受了不公正待遇，也不要斤斤计较，要明白在这个世界上，不可能时时处处都是用公平、公正的标准来衡量每一件事的对与错。对于没有善待你的人，心中决不可存报复之念，而是要以一种宽容、低调、善意的姿态来回敬他，而且在此时你心中还要明白一点，以低姿态处事，并不等于是低级为人，时间长了之后，你的这种不卑不亢的人格力量就会为你迎来他人赞赏的目光，你在他人心目中的地位自然而然也就会得到提升。

　　低调处世还是一种有礼貌的表现。在比较大型的公司，往往会有元老级同事，他们跟公司一起成长，一起承担，正是因为他们过去的努力与坚持，才有了现在的辉煌，说得直白一点，你现在的饭碗是他们为你夺得的。所以元老在公司的地位是无可替代的，他们的存在就是一部活的历史，同时也是你今后工作的好向导，所以对他们你需要给予特别的尊重。如果你想对现行的某种制度或者方式要有所改进，而你所提出的方案正是针对他们从前的分析和解说。在此情况之下，即使你的见解独到，而且可行性也要强得多，但你仍然要弯下腰来，对于元老的指教表示诚挚的尊重。

　　在公司待的时间长了，肯定会遇到一些志趣相投的人，自然会跟他们之间产生友谊和情分，同时也会遇到一些跟你性格不合或者是你所不喜欢的类型的人，平时跟他们的相处也难免会有一些磕磕绊绊，不论是对于你所喜欢的，或者是不喜欢的，都不可将这种私人情感带进工作中来，都要竭力与他们保持良好的关系，在工作中我们只能是针对具体的工作。即使私下有什么不愉快的事情发生，在工作的过程中绝不可故意加以刁难，反而要更加的关心，尽自己所能帮助对方所遇到的困难，同心协力将工作做好。如果你的工作态度是认真负责，对公司的业务也能做到熟悉老练，而对待同事或者是下属是诚恳、谦逊，那么你在公司就有足够的立足资本了。

由于你的公私分明和谦逊为人,你在公司以及你的同事中间建立了不可动摇的威信,任何其他别的不利于你的因素都将无法立足,你在公司的地位随着时间的推移也就会变得更加的稳固。

11 只有舍非常之舍才能得非常之得

所谓舍非常之舍,就是说舍去那些别人不舍得舍去的东西,比如说名声、生命、甚至是一辈子的幸福等等,而所谓得非常之得意思就是说只有舍去了那些别人不舍得舍去的东西,才能得到别人得不到的东西,简洁一点说就是只有舍去大的,才能得到多的。

春秋时期齐桓公内侍竖刁和明朝太监王振就是两个懂得这个道理的人。

竖刁,是春秋时齐国人,是齐桓公的内侍,由于他善于谄媚,投桓公所好,深得桓公宠信,桓公年老,在立太子方面竖刁与桓公宠姬勾结大做文章,致使齐国发生动乱,失去了霸主地位。

竖刁少年进宫侍奉齐桓公,他出身贫寒,却聪明伶俐,先为齐桓公的外侍,后为桓公所注意,调为内侍。与桓公接触多了,竖刁留心观察桓公的生活习性和内心需要,了解桓公后,竖刁事事投其所好,满足桓公的需要,桓公经常夸奖他,久而久之,他就成了桓公离不开的人了。

桓公一好美食,二好美色,竖刁就从这两个方面取悦桓公。有个叫易牙的人,善烹饪技术,竖刁就想尽各种办法,与他结交成了朋友,易牙也是一个贪利忘义的人,有一天,竖刁把易牙推荐给桓公,桓公听说易牙善烹饪,就说:"山珍海味我都吃腻了,只是没吃过人肉,不知人肉的味道什么样?"桓公此言本是无心的戏言,而易牙却把这话牢记在心,一心想着怎样能作顿人肉宴给桓公吃,好博得桓公的欢心。后来他看见自己的儿子,就把儿子杀了给桓公做人宴,桓公在一次午膳上,吃到一盘鲜嫩无比,从未吃过的肉菜,当桓公得知这是易牙儿子的肉时,内心很是不舒服,却被易牙杀子为自己食的行为所感动,认为易牙爱他胜过亲骨肉,从此桓公宠信易牙,对于推荐易牙的竖刁更加宠信了。

同样,明朝太监王振也是这样一个人。

王振,明初蔚州(今河北蔚县)人,略通经书。史学家称朱明王朝为"中国历史上最大的太监帝国",而王振则是明朝第一个专权的太监。他本来是一个教书先生,放在现在来说,是阳光底下最伟大的职业,可是,王振却没有这样想,因为他的心根本不在教育事业上面,而是为了追求锦衣玉食、追求位高权重,可是对于一个老师来讲,自己又做得了什么呢?他一直在苦苦思考着。

　　最后他想明白了,只有接近皇帝,才有可能得到重用,只有得到重用,才能变得位高权重。对于一个士人来说,最好的方法就是中举人、考进士,然后御赐一个官位。但是中举人、考进士这条荣身之路对他而言是太难了些。那么到底该怎么办呢?唯一的办法就是自阉进宫当太监,因为在封建时代,除了太监和朝廷重臣之外,一般人是不可能接近皇帝的。但是另一个问题又出现了,一个完整的男人却要自阉进宫当太监,这在当时的舆论来说是无论如何不得人心的,甚至对于王振这个家族来说,都是一种莫大的耻辱。

　　可是王振没有想这么多,他心中唯一想达到的目标就是掌握重权,一人之上,万人之下,一呼百应。所以他豁出去了,无论是自己的名声还是家族的名声,这些都不在乎了。从王振本人来说,他可是"舍非常之舍"了,那么他所得到的"非常之得"是什么呢?就是他所期望的位高权重。

　　王振自阉进宫之后,宣宗皇帝也很喜欢他,便任他为东宫局郎,服侍皇太子也就是后来的英宗皇帝。史称王振"狡黠"、善于伺察人意。当时宫中也有很多宦官,论奸佞、论狡黠他也未必便是超群的,但是他没有轻举妄动,而是默默地在等待时机。

　　宣宗在宣德十年(1435)正月病死,英宗即位,改元正统。这时,英宗年仅9岁,不能亲自处理国家大事,太皇太后张氏(英宗祖母)垂帘听政。张太后虽然秉政,并不处理国家政务,而是把国家一切政务交给内阁大臣"三杨"(杨士奇、杨荣、杨溥)处理。英宗即位后,很自然要重用自己喜爱的人,王振便得到了明英宗的宠幸,开始擅权,结党营私,干涉朝政,他越过原司礼太监金英等人,出任宦官中权力最大的司礼太监。揭开了太监帝国的序幕。为了建立所谓的丰功伟绩,根本不知作战为何物的他,怂恿皇帝亲征来犯,结果是皇帝做了俘虏,自己搭上了性命。

　　虽然两个故事是个反面人物,但至少有一点是可以肯定的,要想到得到别人得不到的东西,你就得舍去别人不愿意舍去的东西,就如我们曾经说过的话一样:要想采到别人采不到的蘑菇,那你就得走那些别人不敢走的路!

12 彰显有度只为留得青山

俗话说得好:物极必反。无论做什么事情,都得把握一个度,特别是在彰显自己的时候,一定要记得这一点。人不能不彰显自己,否则会影响自己的知名度,但是人不能过于彰显自己,否则就会给自己带来灾难。"人怕出名,猪怕壮"说的就是这个道理。

纵观中国历史,很多人就是因为在彰显自己的时候没有把握一个度,所以最终落的一个悲惨的下场,无论是曾经的韩信,还是后来的沈万三,都是如此。

沈万三是元末明初之人,号称江南第一豪富。原名沈富,字仲荣,俗称万三。

沈万三拥有万贯家财,但他却不懂得"彰显有度"的道理。曾经为了讨好朱元璋,给他留一个好印象,沈万三拼命地向新政权输银纳粮,竭力向刚刚建立的明王朝表示自己的忠诚。而朱元璋不也想利用这个巨富的财力,就命令沈万三出钱修筑金陵的城墙。而沈万三负责的是从洪武门到水西门一段,占到金陵城墙总工程量的1/3。沈万三不仅按质按量提前完工,而且还提出由他自己出钱犒劳修筑金陵的士兵。沈万三这样做,无非也就是想讨朱元璋的欢心,但是他万万没有想到他的一番好心却弄巧成拙。朱元璋一听,当下就火了,他说:"朕有雄师百万,你能犒劳得了吗?"这时的沈万三还没有听出朱元璋的话外之音,面对如此之刁难,他居然还是毫无畏惧地表示:"即使如此,我依然可以犒赏每位将士银子一两。"

朱元璋听了大吃一惊,在与张士诚、陈友谅,方国珍等武装割据集团争夺天下时,朱元璋就曾经因为江南豪富支持敌对势力而让自己吃尽苦头。现在虽然说已经将对手打败,建立新的国家,但国强不如民富,这使朱元璋感到不能容忍。更使他火冒三丈的是,如今的沈万三竟敢越俎代庖代替天子犒赏三军,仗着富有将手伸向军队。朱元璋心里怒火万丈,虽然他并没有立即表现出来,但他在心底决定要找机会治治这沈万三的骄横之气。

一天,沈万三又向朱元璋大献殷勤,朱元璋给了他一文钱说:"这一文钱是朕的本线,你给我去放债。只以一个月作为期限,初二起至三十日止,每天取一

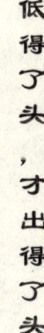

对合。"所谓"对合"是指利息与本钱相等。也就是说,朱元璋要求每天的利息为百分之百,而且是利滚利。

沈万三虽然满身珠光宝气,但是他腹内却没有多少墨水,财力有余,而智慧不足。他心里一盘算,第一天1文,第二天本利2文,第三天4文,第四天才8文嘛。区区小数,何足挂齿!于是他非常高兴地接受了任务。可是回到家里再仔细一算,沈万山不由得就傻眼了。第十天本利还是512文,可到第二十天就变成了524288文,而到第30天也就是最后一天,总数竟高达536870912文。要交出5亿多文钱,按照这个数目,沈万三就是倾家荡产也不一定够啊!

当然,后来沈万三果然倾家荡产,朱元璋下令将沈家庞大的财产全数抄没后,又下旨将沈万三全家流放到云南边地。

这一切都是沈万三不懂得彰显有度所惹的祸,做人要善于宣传自己,但也一定要懂得低调。只有低调地彰显才能把握好其中的度,只有彰显有度才不会让自己遭受别人的嫉妒和算计。俗话说得好,"留得青山在,不怕没柴烧",而对于很多人、很多时候而言,彰显有度的目的就是为了留得青山,那么什么事情都好说。

13 卧薪尝胆只为日后扬眉吐气

人难免会遇到一些困难和挫折,很多人在遇到这些问题的时候总是选择放弃,最终一事无成。而有的人则选择卧薪尝胆,为的就是日后能扬眉吐气,所以这些人成功了。卧薪尝胆是一种忍,在忍耐中积蓄自己的力量,在忍耐中挖掘自己的潜力。

吴国和越国都是春秋时代江浙一带的诸侯小国,两地紧紧相邻,因为彼此互相威胁,所以吴越两国是宿敌,征战不断。勾践三年,两国再次交战,可是当时吴王夫差的力量明显地胜过越王勾践的力量。最终勾践的数万部队被吴王夫差所消灭,最后只剩下五千人,被吴王夫差的大部队围困在当时的会稽。越王勾践被迫求和,到吴国去服侍吴王。于是,勾践将国事托给大夫文种,让臣子范蠡随他到吴国服侍吴王。

勾践夫妇来到了姑苏之后,吴王夫差就让他们住在阖闾坟墓旁边的一间石头屋子里,为吴王养马。夫差每次乘车出去,也总是让勾践给他拉马,并令人辱骂勾践夫妇。堂堂一国之君的勾践,在吴国所受到的耻辱是可想而知的,但是勾践却没有人们所设想的那样反抗,只是一副奴才的样子,驯服无比,吴王说什么勾践就做什么,绝对没有任何的反抗。

有一次,勾践听说夫差病了,就立刻说要来看望夫差。夫差知道勾践这样惦记自己,就答应了他,在勾践进勾践的房间之时,正赶上夫差要大便,于是勾践就迅速过去搀扶。夫差叫勾践出去,勾践说:"父亲有病,做儿子的应当服侍,大王有病,做臣子的也应该服侍。再说,我还有点小经验,看看大王拉的屎,就知道大王的病是轻还是重。"夫差被勾践说得心花怒放,就没有退却勾践的盛情。夫差大便完毕,勾践扶着他上床躺好后,又去掀开马桶盖看了看,嗅嗅气味,并亲口尝了尝夫差大便的味道,然后向夫差磕头说:"恭喜大王!大王的病已经没有什么大碍了,再过几天,就能完全康复了!"夫差问他:"你怎么知道的?"勾践说:"我曾经跟名医学过医道,只要尝一尝病人的粪便,就能知病的轻重,刚才我尝了大王粪便的味道,又苦又涩,知道那是肚里的毒气散发出来的原因,毒气散发完了,病自然就好了,所以大王不用太担忧。"

没过几天,夫差的病果然好转过来,夫差为勾践的话语和种种行动所感动,于是就动了恻隐之心,将勾践放回了越国。

勾践回到越国后,开始发愤图强,不近女色,不观歌舞,爱抚群臣,教养百姓。甚至靠自己耕种田地以维持生计,靠妻子亲手织布穿衣,绝对不吃山珍海味,一副不穿绫罗绸缎,甚至连褥子都不肯用,床上尽是些干柴干草,并且在床上用绳悬一苦胆。日日尝之,问自己说:"你忘记了会稽之耻吗?"以此提醒自己不要忘掉昨日曾经受到的凌辱与苦难;他还常常到外地巡视,探望孤寡老弱病残;于是诸大夫对勾践更加爱戴,他便对他们讲:"我预备同吴兵开战,望诸位肝胆相照、奋勇争先,我当与吴王颈臂相交,肉搏而死,此乃我一生夙愿。如果这不能办到,我将弃离国家,告别群臣,身带佩剑,乎举利刀,改变容貌,更换姓名,去做奴仆,侍奉吴王,以找机会与吴开战,我知道这要被天下人所羞辱,但我决心已定,一定要实现。

整整过了22年"卧薪尝胆"非人所能的忍耐日子,越国的国力军力终于开始强壮了起来,越王终于因为自己的"坚忍"而成就了自己的事业,亲自率兵一举攻下吴国。吴国灭亡之时,吴王夫差哭泣求降,乞求越王勾践效仿当年,接受自己的投降求和。可是此时的勾践相当清楚一个人在忍耐中所爆发出来的力量是无穷的,虽然吴王已耄耋老矣,但是他的忍耐也许足以会使他再次尝到会稽之耻，更何况还有吴王的后人。于是勾践不接受吴王的投降。吴王夫差羞愧难当，唯向天长啸，拔剑自刎。

灭吴之后，越国势力大大增强为春秋时有名的霸王。越国遂称霸于诸侯，勾践也终于扬眉吐气了。

由此可以看出，卧薪尝胆是一种谋略，通过卧薪尝胆，勾践将尖锐的思想感情隐藏了起来，采用一种以退为进的策略来达到自己的目的。《忍经》中说：不能忍受挫折，不是害了别人，就是害了自己。因此，我们在日常生活中碰到受气之事时，不妨先忍耐一下，记住这样一句话：现在的卧薪尝胆为的就是日后的扬眉吐气，冲动只会给自己带来更大的麻烦。

14 自贬自嘲人常在

每个人都希望自己能够声名远扬，而不希望在自己的脸上摸黑，这是人的共性。但是无论是从人性的角度上分析还是从历史经验中去分析，那些善于在自己脸上摸黑的人是真正明智之人，无论是自嘲还是自贬，目的都只有一个——"贬损"自己而拔高他人。这样做是为了防止别人以自己为敌，嫉妒自己，进而算计自己。这是一种迷惑对手的方法，也是一种低调自保的做法，毕竟自贬自嘲之人才能常在。

公元前194年，淮南王黥布反叛，汉高祖刘邦亲自率军征讨，但是中间曾经多次派人回来询问萧何相国在干什么。萧相国因为皇帝带兵外出，就安抚勉励百姓，拿出自己全部家产捐助军费，如同讨伐陈豨叛乱时一样。

萧何有一位门客知道了这件事情之后，就对萧何说："大人，我看您离灭族的大祸不会很远了。"萧何一听，很是诧异，自己忠心为国，怎么就会灭族呢？忙问怎么回事，让门客把话说清楚点儿。门客说："大人位居相国，功劳第一，功名已经无以复加了。然而自从大人当初进入关中，就深得民心，至今已经十几年了，老百姓都非常亲附于您，您还在孜孜不倦地为民办事而得到越来越多民众的爱戴。皇上在外打仗，之所以屡次派人来询问大人的情况，就是害怕您的地位啊！如今大人何不多买些田地，低价出租以玷污自己的声誉？只有这样，皇上才会安心啊！"萧何一想门客说的也对，并且感到事情的严重性，于是就依从门客的建议买下了很多的田地，甚至有些时候还不免沉迷声色。有官员向刘邦打小报告，反映萧何在关中为自己低价买地的事，刘邦听了，心中不但不怒，还大为高兴。

试想，萧何为什么要这么"玷污"自己的名声，而刘邦知道之后又为何高兴？这里面就蕴含着一种生存哲学：适当地自贬可以掩盖自己的锋芒，也可以让别人对自己放心，目的就是为了保全自身。秦朝大将军王翦也是一个懂得用自贬来保全自身的人。

公元前225年，秦国大将王翦率领60万大军伐楚，在出发之前，秦王嬴政亲自前去送行。在临行前，王翦请求秦始皇赐给自己大量的良田、房屋、园林。秦始皇听后哈哈大笑说："将军启程吧，你还担心日后贫穷吗？"王翦说："当大王的将领，即使有功劳，到底也难得封侯，趁着现在大王还瞧得起我的时候，就想借这个机会请求大王赐给园林作为子孙的产业罢了。"秦始皇大笑应允了。

王翦领兵到了函谷关之后，又接连五次派使者向秦始皇索求赐给自己大量的良田、房屋、园林。有人对王翦说："王将军这样请求赏赐，也太过分了吧。"王翦意味深长地说："你不懂。秦王生性粗暴，不相信人。现在我带着60万大军，这几乎是秦国的大半兵力了啊。如果我现在不赶紧请求赐给田地住宅给子孙留作产业，以表明自己的忠心，难道想让秦王无缘无故来怀疑我吗？"由此可见，王翦之所以这么做意思就是向秦王显示自己志向不大，只贪图些小利，不是和秦王争天下的人物。这样秦王自会放心了。

无端地"贬损自己"，给自己抹点黑，其实就是为了迷惑别人，特别是在竞争的时候，让对方错误地估计自己的实力，不仅能保全自己的实力，还能放松对方对自己的警惕。

自嘲也是一样，不仅仅是一种特殊的人生态度，也是生活的一种艺术，它具有改变生活和调整自己的功能。它不但能给人增添快乐，减少烦恼，还能帮助人更清楚地认识真实的自己。

抗战胜利后，著名画家张大千先生要从上海返回四川老家，临行前他的好友为他设宴饯行，并特邀梅兰芳等人作陪。宴会开始，大家请张大千坐首座，但他的一句话让在座的人都深感不解，他说："梅先生是君子，应坐首座；我是小

人,应陪末座。"见大家一头雾水的样子,张大千解释道:"不是有句话说'君子动口,小人动手'吗?梅先生唱戏是动口,我作画是动手,我理该请梅先生坐首座。"满堂宾客听了张大千的解释,都为之大笑,于是请两人并排坐了首座。张大千自称是"小人",看似自贬,实则从另一方面表现了张大千先生的豁达胸怀和谦虚的美德,同时也给了自己一个台阶。

总之,学会自贬自嘲对自己并没有什么坏处,反而会有好处。因为它是一种低调之术,是一种生存哲学,更是一种保全之术。

第二章

谦卑处事，抬头做人

　　一个懂得谦卑的人，是一个真正懂得积蓄力量的人。谦卑的态度能够避免给人造成张扬狂妄的印象，而这种印象对于一个人的生活与工作相当重要。正如日本著名的企业家松下幸之助所说："谦和的态度，常常使别人难以拒绝你的要求，这也是一个人无往不胜的要诀！"

.1 谦卑处事天地宽

所谓谦卑,"谦",就是为人谦虚谨慎,"卑",就是处世不卑不亢。谦卑的态度是人生的至高智慧,是令人受益终生的美德,更是为人处世的黄金法则。一个懂得谦卑的人,是一个真正懂得积蓄力量的人,谦卑的态度能够避免给人造成张扬狂妄的印象,而这种印象是一个人在生活、工作中获取经验与积累能力的有效途径。日本著名的企业家松下幸之助说:"谦和的态度,常常使别人难以拒绝你的要求,这也是一个人无往不胜的要诀!"

有一个女孩子阿芳靠给人家做保姆,最后竟获得了移民美国的机会。而她获得这样一个难得的机会的原因,只因为她工作中谦卑的态度。

阿芳来自于湖南一个偏远的小山村,由于自己本身没有多少文化,所以到广州后,只能找一份简单点的工作,给人家当保姆。这家主人在阿芳来之前曾经聘用过几个保姆,但都不合心意,直到阿芳来了之后,保姆便再也没有换过。

阿芳虽然没有什么文化,但是对自己的这份工作非常的用心,她自己本身也非常的聪明,无论什么样的家庭菜式,只要教两三次就能学会,而且还会自己加以琢磨,最后的水平甚至能够超过主人。对于平常家务的处理,不用等到主人的提醒或者是吩咐,她就早已暗自准备好了。

这个家自从有了阿芳这么一位"大总管"之后,家中所有的一切都不用主人再花费心思,随着时间的推移,阿芳也逐渐的融入了这个家,犹如其中的一员,女主人甚至经常带着阿芳去自己的父母家帮忙,她的工作范围有了明显的扩大,当阿芳一如既往的工作着,任劳任怨,对于主人吩咐的事情不论大小轻重,她都愉快自觉地完成,她的这种工作态度获得了主人全家的赞赏。

女主人的妹夫在美国开有一家中餐馆,随着店面的扩大,需要一名厨师,于是他决定回国考察一番,看看能不能在自己的亲戚中间找到一位合适的人选。但他在回国之后发现,自己的亲戚虽然不少,想去美国的也很多,但是真正的实干者却少得可怜,尤其是愿意真正学中厨技术并打算长期在餐馆做下去的。在他回国这段时间,他也有机会跟阿芳接触了一阵子,在他临回美国之前,经过再三思量,他决定将这个难得的机会给在他们的家族中一个毫无血缘关系的"外

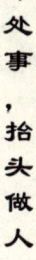

人"——阿芳。

人选是已经定下来了,但接下来的准备工作却还很长,首先,她要拿到厨师证书。女主人的妹夫将她送进了一所厨师培训学校,为了不让自己现在的工作受到影响,阿芳决定利用晚上的业余时间去完成培训过程;然后,关于签证的问题,美国那边用中餐馆的名义帮她申请,阿芳则要在广州做一名真正的厨师,恰好在这一段时间他以前工作的那家主人全家移民美国的排期已经到了,所以阿芳就真的去找了一份在餐馆的工作,等着移民签证的签发。

从她开始办移民申请到她拿到移民签证,获得在美国生活的绿卡,前后仅花了一年半左右的时间。也许很多人都觉得这个故事真的是一个故事,通过各种媒介我们会经常看到很多想移民的人,往往却因为自己的身份问题得不到解决而搁浅,而这其中的很多人的条件都要比阿芳优异几倍,甚至几十倍。

所以,一个一心只想着做大事的人不一定就能够获得成功,谦卑处事的人却往往能得到上帝意外的恩宠,会比其他的人在自己的人生路途上更容易获得人们的理解、支持与帮助,更容易得人心、合人意,得到大家的喜爱与欢迎。上文中的主人公阿芳也许在她的内心中并不曾真正的明白"谦卑"所谓何物,也并不懂得所谓的"处事黄金法则",她所遵从的只是自己做人的本分,山里人所特有的那种质朴,但是,谦卑的处事态度,却在无形之中为我们将要获得的成功奠定了坚实的基础。

因此,一个懂得谦卑的人,是一个真正的睿智之人,有人曾经说过一句话:"能够认识到自己的渺小是一个人难得的优点。"只有时刻提醒着自己的不足,才能获得长远的进步。一个懂得谦卑的人,是一个善于自律的人,他们有着虚怀若谷的心态,善于倾听他人的意见,愿意接受别人的指正,因为他们明白,只有这样,才能够不断的超越自己。一个懂得谦卑的人,是一个友善之人,在我们的身边,我们经常看见许多身份、地位、年龄都要高出我们许多的人,却对我们依旧的礼遇有加,没有丝毫的颐指气使的态度。这样的人,怎能让人不心生爱戴呢?

但谦卑不同于卑微。谦卑与卑微虽然两者其中都包含有一种"无我"的精神,但卑微是一种不知自我身在何方的"无我",而"谦卑"则是一种真正忘我的"无我"。一个表现出卑微姿态的人让人不自觉的就联想到谄媚、奴颜、趋炎附势等种种恶行,而一个以谦卑之态出现在众人面前的人,却让人焕发出美的光彩,它所表现出来的不仅仅是以颜悦人,也不仅仅是彬彬有礼,而是一个人在历经沧海之后独有的一种亲切,物欲淘尽之后呈现出来的一颗赤子之心。这种姿态让人觉得超凡脱俗,也让人心仪不已。

以谦卑之态来处事的人,更容易在这个时时充满变幻的世界找准自己的位置。每个人在工作与生活中都有适合他的位置,一个聪明的人很清楚哪一个位置是适合自己的,找到它并以最快的速度融入其中,而还有的人,终其一生都只是在找位置,而无暇顾及其他的事,一生都是碌碌无为。

中国有句古话说得好:人誉我谦,又增一美;自夸自败,又增一毁。无论何时何地,我们都要时刻怀揣一颗谦卑之心,让我们记住一句话:谦卑处世人常在,谦卑处事天地宽。

2 要谦卑处事,但不是苟且偷生

老子在《道德经》里说:"上善若水,水善利万物而不争。"水不论在什么时候都是处于最底层的位置,不争名,不图利,不为地位,润泽万物,谁都喜欢它。他反对锋芒毕露、争强好胜,主张"我无为而民自化,我好静而民自主,我无事而民自富,我无欲而民自朴"。他这种与世无争的谋略思想,深刻体现了事物内在的运动规律,这一规律也早已被无数的事实所证明,纵观历史上那些有善始并得到了善终的俊杰豪士,无一不是行为姿态规避风险的大师。

懂得隐藏锋芒、适时进退,方才能有所作为。但历史上也不乏因不知深浅、恃骄自宠,最后落得人头落地的悲惨下场的人。

年羹尧是清朝显赫一时的大将军。在雍正皇帝登基之初,因年羹尧骁勇善战,雍正对他倍加赏识重用。由最先的接替允禵掌管抚远大将军印务,到最后升至一等公爵,在雍正二年八月入觐的时候,雍正帝又给他御赐了双眼孔雀翎、四团龙补服、黄带、紫辔以及大量的金币,恩宠达到了无以复加的地步。他的家属、亲眷因此也备受恩宠,甚至他的家仆都得以"升天",官至道员、副将。但年羹尧对皇上的这些恩宠不仅不感恩收敛,反而是更加的得意忘形,日益骄横跋扈。他的这些行径引起了当朝群臣的愤怒,弹劾他的奏章一时如漫天飞舞的雪花一般。在雍正三年十月,皇帝命年羹尧来京问讯,当时议政大臣给他定下的罪状包括欺罔之罪、狂悖之罪、忌刻之罪、残忍之罪等各项罪状累计九十二条之多。同年十二月,案成,之后雍正帝差步兵统领阿尔图到关押年羹尧的囚室传旨,年羹尧接旨后即自杀。此案还涉及到他的亲属以及友人,这与他当初的入觐受赏仅有九个多月的时间。

曾经风光无比的年羹尧最后只落得了一个自裁的下场,过去的声名显赫在瞬间成为了过眼烟云，不仅自己丢了性命，还殃及了自己周围的人。他落得如此悲惨结局，只能怪他在讲究君臣之道的封建社会，不知进退、不懂低头谦卑为人的处世哲学。

对于每一个心存大志的人来说，谦卑为人并不是说让你不问世事，苟且偷生，而是一种在夹缝中求生，在绝境中得以翻身的生存智慧，一种迂回前进的人生策略。

小王在公司是一个才能出众的职员，他过去有一个非常严厉的上司，只要下属稍有过错，就会被他骂得狗血喷头。有一天这位上司终于被调走了，小王和他的同事们心里都暗自松了一口气，觉得自己终于解脱了，新来的经理在与他们见面之初，给大家的印象都挺好的，不管事情大小都会和和气气地与大家先商讨，征求一下大家的意见。小王很庆幸能与这么一位民主的领导一起共事。可时间长了之后，新的烦恼又不断地产生了。

过去的经理虽然有时候过于武断，但是在他的手下工作只要按照他的要求尽心做好便是，不必过多操心。但现在的这位经理除了在工作开始之初要先"听取大家的意见"之外，还表现得特没主见，几乎手下每一个不同的意见都能影响到他的决定，许多的工作都要做毫无意义地重复返工，弄得大家经常加班，工作效率却不高。因此产生的连锁反应就是收入直线下降，小王原先每月可以拿3500元的奖金，可现在已经连续三个月没有拿到过2000元。

大家对新任经理好评日益减少，对他的工作能力越来越怀疑，甚至有很多的同事暗地里跟小王说："论资历，论水平，论才干，他哪一样比得上你？怎么偏偏选这种人来当我们的领导？"同事们的议论，再加上周围朋友们对自己的劝告，还有自己也确实对现在的经理的工作方式有所不满，让他的内心备受煎熬：找上级领导反映问题？在工作中与他较劲？还是干脆辞职？

最后，他决定听取父亲的意见。父亲跟他说："不管你的上司现在表现得如何低能，你都应该尽力辅佐他，在努力工作中寻求新的机遇。"于是小王及时调整了自己的心态，现在他时刻在心里提醒着自己，不要把眼光老盯在上司不足的地方，他既然能被派到这里担任经理，肯定就有他过人的地方，看人要全面地看，否则，能力平平的他怎么能做到眼前的位置上？在接下来的时间里，小王不再在意周围人的议论，而是尽自己最大的能力去协助上司的工作。本来新任经理在听说了他的才能后，心里对他早有所防备，但是看到他如此真心诚意地帮助自己，不仅渐渐对他消除了戒备，还从心底对小王充满了感激和信任。

小王除了尽心尽力地帮助自己的上司之外，心中还谨记着父亲的教导，不放弃在工作中寻找和创造新的机遇。他在不对上司造成压力的前提下，尽力抓住每一个机会施展自己的能力与才华。果然没过多久，小王就引起了公司上层领导的关注。当他们向小王的上司了解情况的时候,得到的是积极的评价和大力推荐,小王得到了理所当然的晋升。

在能力不如自己的上司面前,小王没有因自己出众的才华而恃才自傲,也没有因为没有一个好的领头人而采取"做一天和尚撞一天钟"得过且过的态度,相反,他以一种谦卑的态度出现在自己的上司的面前,尽自己的所能来帮助他,在最后的关键时刻,他也得到了上司对自己的肯定评价。

谦卑谨慎的态度是智者通向成功之门的金钥匙,也是获得他人认可的奠基石,易经谦卦说:谦卑是指人因为虚心,所以能进入对方的心,被别人接纳。真正的智者就是甘愿让对方处在重要的位置,而让自己处在次要的位置。一个甘愿处于次要位置的人,一个谦卑的人,最终会赢得大家的尊重和爱戴,这样的人不论是在领导位置上,还是在平凡的岗位之中,都能好好地服务于他人。

谦卑处世不是懦夫苟且偷生的遮羞布。一个骄傲的人,一个锋芒毕露的人,常常因为无视他人的存在,从而失去他人的支持,最终常常被降到卑贱的地步;谦卑处世也不是弱者委曲求全的美丽谎言,而是强者后激薄发的生存智慧。

3 别让傲慢毁了自己

曾国藩说:"傲为凶德,慢为衰气,二者皆败家之道。"俗话也常说"狡兔死,走狗烹",骄傲自大,目中无人只会给自己带来无尽的麻烦,有时甚至能让你的成功变为置你于绝境的失败。法兰西帝国的第一缔造者拿破仑·波拿巴,据说他在一次过阿尔卑斯山的时候说过一句话:"我比阿尔卑斯山还要高!"这是一种何等的气魄! 的确,他率兵曾一度降伏大半个欧洲,令法国的资本主义经济得到了充分的发展,但是他的自负让他在滑铁卢战役中惨遭失败,曾经傲气十足的他最后落得个被流放、最终客死他乡的悲惨结局。

在拿破仑进入巴黎,法国国王路易十八不战而逃他重新登上帝位后,英国,俄国和普鲁士等国家为了支持路易十八,组成反法联盟,大举围攻巴黎。当时拿破仑亲自率领12万大军迎战,联军不敌,撤退到比利时。这一仗,拿破仑取得了辉煌的战果,奠定了他在法国的统治地位。过后,拿破仑乘胜追击,率军继

续挺进,直逼比利时的边境。6月18日,大决战在滑铁卢展开。当时拿破仑自以为兵员充足,加之刚刚又打胜了多国联军,所以他是有恃无恐。在他的指挥下,80门大炮同时瞄准英军的阵地进行炮轰。法国骑兵浩浩荡荡地登上了英军驻扎的山冈,拿破仑信心十足,以为胜利在握,哪知道枪声突然大作,埋伏在四周的英军将法军团团围困,法军措手不及,伤亡无数,只好向后撤退。最后他仅带了一万名残兵退回巴黎,从此结束了他的戎马生涯。6月22日,拿破仑第二次被迫退位,囚禁在圣赫勒拿岛上,直到1821年郁郁而终。拿破仑自以为有雄才大略,攻无不克,到头来却因为自己的骄傲自大让自己在滑铁卢一役中被打得一败涂地。

　　由此可见:傲慢是人生的一大陷阱,要想有所成就,就要时刻记住戒骄戒躁,克服傲慢才会让自己获得不断地进前。古人讲:"君子宽而不慢。"低姿态做人,似乎让人感觉有一些窝囊,但是为人处世过于骄傲,则难以得到他人的信任与帮助,甚至是为人们所厌恶。纵观古今中外成大事者,每一个都是虚怀若谷,好学不倦、从不傲慢的人。谦虚为人,是千古不变的至真哲理,被奉为千古宗师的孔子也说,"三人行必有我师焉",何况是我们这些凡人!宋代大文学家欧阳修,其晚年的文学造诣可以说是达到了炉火纯青的地步,但他从不恃才自傲,对于自己的每一篇文章都要经过再三修改。他的夫人怕他累坏了身体,就劝他说:"何必这样自讨苦吃?又不是小学生,难道还怕先生生气吗?"欧阳修回答说:"不是怕先生生气,而是怕后生笑话!"

　　刻意地追求高人一等的境界,只会在你昂起高傲的头颅时,因踢到地面的石子而重重地摔一跤。傲慢并不能显出你身份的尊贵,反倒会将你打入无知的行列中。中国的传统文化素来鄙视傲慢,而崇尚平等待人。谦虚的态度会让人倍感亲切,傲慢的架子则会让别人感到难堪。

　　相传南宋时江西有一名士傲慢之极。一次他提出要与大诗人杨万里会面。杨万里谦和地表示欢迎,并提出希望他带一点江西的名产配盐幽菽来。名上一听就傻了眼,他实在搞不懂杨万里要他带的是什么东西,只好说:"请先生原谅,我读书人实在不知配盐幽菽是什么乡间之物,无法带来。"

　　杨万里则不慌不忙从书架上拿下一本《韵略》,翻开当中一页递给名士,只见书上写着:"豉,配盐幽菽也。"原来杨万里让他带的就是家庭日常食用的豆豉啊!此时名士面红耳赤,方恨自己读书太少,始觉为人不该傲慢。

　　在中国历史上具有非凡人格魅力的清末明臣曾国藩,也是一位大力提倡"戒傲"的人。他在给自己的弟弟们的家书中,用自己的人生经历来告诫他们,万不可恃才傲物,看不到别人身上的一点长处。长此以往,则终身都不会有进步。除此之外,他还经常引用别人因为心存傲气而不能有所成就,或者因此而遭人嘲笑的例子来告诫弟弟们,为人要谦虚,他写到:"三房十四叔非不勤读,只为傲气太胜,自满自足,遂不能有所成。京城之中,亦多有自满之人。识者见之,发一冷笑而已。又有当名士者,鄙科名为粪土,或好做诗弄文,或好讲考据,或好谈理学,嚣嚣然自以为压倒一切矣。自识者观之,彼其所造,曾无几何,亦足发一冷笑而已。"为此曾国藩总结道:"吾人用功,力除傲气,力戒自满,毋为人所冷笑,乃有进步也。"

傲慢从本质上来讲,是一种对自己的个人崇拜,是一种因为内心自惭而以道貌岸然的仪态勒口以掩饰的行为心理;从伦理学的角度来看,它属于一种不良的道德习惯;从社会关系学的角度上来说,它的存在只能是让人孤芳自赏,长此以往,最后的结果只能是将自己孤立,从而造成自己人际关系的不和谐。

无论从哪一方面来说,傲慢都会给自己或者他人造成很多无法补救的过失。所以,一个人要想做到圆融处世,或者成就一番大事,就必须要戒傲,做到有情趣而不肤浅,有才学而不张扬。

4 成人之美,与人为善,何乐而不为

成人之美,是孔子所提倡的一条重要的为人原则,出自《论语·颜渊》中:"君子成人之美,不成人之恶。"这句话的意思也就是说:"君子帮助别人成全其美德,不帮助别人做坏事。"传颂中的管鲍之交,就是令人向往的成全他人的风范。在春秋乱世,管仲和鲍叔牙共同经商。管仲因为家庭贫困,鲍叔牙就多分些财物给他,从不计较。也不因为管仲当过逃兵而取笑他,鲍叔牙理解管仲这样做是因为高堂老母需要赡养。管仲深为感动,他说"生我者父母,知我者鲍子也"。管鲍之交成为千古美谈。

成人之美,与人为善,不仅是成全了他人,在很大的程度上其实也是拓宽了自己的人生之路,在无形之中实现了自己人生的名利双丰收。

唐朝有一个叫谢原的人,精通词赋,善作歌词,他所作的歌词在民间流传甚广。有一年春天,谢原到张穆王家中做客,张穆王对他的才华相当的看重,亲自接待他。张穆王有一个小妾谈氏,在歌曲弹唱方面颇有才华,于是在他们饮

酒畅谈之余，张穆王便让她在珠帘后面为自己和谢原弹唱一曲。谢原在听得过程中，发现谈氏唱的正是自己所作的一首竹枝词。见自己的作品被人诠释得如此完美，谢原也完全融入到谈氏的演唱中去了，连张穆王跟他打招呼他都没有反应。张穆王见谢原听得如此入神，干脆让谈氏出来拜见。谈氏不仅歌唱得好，人也长得十分的漂亮，她接着又把谢原所作的歌词都唱了一遍。

谢原十分高兴，觉得遇到了知音，不禁对谈氏产生了爱慕之情。他站起来说："承蒙夫人的厚爱，在下感激不尽，只不过夫人所唱的是在下的粗浅之作。我应该重作几首好词，以备府上之需。"次日，谢原即奉上新词八首，谈氏把它们一一谱曲弹唱，两人配合得十分默契。这样一来，谢原和谈氏你来我往，日久生情，终于有一天，谢原向谈氏表白了。谈氏虽然心里欢喜，但自知是张穆王的小妾，却也是身不由己。于是，谢原亲自去拜见张穆王，请求张穆王成全他们。

在当时，莫说是王爷，就是一个普通的平民百姓，也没有谁愿意将自己的心爱之人拱手想让。但是张穆王在听了谢原的请求之后，不仅没有生气，反而却哈哈大笑起来："其实我早就有此意了。虽然我也很喜欢她，但是你们两个才是真正天生的一对啊！一个作词，一个谱曲，一个吹拉，一个弹唱，你说，这不是天造地设的一对吗？"

谢原没有想到张穆王如此大度。后来为了答谢张穆王，谢原特将此事作成词，由谈氏为之谱上曲，四处进行传唱。张穆王成人之美的美名马上传播开来，引得很多的有识之士都来投靠他。

一位高高在上的王爷，用自己的宽容和大度，终于使得谢原和谈氏这对有情人终成眷属。其实张穆王完全可以随便找个理由拒绝谢原的请求，但是他却愿意委屈自己而成全他人，这需要一种怎样的气度与胸怀才能做到！虽然他失去了一位小妾，但是他却得到了对他更有利的"名声"，塞翁失马，焉知非福？

孔老夫子在提出"君子有成人之美"的观点时，他就是希望能让这种君子风范成为每个人的自觉追求，从而感召所有的人来共同构建他理想中的大同世界。在现代社会这个追求和谐发展的国度中，我们同样需要这种精神，人与人之间的和睦共处，是每个时代都致力追求的目标。即使是在我们日常的生活与社会交往中，我们也都希望能得到他人的赞美与认同，而不是诋毁和否定。有时候，只是一句信任的话语，一个赞许的眼神，或是一瞬默默的注视，都会给人以巨大的精神鼓舞，成就一个人的一生。

在今天，因为你的一个小小的举动，成全了他人之美，也许在明天，甚至就在接下来的那一刻，他人就能成全你之美。名与利，是世界上恒久不变的主题之一，在这个充满了竞争的名利世界上，有很多人是为名声而活，还有很多人是为利而活，他们为了争名夺利，用尽了一切手段，肆意攻击、侮辱他人，先不提孔老夫子所追求的大同社会,就连人与人之间最基本的互信、互爱与互助都消失的无影无踪。名与利在很多时候,确实能为我们带来不少的好处,有些竞争对于我们的生存来说也是必需的,但在大多数时候,我们可以适当的放弃一些。不要事事都和别人争,不要为了点小事斤斤计较,今天我们成他人之美,明天他人就会成我之美。这样,世界就将是一个和谐的世界,而成人之美就是这个和谐世界里最美的乐章!

5 装得了糊涂,左右才能逢源

著名的艺术大师郑板桥先生说,做人的最高境界就是"难得糊涂",一个人若表现的太过聪明,就会招来很多的麻烦,甚至是生命的威胁。然而难得糊涂并不是一味的糊涂,不是真正的糊涂,而是"人说不精明,其实你糊涂;人说我糊涂,其实我清醒",在小事上糊涂,大事上精明,在该糊涂的时候绝不显聪明的"糊涂之举"。只有这样,才能让自己立于不败之地,做到左右逢源。清代著名的大学士纪晓岚就是这样一个人。

纪晓岚因为受到皇上的重用,经常担任一些重要的官职,直到他79岁高龄的时候,应皇上之邀,还再次担任当时的会试考官。在此之前,他已两次充任会试正考官以及两次乡试主考官,还曾被任命为武科会试正考官。对于每次主考,他都谨慎从事,严防出错,为了表现自己的这种心境,他还感慨地写下这样的诗句:

三度来登凤敲堂,萧辣两鬓已如霜。
衰翁宁识新花样,往事曾吟古战场。
陆赞重临收吏部,刘几再试遇欧阳。
当年多少遗才憾,珍重今操玉尺量。

诗中大意表示了自己要谨慎处事,慎重取人之心,但事情总是不遂人愿,偏偏就在他最后的一次主考中,尽管他很小心谨慎的做事,但还是出了一点小小的麻烦,把事情弄大了。

原来,在考试结束后,按照当时的大清例律,在经过斟酌之后,阅卷管们确定了前几名的名单和次序,并对试卷加有详细评语。这是绝密信息,不到发榜的那天,参加会试的人谁都不可能知道的,可就在这一环节上出现了纰漏,这些情况都被一一泄露了出去,他们甚至都知道了纪晓岚的评语,这在当时可是一件大事,顿时在京城就像炸开了锅一样,引来了各种各样的议论之声:"试卷诗未等提榜,怎么漏了出来?""前几名莫非有考官的亲戚?"有人推测说。"说不定啊,有钱能使鬼推磨,现今营私舞弊的人太多了!"又有人附和道。这些话很快就传到了纪晓岚耳朵里,他觉得此事非同小可。

按照当时的科考规定,泄密之人肯定是大罪难逃,不仅丢官、蹲监狱,甚至还要杀头。有关人员也难逃其咎,而纪晓岚当时正是正考官之一,他理应负责,自然也就脱不了干系。大清历史上这样的例子着实不少,牵连之广,处罚之严厉,可谓触目惊心。此次科场风波如不妥善处理,势必将引发一场大的灾难。考虑到这个问题的严重性,纪晓岚悄悄把另一名正考官左都御史熊枚和副考官内阁学士玉麟、戴均元找来,共同商讨此事。

熊枚首先说道:"被取之举子与诸考官都没有任何的亲戚关联,一律秉公取录。即便另有私情,也只会保密,没有人这么傻会泄密的。"

"泄漏此事一点目的都看不出,也可能是事出偶然。"感到迷惑不解的戴均元随即说道。

纪晓岚此时也觉得此事甚是蹊跷,泄漏名单次序这些问题,无非是想把水搅浑而已,但将所有的情况都泄露出去,这样对谁都没有好处,因此纪晓岚推断可能是其中有人无意中出错。经过反复权衡,他最后决定把这件事情的责任全部揽在自己头上,毕竟自己是主考官,倘若自己揽了全部责任,这样对同僚,对自己来说都是一件好事。于是他坦然地对他们说道:"此事待我去面见圣上。"

此时的嘉庆帝早已得到禀报,虽然心里很恼火,但也不明白一向小心谨慎的纪晓岚为何会出现这样的事,于是他很想听听纪晓岚的解释,他下令追查,却又把纪晓岚召来问话:"老爱卿,此事系何人所为?"

"启禀圣上,臣即是泄漏之人。"纪晓岚很平和地说。

"啊,你——"嘉庆皇帝听后非常吃惊,虽然他在这之前有千万种假设,可是却没有想到纪晓岚会有这种回答,他知道纪晓岚向来办事谨慎,这种事决不会出在他身上,他这么说分明就是另有隐情,于是接着问道:"卿又何故泄漏呢?"

只听纪晓岚慢条斯理地说道:"只怪老臣书生意气,每得佳作,便将其反复吟咏,此次会试,老臣发现其中不少佳作,便时时吟咏,难免在与朋友谈论中漏出几句。只是此事实出无意,如圣上动怒,老臣则甘愿领罪,只求圣上开恩,不要牵连他人。"

嘉庆皇帝也不是傻瓜,自然明白纪晓岚的用意,他无非是要消解此事。嘉庆皇帝见事情仅仅是偶然出错,怒气也就消了一半,随即下令撤回追查此案的大臣。一场即将掀起的会试大风波,在纪晓岚巧妙地周旋下平息了下去。最后那些参与此科会试的大小官员个个都对纪晓岚感激不尽,至于那真正泄密的人,虽不敢明言,他的感激肯定也是至诚至深的。

　　从纪晓岚身上我们可以明白地知道这一点:做人不能不糊涂,也不能一直糊涂,该糊涂就糊涂,不该糊涂就不糊涂,糊涂中有清醒,清醒中有糊涂。但在糊涂与精明之中,也要有一条明确的界限,不能盲目的超越界限。如果一个人一味的装糊涂,久而久之,也就真的糊涂了,在迷迷糊糊之间只会失去很多东西。因此既要让对方明白自己的心意,接受自己的主张或者是建议,又要表现的心如止水,像什么事情都没发生一样,这是一门很深奥的学问,需要用时间和眼睛来解读。只有这样才能让你的生活更加的风平浪静。

6 只有放下公平,你才能得到公平

　　在我们的日常生活中,"公平"两个字是我们最经常提到的,同时在为人处世中也力求公平。那么什么是公平？公平就是公正,公平就是不偏不倚。但生活中从来就没有什么绝对的事,公平也是一样。我们对公平的力争,说白了也就是为了"面子"而争。要想得到公平的待遇,就要在适当的时候低一低头,放下公平,在面子与实惠之间多权衡一下利弊,为自己的前途多做一番准备。

　　吃过晚饭之后,老李按照惯例,戴上老花镜,跷起二郎腿,拿起当天的晚报快速地浏览起来,他的眼光被一行字给锁住了:"xx 市 x 厂一青年技术员,刻苦两年创造出的发明,其专利权却为该技术厂厂长巧取豪夺,青年据理力争,备受迫害……"

　　老李的思绪不禁被拉到了 30 年前。那时候,老李刚从学校毕业,被分配到一家科研所工作,胸中充满了一腔豪情,他立誓要在现在的工作岗位上作出一番成就来。他顶着酷热寒暑,勤耕不缀,一年半的时间过去了,他终于设计出了一台简易降耗的减速装置。

　　然而这份欣喜却很快就被不平所代替。研究所的所长为了获取名誉,利用手中的职权,暗渡陈仓,对老李是恩威并施,虽然他自己是技术平平,却要以发明的主要技术负责人自居。而他给老李开出的条件就是利益共享,老李将很快被提级重用,并且工资再加一级。老李在家蒙头睡了三天之后,故作爽快地答应了所长的要求。于是,所长的大名在烫金证书上留下了永恒的印记,他也在"技术骨干"的前提下被提升为"科长",他的才干逐渐得到了发挥。

再看看眼前报纸上描述的事实,老李不禁长叹一声:"唉!现在的年轻人啊,火气太盛,真是不经事啊!厂长的行径固然可恨,但青年也让人觉得可气,他要是早遇到我老人家就好喽!"

乍一看,老李所受的待遇实在是太不公平了,凭什么自己的科研成果要拱手让给别人,让别人坐享其成?但是回过头再来看看,虽然老李失去了享有发明专利权的机会,但他却得到了更多更实在的东西。作为一个科技负责人,他拥有了更多的权利去组织和研究课题,能够最大限度的去实现自己的理想,获得更多的成就;作为所长的利益共享人,他从毕业时的一文不名,在仅仅一年半的时间里就得到了别人也许需要一生的时间才能得到的地位与财富。这些,比享有专利权的虚名来说要实际得多。

据此可以说,老李的放手是聪明的。中国有一句老话:"粗胳膊拧不过大腿",他一个刚从学校毕业的毛头小子,是无论如何也斗不过大权在握的科研所所长的。所以,他放下了一时的"不公平",让出自己的专利权,却换来了一生的"公平"——提干,和加薪。如果他当时为了一点虚名,为了自己的面子,固执地要坚持公平,那么他的结局就不可能是现在在茶余饭后可以悠闲地读书看报,而是像报纸上报道的那个年轻的技术员一样,备受迫害,自己空有一身才华和抱负。

在这个世界上没有绝对的公平。在现实生活中,在人们的思维中,都认为公平、合理是应有的现象,甚至有人说"没有公平,就没有世界",但实际上这些想法与说法都是不切实际的,我们生活的空间就不是一个根据公平而创就的世界。看看大自然中的食物链:豹吃狼,狼吃羊,羊又吃草……这些生命受到威胁的弱小者,永远是处于不公平的地位。生长在一个弱肉强食的时代,只可能是强者生存,弱者灭亡,优胜劣汰,没有任何的公平可言。如果我们一味地追求绝对的公平只会导致自身心理的严重失衡。

但这个世界又是存在有公平的,这份公平就在我们每个人的心里。所谓的"公平",实际上是在两相比较的过程中人产生的一种心理反应。当你遇到相同或相似的情况的时候,通过与别人的比较,心中才会产生自己受到了不公平待遇的想法。但人与人之间并没有什么可比性,俗话说得好,"人比人,气死人"。这种比较,实际上就是拿别人的状态来支配自己的情绪,拿别人的情绪来判定自己,而这样做的后果就是将自己的自主权、控制权,甚至是有关人格尊严的权利,全部转交给了外界。只要在我们的内心有一杆关于公平的明秤,那么再大的不公平也可以变成是公平。

公平,是人内心给自己的想法与行为给出的一种心理安慰;不公平,是大自然的本性所在。世上没有一把可以衡量出公平与否的标尺存在,我们只能说设法通过自己的努力来争取尽可能的公平。在你想要得到而又还不曾得到公正待遇的时候,不妨先将它放一放,在不久之后,你就会发现还有一片新的天空!

7 绕道而行或许路更宽

相对于九曲回肠的弯路来说,平坦宽敞的直道更容易受到人们的青睐。但再直的路也有尽头,若只是一味地往前走,只会将自己逼上绝境。当你发现无路可走的时候,不妨回过头来,绕道而行,这样也许会带给你一条更新、更宽的路。

有一天,来自马来西亚的太平洋投资公司到马鞍山市寻求合作的对象,安徽马鞍山市十九中学的校办企业也在他们的考察对象范围之内。那天上午从8点开始,马来西亚人已先后同多家企业进行了谈判,轮到这家校办企业时,已经是下午5点钟了。经过一天的谈判,马来西亚人已经相当疲惫,根本无心再谈,何况谈判对象只是一个仅有300来人的小小的校办企业。

刚一开始,谈判就陷入僵局,太平洋公司董事长仁杰瓦先生对经理说:"今天太晚了,明天再谈吧。"经理审时度势意识到,如在此时退出,就可能永远失去机会,他所谓的"明天再谈"不过是一句推脱之辞而已。情急之下,经理说:"仁杰瓦先生,您不远千里来到中国,的确很忙。但是,我们也很忙,请您允许我再占用您10分钟时间,行吗?"见仁杰瓦没有拒绝,经理继续说了下去:"我只说四个问题,其中三个是我们可以不与你们合作的原因。第一,与您谈判的企业大都想通过与您合作得到资金,可我们不这么想。我们企业每年上交300万元利税,完全可以养活自己。如果其他投入需要资金,我们可以向银行贷款,付出利息就行了。但如果与你们合作,就必须利润分成,这对我们明显不利。第二,别的企业想通过与你们合作得到政府给予的优惠政策,可我们不需要。我们是校办企业,国家已经给予了很多优惠政策,与你们合作,未必能获得更多的好处。第三,别的企业与你们合作,还想得到你们的先进技术和设备,可我们不这么想。我们的项目是经中国科技人员研制出来的,技术目前处于世界一流,在设备和操作方面,我们也不担心。"

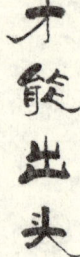

　　仁杰瓦先生与他的随从听完这位经理的话后满脸的惊奇，因为前面的所有谈判者，都是在口口声声说要与他们合作的理由，而这位经理却大谈不合作的原因。经理看了看他们的表情，心里暗自松下了一口气，但不露声色地继续说到："当然，如果我不想与你们合作，也根本就不会坐在这里了。实话实说，我们厂生产的产品，科技含量很高，安全可靠，开发前景十分广阔。而贵公司经营多年，占很大的市场，如果我们两家合作开发这种产品，进入市场大循环，利用你们公司的巨大影响开发市场，这样，不但可以发展我们的企业，贵公司也会获取巨额利润。"仁杰瓦先生听到这里，脱口而出："OK！OK！"很快答应签订了合同。

　　从谈判桌出来，经理看了一下手表，没有10分钟，谈判胜利。

　　经理的高明之处就在于采用了"绕道而行"的方式，先说"我们可以不与你们合作的原因"，首先从气势上就压过了对方，勾起了他们的好奇心，然后再说明与自己合作的好处，言简意赅，直逼人心。

　　世上没有绝对的直路，也没有绝对的弯路，只要你走的方法、走的方向正确，弯路也可以变直路，而有时我们之所以会感到面对"绝路"，那是因为我们自己把路给走绝了，或者说我们的思路狭隘，缺乏"绕道"的意识。

　　勇往直前，百折不挠的精神固然可贵，但当我们只看得见远处的目标，眼前却没有路可走的时候，如依旧坚持的话，那恐怕迎接自己的只有万丈深渊了。"山重水复疑无路，柳暗花明又一村"，在此时不妨换个方向，绕道而行。有的时候，为了实现目标而选择一条与理想相背的道路，这才称得上是真正的智慧之举。围魏救赵就是一个典型的例子。

　　公元前354年，魏国军队围赵国都城邯郸，双方你攻我守，战事持续了一年有余，双方将士都具显疲惫。这时，齐国应赵国的求救，派田忌和孙膑一起率兵八万救赵。攻击方向选在哪里？起初，田忌准备直趋邯郸。孙膑认为，要解开纷乱的丝线，不能用手强拉硬扯，要排解别人打架，不能直接参与去打。派兵解围，要避实就虚，击中要害。他向田忌建议说，现在魏国精锐部队都集中在赵国，内部空虚，我们如带兵向魏国都城大梁猛插进去，占据它的交通要道，袭击它空虚的地方，它必然放下赵国回师自救，然后齐军乘其疲惫，在预先选好的作战地区桂陵迎敌于归途，那么魏军必大败，则赵国之围遂解矣。

　　漫漫人生路就像一场持久战，要想取胜，就要丢掉浮躁，时刻保持内心的宁静，做到"泰山崩于前而面不改色"，只有如此，方能沉着应对变化多端的外界环境。法国作家勒农说："你不要着急，我们所走过路是一条盘旋曲折的山路，要拐许多弯，兜许多圈子，时常我们觉得好似背向目标，其实，我们总是越来越接近目标。"

人生旅途中，真的没有什么捷径可走。若想达到目标，我们就必须把目标放在背后，先耐心地去做披荆斩棘、铺路修桥的准备工作。在到达既定目标之前，我们也必须先去尝试走多条看似灰暗无望的道路，然后抬头观望，才会发现距离目标又近了一程。只要我们记住自己目标的方向，就算多兜几个圈子，也并不是什么错误。

懂得在适当时刻兜圈子，绕道而行的人，往往就是第一个登上峰顶的人。运用你的智慧和耐心，多绕几条道吧！

8 迂回前进才是平坦之道

所谓迂回战术，是指进攻部队避开敌人的整个防御系统，向敌人的翼侧或后方实施远距离机动而形成一股合围态势的作战行动，属于战略追击的最高阶段。瑞士著名的军事家若米尼曾指出，一些伟大的军事统帅之所以能在战争中取得胜利，关键就在于他们善于"集中他的主力迂回攻击敌人的一翼"。他确信，如果在战略上采用这一原则，"那就发现了全部战争科学的钥匙"。而我国早在春秋时期，著名军事家孙武在《孙子·谋攻篇》中就作出了"十则围之"的论述。

元朝始祖——一代天骄成吉思汗，就凭借着历史的大舞台导演了一出精彩的大迂回战略。他所率领的蒙古兵在全面侦察敌情、地形的前提下，军队凭借骑兵的持久耐力和快速机动能力，经常越过人们难以想像的荒原、大漠、险滩、雪谷，出其不意地向敌人的深远纵深处大胆穿插、分割，并与后面进攻部队相配合，采取迂回包抄的方式，迫使对方迅速瓦解，而且从不给对方留下逃生之路。依靠这种战术，他跟他的军队在短短六七十年的时间里，就征服了亚欧大陆大半的土地，创造了一个有史以来最大的帝国，奠定了蒙古兵学在世界军事史上的不可撼动的历史地位！

同样在我们做某件事时，如果发现情况对自己不利，再继续下去很可能惨遭挫败，甚至丢了性命的时候，就必须考虑如何灵活地全身而退。遇事硬顶不是智者的策略，采取迂回之道才是明智的选择。

武则天是中国唯一的一位女皇帝。她年仅十四岁时便被唐太宗召入宫中，

入宫之初被封为才人，后来因为才情俱佳，深得太宗喜爱，被唐太宗昵称为"媚娘"。当时宫中负责观测天象的大臣警告唐太宗，说唐皇朝将遭"女祸"之乱，有一个"武"姓女子将取代李姓成为唐朝皇帝，而且这名女子现已入宫。唐太宗出于为李姓江山的考虑，将宫中所有姓武的人都逐一排查了一遍，并做了妥善的安置，唯独对于武媚娘，因为自己对她早已爱之刻骨，始终不忍加以处置。

当时唐太宗身体大势已去，虽因受方士蒙蔽，大服丹丸，获得一时的精神陡长，纵欲尽兴，但没过多久，便身形槁枯，行将就木了。当唐太宗自知将死时，唯一放心不下的就是李家的江山，所以他要趁自己还有一息尚存的时候为自己的子孙后代肃清道路。在临死之前，李治和武则天都在他床边，他当着太子李治的面问武媚娘："朕这次患病，一直医治无效，病情日日加重，眼看着是起不来了，你在朕身边已有不少时日，朕实在不忍心撇你而去。你不妨自己想一想，朕死之后，你该如何自处呢？"

武媚娘是何等冰雪聪颖之人！太宗虽行将就木，但她此时可正处于风华正茂的年华，她深知一旦太宗离世，自己难免就要老死深宫，所以她时时留心另择新枝的机会。当时的太子李治见武则天貌若天仙，早已对她仰慕异常。所以当媚娘发现李治对她的爱慕之后，两人当即一拍即合，山盟海誓，只等唐太宗撒手，便可仿效比翼鸳鸯了。此时的媚娘哪能听不出太宗的言外之意？怎么办？她心里清楚，只要现在能保住性命，就不怕将来没有出头之日。于是她赶紧跪下说："妾蒙圣上隆恩，本该以一死来报答。但圣躬未必即此一病不愈，所以妾才迟迟不敢就死。妾只愿现在就削发出家，长斋拜佛，到尼姑庵去日日拜祝圣上长寿，来报效圣上的恩宠。"

唐太宗本来是要处死武媚娘，但毕竟他曾是自己的喜爱之人，心里多少有些不忍，现在武媚娘既然敢于抛却一切，脱离红尘，去当尼姑，那么对于子孙皇位而言，也不可能有什么危害了。唐太宗一听，连声说"好"，便命她即日出宫，"省得朕为你劳心了"。

武媚娘拜谢而去。李治也借机溜了出来，对武媚娘呜咽道："卿竟甘心撇下我吗？"媚娘满脸无奈的忧伤，她回身仰望太子，叹了口气说："主命难违，只好走了。""了"字未毕，早已泪如雨下，泣不成声了。太子道："你何必自己说愿意去当尼姑呢？"武媚娘平息了一下情绪，把自己的担心告诉了李治："我要不主动说出去当尼姑，只有死路一条，留得青山在，不怕没柴烧。只要殿下登基之后，不忘旧情，那么我总会有出头之日……"

太子李治佩服武媚娘才智，当即解下一个九龙玉佩，送给媚娘作为信物。太子登基不久，于是武则天很快又被召入宫中了。

武则天的处事技巧则很值得我们去探讨。武则天在面临生死攸关的关键时候,对眼前形式的利害关系有着清楚的分析,在危难面前能迅速分清主次,准确拿捏自己进与退的分寸。在太宗皇帝要求她一同陪葬的时候,她不是硬顶硬的一口回绝,而是巧妙地用"妾蒙圣上隆恩,本该以一死来报答。但圣躬来必即此一病不愈,所以妾才迟迟不敢就死"作答,首先为自己赢得了生的机会,然后用"愿意出家削发为尼"为自己找到了合适的生存空间,并对太子说"只要殿下登基之后,不忘旧情,"为自己求得了翻身的机会,最后剩下的就只是静等佳机,自己掌控国家大权,成为万人敬仰的一代女皇了。

在几何学中,两点之间的距离直线最短,但是在做事的过程中,通过实践我们就会发现,最直接的方式不一定就最有效,看似最为便利的道路走起来却并不通畅。相反,如果采取迂回前进的方式,反而走起来更加的平坦。

9 为人处世要通晓走曲线弯路

"**两**点之间,直线最短",这是大家公认的真理,所以最为直接、便捷的方式,往往就成了大家在为人处世的过程中奉行的上上之策。但有时候,这种一条道走到黑的方式是不能为自己带来任何的好处的,而此时我们唯一的选择就是走弯路。

生活中有不少"直肠子"的人,他们不论是求人或是办事,从来不讲究什么"迂回"战略,常常是"一根杆子通到底"、不达目的誓不罢休。但是中国与西方国家有所不同,我们历来就是一个凡事讲求委婉、含蓄的国度,所以很多时候有些话不能直来直去的讲,尤其是在求人办事的时候,只能采取"顾左右而言它"的迂回之道。

有"心机"的人都善于事先隐藏锋芒,让自己螺旋上升。让自己在免受别人的猜忌和伤害的同时,还能赢得别人的一腔感激之情,最重要的是为自己事业的成功创造条件,一鸣惊人。

大学刚毕业的汤姆想要进入一家大型的机械公司,但是该公司对人才的要求很高,没有经验的大学生很难被录用。

经过一番思考之后,他心里有了主意。他先找到公司的人事部,提出愿意为该公司无偿提供劳动力,请求公司分派给他任何工作,他愿意不计任何报酬地来完成。公司起初觉得这简直是不可思议,但考虑到不用花费任何费用,也不用操心,于是便分派他去打扫车间里的废铁屑。在接下来的一年时间里,汤姆勤勤恳恳地重复着这份简单却又繁重的工作。因为没有正式工作,为了糊口,下班之后,他还得去一间酒吧打工。他的勤奋和吃苦精神得到了老板的认可,也赢得了工人们对他的好感,但是关于录用他的事情却仍旧没有片言只语。

在有一段时间里,公司里的许多订单都遭遇了退回,理由都是产品质量有问题,为此公司将要蒙受一笔很大的损失。公司董事会为了挽救危机,召开了紧急会议以研究对策。会议进行了一大半,还未见任何眉目。就在这时,汤姆走进了会议室,他在会议上将这一问题出现的原因做了详细的陈述,并且给出了令人信服的解释,还就工程技术上的问题提出了自己的看法,一并拿出的还有对其产品的改造设计图。

这份设计图不仅恰到好处地保留了原来机械的优点,同时对于现有的弊病也已做好了改良。公司的总经理及所有的董事们见这个毫不起眼的编外清洁工竟有如此大的本事,心里一个一个都对他的来历打起了问号。经过询问,汤姆便将自己的身份和意图和盘托出。了解到他这一年多的经历,公司的高层们都不禁对这个刚走出校园的小伙子刮目相看,他们一致决定,聘请汤姆为该公司负责生产技术问题的总经理。

大家肯定在心里也有一个疑问:汤姆为何能在关键时刻拿出如此具有说服力的"证据"来的？原来,汤姆在做清洁工的时候,利用自己可以到处走动的优势,细心观察了整个公司各个部门的生产情况,并且都一一做了详细的记录,发现了存在的技术问题并设计了解决办法。为此,他花了近一年的时间来统计数据,做产品设计图,为在后面的一展才华奠定了基础。

"上帝对你关上了一道门,同时也给你打开了另一道门！"当生活把你推向黑暗的时候,同时它又会为你指出光明的出口。不知道另觅蹊径,一味"执著"地走直路的人,精神虽然可嘉,但是明知前面是一条"死胡同"却仍旧要"破釜沉舟"的拼搏一番,这样我们如何期待他能够成功呢？况且人生的道路从来就没有真正的直线,有经验的登山家在给登山新手传授经验的时候会告诉他们:"上山没有什么捷径,所有上去的路都是弯弯曲曲的,九转十八绕,想要达到山的顶峰,还必须征服那些压根儿就看不到路的悬崖峭壁。"其实人生就像这登山一样,也必须经过一番九转回肠之后,方能到达理想之地。

对于每个想成为英雄俊杰的人来说,心存高远的志向是他向目标迈出的第一步,俗话说得好,有想法才能有行动嘛！但要成为一个杰出的人物,光凭心高气盛是远远不够的,"万丈高楼平地起",凡事还得从最基础的事情做起。当你还处在默默无闻不被人重视的时候,不妨先降低一下自己对各方面的要求:物质的,精神的……等,先做好一个普通人的事,这样你的视野将更加的宽阔,机遇也会在不知不觉中增加许多。

10 舍弃固执就是舍弃累赘

我们生存的世界是纷繁复杂的,我们生活的内容是丰富多彩的,但正是因为这些复杂与多彩,才让我们的烦恼在无限量的增加,压力也在不断地增大。我们经常会听见这样的抱怨:生活是如何的不公平,人生是如何的不幸,别人是如何的不该,自己是如何的点背等等。人的内心之所以会产生这么多的积怨,究其根本,都是由于人们的固执己见所造成的。

当你觉得工作效率太低、压力太大而无法负担时,尝试着丢掉无谓的固执,打破旧的常规的处理方式,改善方法,或是进行新的工作,或是去充充电,换个环境等,你会发现原来自己也可以活得很轻松。有的时候,舍弃固执,就是为自己不断减轻前行的负担。

有这样一则故事。从前,有两个贫苦的樵夫靠上山打柴糊口。有一天他们在山里发现了两大包棉花,两人顿时喜出望外,棉花虽轻,但是它价格昂贵,甚至是柴薪的数倍,如果将两包棉花卖掉,足可供家人一个月衣食无忧。当下两人各背一包棉花便赶路回家。

走到半路,其中一名樵夫眼尖,看到山路上另有一大捆布,走近一看,竟是上等细麻布,足有十多匹之多。他欣喜之余,和同伴商量,一同放下棉花,改背麻布回家。但他的同伴却有不同的看法,认为自己背着棉花已走了大段路,到了这里丢下棉花,岂不枉费了自己先前的辛苦,坚持不愿换麻布。发现麻布的樵夫屡劝同伴不听,只好自己竭尽所能地背起麻布,继续前行。

又走了一段路后,背麻布的樵夫望见林中闪闪发光,走近一看,地上竟然散落着数坛黄金,心想这下真的发财了,赶紧邀同伴放下麻布和棉花,一起挑黄金。他的同伴仍就不愿丢下棉花,并且他还怀疑那些黄金到底是不是真的,劝他不要白费力气,免得到头来一场空欢喜。

发现黄金的樵夫只好自己挑着两坛黄金,和背棉花的伙伴赶路回家。刚走到山下时,突如其来的一场大雨将走在空旷处的两个人淋得湿透。更不幸的是,背棉花的樵夫背上的大包棉花,吸足了水,重得无法再背得动。无奈,最后那樵夫只好空着手和挑黄金的同伴回家。

　　人的一生就像这两个樵夫走过的路一样，一路上会遇到无数个选择的关口，自己在面对这些选择的时候，需要审时度势地发挥自己的智慧，作出最准确的判断，选择好正确的方向。与此同时，还要让自己对整个问题的审视角度适时作出调整，学会多角度的看待问题，放掉无谓的固执，用理智的心态做正确的抉择，这样才能轻松走向成功。

　　但在长期的社会生活中，由于每个人的教育背景、生活经历的不同，会形成一种一种固定的、有规律的思维方式，并且随着自身年龄的增长以及社会阅历的增加，对于自己已经形成的看法，在潜意识中已经为自己的思路设置了一道保护屏障，遇到有与自己不同的看法，会产生排斥，觉得难以理解和接受，我们也常可以看见周围有许多的人因为意见不合而争论不休，但这样做的后果往往是，即使你的观点或者意见是正确的，但是同样的也很难让对方接受。

　　也有人经常误将"固执"与"坚持"画上等号。坚持是一种良好的品格，它有执著的一面，人们在做事情、处理问题的时候都需要一种这样的决心和勇气；但是在面对有些情况的时候，如果固执己见，就会导致失误，甚至是伤害自己；同时，坚持是人们在经过理智的分析之后做出的决断，但是固执是一种非理性的错误判断。当自己面临人生的多个选择方向时，当有人对你提出某种建议或者是警告时，要学会理智地分析这其中所包含的真正含义，既不要因为他人错误的劝解而放弃自己的目标，也不要因为对方出自善意的正确规劝而固执己见。

　　每一个人都拥有成功的机会，只是每个人在面对它的时候，所做出的选择都不一样。有的人会单纯接受；有的人抱怀疑态度，站在一旁观望，固执地不肯接受任何新的改变。许多成功的契机，起初未必能让每个人都看到深藏的潜力，而起初抉择的正确与否，却往往决定了最后到底是成功还是失败。

　　在人生的旅途中的每一次关键时刻，都要审慎的运用智慧，作出正确的判断，选择属于自己的正确方向。同时别忘了随时检查自己选择的角度是否产生偏差，适时地加以调整，千万不能像背棉花的樵夫一般，只凭一套哲学，便度过人生所有阶段。

　　丢掉无谓的固执，放开你的胸怀，以一颗冷静的头脑为自己选择一条正确的道路，每次正确无误的选择将引领你走出困境；丢掉无谓的固执，学会倾听，学会妥协，这样你的人生会更加的出色！

11 放弃个性才能谦卑处世

谁都认为个性很重要,事实上也的确如此,它贯穿着人的一生,影响着人的一生。人的个性特征中所包含的气质、性格、兴趣和能力,直接影响和决定着人生的风貌、事业和命运。一个具有鲜明、独特个性的人,很容易给人留下深刻的印象,而平淡的个性则很难给人留下什么印象。

但是一个只讲求个性、我行我素的人,是难以在某一领域取得突破的。尤其是现在的年轻人,因此,要想获得成功,得到别人的认可,就必须放弃"个性",适当的约束自己,制约自己。如果你一意孤行的话,将来势必会影响个人的发展。

林洋是一个凡事追求个性的典型的新新人类,大学毕业后他很顺利地进入一家科技公司做市场销售工作。这本来是一份前景很乐观的工作,但却因为一些细节上的问题,致使他和周围同事的关系弄得非常紧张,让他沮丧万分。

第一天上班,他就令单位的老同事"眼前一亮":一头齐肩的被染得五颜六色的长发,一条被故意剪了几个破洞的牛仔裤,一个斜挎在肩上的电脑包,就像一个街头小混混一样,走起路来也是松松垮垮,没有一点年轻人应有的朝气与挺拔。同事们见到他的那一刻都面面相觑,怀疑是不是哪个先锋派的艺术家走错了门,误进了科技公司。这些穿戴打扮还是小问题,最让老同事受不了的是他满嘴大话,还有他那自以为是的狂妄,自认为他是天下第一,无所不能。工作中遇到问题从不向老同事请教,总以为自己处理问题的方法是最正确的。时间长了,同事们见到他犹恐避之不及,林洋不傻,他也看出来了,但却弄不明白,他有什么错,究竟错在哪里。

上班时,他依旧左面口袋里揣着小灵通,右边口袋里揣着手机,讲起电话来没完没了,云山雾罩,唾沫星子乱飞。一天,林洋正在打电话,讲到高兴处,忍俊不禁,哈哈大笑,恰巧被下来检查工作的领导逮了个正着,看到他的样子,领导差点没当场气得晕过去,勒令他收拾好自己的"个性",这里是正规的公司,公司有公司的规则,如果要保留他的个性,那么请另谋高就,如果要继续为公司服务,就请剪掉他自认为是"酷"的小尾巴!领导可没有时间和你讲酷,论个性。

林洋搞不懂,个性与职场究竟有什么冲突,不过他权衡再三,当个性和职场规则狭路相逢,他还是忍疼割爱,把自己的个性隐藏起来。

其实，林洋错就错在把职场当成了展示个性的舞台。公司要以公司形象为准则，不会因为你一个人的个性而损害到整个集体。因为你追求的所谓个性，领导对你的印象大打折扣，领导对你的工作能力就会产生怀疑，会让客户对你的信誉产生质疑，会让同事们对你的个性产生误解。

每个人有每个人不同的活法，每个人有每个人不同的天性，在这个世界上始终是独一无二的，只有保留自我，才能活出人生的精彩。这在职场中也显得尤为重要，现在，与人们生活息息相关的各种媒体也都在不断地宣扬个性的重要性，很多我们耳熟能详的名人们也都是一些颇具有个性的人，比如画家凡高是一个缺少理性、充满了艺术妄想的人；爱因斯坦在日常生活中非常不拘小节；而巴顿将军的性格极其粗暴，等等。因此在现在这样一个追求"名人效应"的社会中，他们的这些行为对人们造成了一种错觉：有着各种怪异行为的特殊个性就是名人的标志，就是他们成功的秘诀。但是人们忽略了一点：他们的个性只是表现在他们的才华与能力之中，体现在他们作品的艺术风格上，而不是体现在他们高人一等的傲气上，体现在他们的为人处世之中。

与此同时我们还要记住一点，社会是一个由无数个体组成的大群体，留给我们每个人的生存空间也很有限，你想伸展四肢舒服一下本身没有错，但是必须注意不要碰到别人。当我们在充分展示自己个性的时候，必须考虑到我们所展示的是什么，必须考虑到别人的接受程度，如果你所展示的这种个性是对别人人性的一种压制和欺侮，那么你最好选择将其丢掉或者是改正。

现在的年轻人非常喜欢但丁的一句名言："走自己的路，让别人去说吧！"但作为一个社会中人，我们没有办法，或者是我们根本就没有机会去让自己活得如此的"洒脱"。有时候许多所谓的"个性"也只过是为了满足自己心中的某种表现欲。所以，不要以展示个性作为我们纵容自己虚荣心的借口。社会需要我们去创造价值，但社会首先关注的是我们的工作品质是否有利于创造价值。个性也是如此，只有当你的个性是一种有利于创造价值的"生产型"的个性时，你的个性才能被社会所接受。如果你的个性没有表现出一种相容性，仅仅表现为一种脾气，它往往只能给你带来不好的后果。

所以要想成就一番事业，就要收敛自己的个性，放低姿态做人，平和处世。即使要表现自己的个性，也要将这种个性表现在你具有创造性的才能中，尽可能让自己与周围人的步调保持一致。只有做到这样，才是你明智、成熟的选择。

12 以屈求伸，知耻而后勇

汉代司马相如在《谏猎书》中说："明者远见于未萌,而智者避危于未形。"这句话的意思也就是说,明理的人在事物还没有发生之前就预见到了事情的发生,聪明的人可以在危险出现之前就已经安排好了避免危险的方法。人生何尝不是如此？当发现形势不利于自己时,以曲求伸是最为明智的选择。

西汉初年,北方的匈奴首领冒顿杀父自立,大大地震慑了它的邻国东胡。为了限制匈奴的发展,东胡国不断挑衅,企图找借口灭掉匈奴。当时匈奴国中有一匹千里马,它能日行千里,为匈奴国立下过汗马功劳,被被视为国宝。东胡国知道后,便派使者向匈奴国索要这匹宝马,匈奴群臣一致反对。冒顿一眼看穿了东胡的用意,但他还是决定忍痛割爱来满足东胡的要求："我们哪能因为区区一匹千里马而伤害与邻国的关系呢？"于是,他就把宝马拱手送给了东胡。

冒顿虽然表面上不与东胡作对,但他暗地里却在悄悄壮大本国的实力,东胡国王得到千里马以后,更加狂妄。他听说冒顿的妻子很漂亮,就动了邪念,又派人去匈奴,说要纳冒顿之妻为妃。冒顿的妻子年轻貌美,端庄贤惠,深得民心,匈奴群臣一听东胡国如此羞辱他们尊敬的王后,都异常气愤,欲与东胡决一死战。冒顿更是气得暴跳如雷,然而他转念一想,东胡之所以三番五次使自己丢脸,是因为东胡的力量比匈奴强大,俗话说小不忍则乱大谋,一旦发生战争,自己的实力不济,很可能会战败,还是再忍让一回,等以后有了合适的时机,再与东胡算总账。于是,他强打笑脸,劝告群臣："天下女子多的是,而东胡却只有一个啊！岂能因为区区一个女人伤害与邻国的友谊？"于是,他又把爱妻送给了东胡国王。

东胡国王轻而易举地得到千里马与美女,变得更加的飞扬跋扈起来,又第三次派人到匈奴去索要两国交界处方圆千里的土地。此时的匈奴经过前面两次的奇耻大辱,在冒顿的治理之下,早已是实力雄厚,兵精粮足,远远超过了东胡。

东胡国的使臣来后,开口索要土地;冒顿一听,怒发冲冠："东胡国王霸我王后,索我土地;实在是欺人太甚! 是可忍,孰不可忍! 现在我们要灭掉东胡国,以雪国耻!"他亲自披挂上阵,众人同仇敌忾,一举消灭了毫无防备的东胡国。

冒顿将以前的屈服作为对自己的一种磨炼,将这种屈服作为一种与敌人进行周旋的策略,在屈服中寻求强国之道,积蓄反击敌人的力量。他通过屈服让群臣意识到国弱就会被人欺的道理,鼓励群臣和老百姓奋发图强,等到时机成熟,便一举歼灭敌人。如果冒顿在宝马被夺、爱妻被霸占后不愿意屈服,为了一洗国耻而意气用事,以弱对强,与东胡国拼个你死我活,也许就没有以后强大的匈奴国了。

在任何一个胸怀大志的人眼中,任何的屈辱都不足以让他心灰意冷,相反,正是因为这种屈辱,才更加激起了他们心中的斗志。而在受辱之时不改心中之志,就一定会有东山再起,创造人生辉煌的时候。

我们都知道汉代历史学家、文学家司马迁忍辱著书的故事。他因为触怒了帝王,忍受了当时的极刑并被关入狱中,他几次都想了断自己的生命。但他经过再三思考,想到那些在逆境之中成就了伟业的圣人先贤,他决心忍辱发奋,经过十八年的奋发进取,终于完成了鸿篇巨著《史记》;还有越王勾践,被夫差打得大败之后,不惜为人奴仆,卧薪尝胆。为人奴役的时候,不管吴国的臣子如何的羞辱他,如何的考验他,也不管自己的亲人、属下如何的不理解,他都一概忍受下来;与此同时,在他的心中仍旧存有复国之志,为了锻炼自己的意志,他睡的是草铺,穿的是布衣,床头还悬挂着一只苦胆,每天都要舔尝一下,以不忘自己的所受之苦。他任用范蠡、文种等人,十年生聚、十年教训,终于转弱为强,灭掉了吴国,雪洗了国耻。

其实人的一生之中,都会经历一个有宠有辱的时刻,而一个人能否成大事,就看他能否用一个良好的心态来引领自己,是否能用一种良好的习惯来控制自己。能够忍得一时的委屈,才会有将来傲人的成就。

古语说:"知耻而后勇。"在经受侮辱之后,能以一颗平和之心淡定处之,是一种"知耻"后的行事原则。一个人,一个民族,或者是一个国家,从知耻、忍耻到雪耻,这个过程必然要有一段历史距离。没有谁心甘情愿地受人侮辱,大多数受辱者,都是因当时的力量或者环境处于劣势,在与人或者命运抗争的过程中,因为与对方的力量悬殊,迫不得已让自己被对方打败而遭受屈辱。但是这种屈辱因为条件的限制,只能先在委屈中求得生存,然后慢慢的养精蓄锐,等到时机成熟之时,再雪旧耻。

俗话说"君子报仇,十年不晚"。忍人所不能忍,在忍耐中与对手周旋,在忍耐中休养生息,在忍耐中奋发图强,练就耐住委屈的能力,就能迎来出人头地时的辉煌!

13 冷庙烧香只因奇货可居

常言道:"平时不烧香,临时抱佛脚,菩萨也不会帮你。"就算菩萨的心胸再宽广,如果你平日里心中根本就没有佛祖的位置,等到有事之时再来相求,无论你烧多少柱高香也无济于事,佛祖的菩萨心肠不会甘心沦为你的利用工具。所以要想得到佛祖的照顾,在平日里就要多烧香,在敬香之时也要表明自己完全是出于敬意而没有别的希求,当你有求与他的时候,他自然会帮助于你。

在选择烧香地点的时候,不要追随主流,只挑那些香火繁盛的热庙,而是要敢于选择门庭冷落、无人礼敬的冷庙。热庙之中的菩萨因为烧香之人太多,任他有再大的神通,也会有注意力分散的时候,无法记住每个敬香之人,你去烧香的话也不过是众多香客中的普通一员,这样也显示不出你的诚意,菩萨也不会对你有特别的好感。当你有求与他的时候,他对你也只会以众人相待,而不会有特别的照顾。冷庙就不同了,因为平日里遭受了太多的冷落,所以他们对于在自己面前弯腰烧香的人,哪怕就是偶尔为之,他们也会因为你的"知遇之恩"而对你另眼相待,将你视为知己。一旦你有事相求的话,他会为你先前的情谊而给予你特别的帮忙。如果风水转变,他所住的这座冷庙变成了热庙,菩萨对你依旧会另眼相待,不会把你当成趋炎附势之辈。

菩萨如此,人情亦然。古往今来,那些能做事、善做事的人,都是精于"冷庙烧香"之道的人。大多数人都是对于显赫的大人物趋之若鹜,那些精于做事的人也不例外,但是他们比别人高明的地方在于,他们善于发现屈居于冷庙之中的"奇货",注意给冷庙里的菩萨恭敬地弯腰上香,结交这些落难英雄。

卫国的富商吕不韦经常往来于各地做买卖。一次到赵国的都城邯郸去做买卖,偶遇到在赵做人质的秦国公子异人。异人是秦国太子安国君的儿子,因为他的母亲在安国君面前不得宠,又正逢当时秦国与赵国交战,因此他就被送往赵国当人质。因为当时特殊的环境与他特殊的身份,所以异人在赵国没有半点尊贵可言,受尽了赵国人的轻视,为此他的处境也十分的困窘。吕不韦却从商人角度看到了他身上的价值。认为奇货可居,是稀有的值得投资"货物",如果现在予以结交,在将来一定能获得名利双收。

于是他决定回家征求一下父亲的意见。回到家后,吕不韦问父亲:"农民种田,一年能得几倍的利益?""可得十倍的利益。"父亲回答说。"贩卖珠宝能得几倍的利益?""可得几十倍的利益。""要是拥立一个国君,能得几倍的利益?""那就无法算得清楚了。"于是吕不韦说起秦国公子异人的事,并表示要设法把他弄到秦国去做国君,做个一本万利的大买卖。父亲非常赞成。

征得了父亲同意的吕不韦重新回到邯郸,找到了异人,并向他表达了自己愿意助他回国并让他登上太子之位。异人对于自己先前的境遇早已心存不满,听到吕不韦的话心中自然十分高兴,表示若有朝一日成为国君,必将与吕不韦共享天下。

在与异人接洽后,吕不韦立即带了大量财宝去到秦国,求见十分得安国君宠爱的华阳夫人,并尽全能说服没有生过儿子的她认异人为自己亲生儿子,并通过她要求安国君派人将异人接回秦国,改名叫子楚。

此后,安国君答应华阳夫人的要求,立子楚为太子。几年后,秦昭王去世,安国君做了国君,即秦孝文王。孝文王即位时一年后死去,子楚如愿以偿,继任国君,称为秦庄襄王。子楚没有食言,他让吕不韦享受着10万户的纳税,并当上了丞相。自此他所买下来的奇货,终于换得了无法估量的名利。

"冷庙烧热香"是一种非常高深的为人策略。要知道,人在得意的时候,会将一切都看得异常的平淡与简单,这是人的本性的使然。如果时下你的身份地位与对方相差无几,你与他结交也无所谓得与失;但是如果你的境遇、地位与他落差甚大,这时候与他结交的话难免会给人造成一种趋炎附势的错觉。即使你极力接纳,多方效劳,但你的所作所为在对方的眼里也是举重若轻,甚至有可能被认为是理所当然的,这样彼此间的情分也不会有多少的增进。当对方的人生或事业发展转入低潮的时候,以前的门庭若市现在变得冷清异常,以前的好友现如今变得形同路人,以前的无往不利现在成为处处不顺……这是他会如梦惊醒一样,对人情冷暖的认识重新转回现实。

如果对方在你的眼中依旧是你所认可的英雄形象,此时你不妨向他这座"冷庙"敬献几柱"热香",尽自己所能帮助他,或对他过去的缺失加以指点,并乘机进以忠告;或给予适当的协助,甚至是在物质上施予救济,等等。物质方面的救济要在对方开口之前主动供出,古有"不是嗟来之食"的典故,因此没有哪一个落难英雄会主动开口跟人要帮助。而一旦你付出了这份帮助,即使是滴水之恩,寸金之遇,也会让他铭记终身。日后只要你有所需,他必奋身图报,即使你无需要,他一朝否极泰来,也绝对不会忘了你这位知己。

平日不屑于往冷庙上香,临时再抱佛脚,不管你烧多少柱高香都是于事无补。众人都认为是冷庙的菩萨不灵验,所以才成为冷庙,其实不然,冷庙之中也有"奇货"。英雄落难、壮士潦倒这些都是常见的事,只要一朝交泰,风云际会,仍会一飞冲天、一鸣惊人。只要你善于留心,就一定能发现值得你上香的冷庙,以及冷庙中的"奇货"。

14 欲扬先抑更有威力

欲扬先抑,本是一种人物描写的技巧,其中的"扬",指褒扬,抬高,"抑"指按下,贬低。作者若想褒扬某个人物,却不从褒扬处落笔,而是先按下,从相反的贬抑之处着手。用这种方法,可以使文章情节多变,对文章结构形成一种波澜起伏的效果,造成人物形象的鲜明对比,让读者在阅读文章的过程中,很容易地就产生恍然大悟的感觉,留下比较深刻的印象。

为人处世的过程就像写文章一样,有时候为了达到自己的某个目的,不妨也欲扬先抑一番。做人做事的方式有许多种,但有时候为了能迅速的实现自己的目标,就不得不先装一下清高,抬高自己的身价,假装自己心不甘情不愿,让对方来逼你就范。这样做不仅能促成目标的实现,还能在不经意间成为人人敬仰的好好先生。南宋大奸臣贾似道就是一个精于"欲扬先抑"之道的人。

宋理宗过世后,度宗即位。度宗是理宗的皇侄,理宗因没有子嗣,故将其过继为子而即位。时年25岁,理宗在其执政后期,朝廷大权相继落入顶大全、贾似道等奸相之手,国势急衰。度宗上台之后,曾一度亲理政事,显得干练有为,做了几件好事,尤其是限制了大奸臣贾似道的权力,令朝野上下为之一振,觉得度宗给他们带来了希望。

以前慑于贾似道的淫威,没人敢对他说半个"不"字,现在由于贾似道的权力受到了极大的限制,于是有人上书弹劾贾似道。贾似道一看情势不妙,如果这样下去,自己将会有灭顶之灾,如果进行正面反抗的话肯定不行,因此必须使用迂回策略。

于是他先向朝廷辞掉了官职,表面上装作不问政事,过起了隐居生活,然后让自己的亲信吕文德从湖北抗蒙前线假传边报,说忽必烈亲率大兵来袭,来势凶猛,看样子势不可挡,有直取南宋都城临安之势。度宗正欲改革弊政,励精图治,没想到当头来了这么一棒。他立刻召集众臣,商量出兵抗击蒙军之事。但让宋度宗万万没有想到的是,满朝文武竟没有一人能提出一言半语的御兵之策,更不用说为国家慷慨赴任,领兵出征了。

然而，前线频频传来警报，说数十万蒙古铁骑急攻，并要都城筑垒防御，这所有的一切都让少不经事的度宗心惊肉跳，他不得不想起朝廷中唯一一位能抗击蒙军，曾获得"鄂州大捷"的英雄——贾似道。

他原想趁此机会铲除贾似道的，哪晓得国家竟遭此大难。他深深地叹了口气，在无可奈何之下，只好以皇太后的面子，请求贾似道出山。谢太后写了手谕，派人恭恭敬敬地送给贾似道。看到了太后的手谕，贾似道悬着的心放下来了。要想邀他再次出山，可没那么容易，这次他可得拿足了架子再说。他先是搪塞不出，接下来又要度宗大封其官才肯出来。度宗无奈，只好赐给他节度使的荣誉，尊为太师，加封他为魏国公。这样，贾似道才懒洋洋地出来"为国视事"。

对于所谓的"警报"，贾似道自己心知肚明，这根本就是子虚乌有的事，所以他在出征之前摆出一副慷慨赴任、万死不辞的样子。他向度宗要了节钺仪仗，即日出征。要知道天子的节钺仪仗一旦出去，就不能返回，除非所奉使命有了结果，这代表了皇帝的尊严。他的这些举动让度宗感激涕零，也令百官惶愧无地。贾似道出征这一天，临安城人山人海，都是来看热闹的。而贾似道为了显示威风，居然借口当日不利于出征，令节钺仪仗返回。这真是大长了贾似道的威风，大灭了度宗的志气。

等到贾似道到前线虚晃一圈之后，无事而回。度宗和朝臣见是一场虚惊，都在握手庆幸，哪里还顾得上追查军情的真实与否。由于贾似道前面表现得临危不惧，在他"出征"回来，度宗便重新把大权交给了他，开始时贾似道还故作姿态，再三推辞，暗中不断试探度宗的诚心，后见度宗和谢太后是出于真心，他这才留在朝中。此时满朝文武大臣也争相趋奉，把他比作是辅佐成王的周公。

通过这场考验，年轻的度宗对朝臣完全失去了信心，他至此才理解为什么理宗要委政于贾似道，原来满朝文武竟无一人可用，贾似道虽然奸佞，但困难当头之际，只有他还"忠勇当前"，敢于"挺身而出"。度宗哪里知道，满朝文武懦弱是真，贾似道忠勇却是假。从此，度宗失去了治理朝政的信心和热情，把大权往贾似道那里一推，纵情享乐去了。

贾似道再一次"肃清"朝堂，他在极短的时间内，将朝廷上下全换成了自己的亲信，甚至连守门的小吏也要查询一遍。这样，赵宋王朝实际上变成了贾氏的天下。

贾似道虽为奸佞小人之辈，但是他这种欲扬先抑的处事方法却是值得我们借鉴和学习的。在做事时先有意将自己按压一点，等到时机成熟之际，在将自己张显在众人面前，这样往往能发挥出比往常更具威力的力量，取得更大的成效！

15 头撞南墙也回头

人的一生会遇到个很多选择的关口，而且这些选择对于自己的一生都是至关重要的。所以每一个有聪明的人都会在此稍作停留，谨慎地运用自己的智慧，为自己的前行做出准确的判断，选择一个正确的方向，并对自己的选择角度适时作出调整。

有的时候虽然你花费了大量的时间与精力在某件事情上，但到了最后你却发现自己处在一个进退两难的位置上，若回头，又不甘心前面已经付出了那么多；若继续前进，又可能是死路一条。究竟怎样才是明智的选择？适时抽身而退！不要一味奉行"不撞南墙不回头"的原则。让自己的信念之火不灭，让自己的精神旗帜不倒，那是你的执著，但假如你不小心撞了南墙，并且还撞得眼冒金星，可你仍不思改，抱着不到黄河不死心的心态，那你会为自己的固执付出沉重的代价。

有一天，东郭先生的三个弟子左野、焦苕和南宫无忌要去襄阳。东郭先生将他们送到路口时对他们说道："从这儿往南走，全是通畅大道，你们沿着这条道路走就对了，可别走岔路啊！"于是他们告别老师就上路了。

但当三个人往南走了50多里时，却遇上了一条大河，横在了老师指示的正前方。他们左右观察了一下，发现在离桥半里路左右的地方有一座桥可行，南宫无忌说："那儿有座桥，我们从那儿过河吧？"但是，左野却不赞同他的意见："这怎么行？老师告诉我们要一直往南走，我们怎么能走弯路呢？这只不过是一道河流罢了，没什么可怕的。"

听了他的话，他们三个决定一起涉河而过，水流相当湍急，有好几次他们都险些葬身河底。最后虽然全身都湿透了，但总算安全地过了河。三人继续赶路，又往南走了100多里时，他们又遇上了一堵墙，挡住了前进的道路。

这次，南宫无忌不再听其他两个人的意见了，他坚持要绕道走，但是，左野和焦苕却固执地说："不行，我们绝不可以违背老师的教导，只有那样我们才能无往不胜。"于是，焦苕和左野朝着墙撞去，只听见"砰"地一声，两个人重重地撞倒在地上。

南宫无忌恼怒地说："也不过就是多走半里路的事情，你们为什么就不能考虑换一种方式呢？"

东野说:"不,我就算撞死在这里也绝不绕道而走,与其违背师命而苟且偷生,还不如为遵从师命而死!"

焦茗也附和地说:"我也是,如果违背老师的话,就是背叛者。"

两个人话一说完,便相互搀扶,奋力地往墙上撞了去,南宫无忌想挡也挡不住,两个人就这么撞死在了墙下。

俗话常说:"条条大路通罗马,此路不通彼路通",明知前面是一面死墙,头撞上了就要适时回头,就算回头找不到别的路,也还可以借助其他的工具,因为这个回头并不是说让你你原路返回,而是让你回过头去寻找新的道路。比如说找个梯子翻过墙头爬过去也可以,没有必要非得让自己撞得头破血流不可。

诺贝尔奖得主莱纳斯·波林说:"一个好的研究者知道应该发挥哪些构想,而哪些构想应该丢弃,否则,会浪费很多时间在无谓的构想上。"当你发现自己的目标不能实现的时候,就不要再做无谓的坚持,去重新开发其他项目,这样总会寻找到新的成功机会。

石油大王洛克菲勒年轻的时候,曾经在美国的一个石油公司做巡视员,他的工作就是每天去巡视并确认石油罐盖有没有自动焊接好,这是一种连小孩子都能胜任的、普通得不能再普通的工作。当石油罐从输送带上移动到旋转台上的时候,焊接剂就会自动滴下,沿着盖子回转一圈,就算焊接完毕。这份工作非常的枯燥与乏味,但他却不得不每天都盯着这个不断重复的作业过程。

年轻人都是喜欢变换新奇的东西的,没干几天,洛克菲勒就厌烦了眼前的这份工作,于是心生了改行的念头,想换个工作干干。但他一没学历,二没有一技之长,很难再找到比这个还简单的工作。没办法,他只能继续在这份乏味的岗位上做下去。但他经过反思后,对工作状态及时做了调整,对于工作的态度他有所改变。他不仅对原来的巡视工作产生了兴趣,在工作的过程也更加的细心了。他发现石油罐旋转一次,焊接剂滴落39滴后,就算焊接工作结束。于是他脑子突然迸发了一个灵感:每次都是滴39滴,难道就不能在什么地方做一下改进减少一两滴么?这样可能节约不少的成本呢!

有了想法,他就立即行动起来。经过他的苦心钻研和不懈努力,研制出了一种"37滴型"的焊接机。但是这种焊接机焊接出来的石油罐虽然减少了滴油的数量,但是会漏油,并不实用。面对第一次的失败,洛克菲勒并没有气馁,仍旧继续研制,终于研制出了"38滴型"焊接机,焊接出来的石油罐非常成功,公司对他的发明十分重视,经过实践,公司决定用这种机器更换原有的焊接方式。尽管只节省了一滴焊接剂,但那"一滴",却给公司带来了每年5亿美元的惊人利润!

中国有句古话说得好:"易穷则变,变则通,通则久。"意思就是说不要以一成不变的方式去看待问题,当走到了末路的时候,就要改变原有的固定思维,学会换一种思路,寻找新的突破点。人要敢于发现自己的不足,否定自己的过去,这是推动自己进步的第一步,然后就是要全力去挖掘自己的潜力,发现自己能有什么,给从迷茫中走出来的自己找到一个新的人生起点。而当你苦苦思索却仍然没有答案的时候,要学会用逆向思维,打破常规,弯着想,逆着想。

人在前进的过程中不可避免地会遇到"死胡同"、"撞到墙上",但是只要不让自己陷入转牛角尖的怪圈,就依旧还有成功的机会,就还有创造自己生命价值的机会,因为每个人都具备创造的潜质。而生活中之所以还有不少所谓的"聪明人"总是在成功路上徘徊,就是因为没有走出直线的误区。面对机会,要灵活把握,不要像世俗所说的那样"不撞南墙不回头",当前进不了时,就算撞了南墙也要回头,不管是为人还是处世,都要学会变换角度思考问题。

16 好马也吃回头草

人们常将"好马不吃回头草"作为一个人有志气的象征,其实,这是一种很片面的说法,它只会让很多人失去本该属于自己的成功和机会。一个真正聪明、有心智的人,一定是一个懂得并善于"吃回头草"的人。

有一位非常优秀的职业足球教练,但自打他接手现在的这支队伍以后,他就变得焦头烂额了,这是一支毫无进取心的球队,而且球队所属俱乐部的高层因为急于求得一个好的名次,不断地干涉这位教练的工作。一些能力平平的队员凭借关系,硬是挤进了首发阵容当中,一些资历平庸的教练靠走后门也被俱乐部的高层派来,进行所谓的"配合"指导工作,他以前那些先进的足球思想和战略战术在这群人的参和下被大打折扣。每一次有比赛的时候,高层既想让球队获胜,同时又不让他放开手脚,按照自己的方式指挥,他就这样"带着镣铐跳舞"。每一次球队稍有大胆的进攻,就被他们指责为冒进,有好几次都是刚刚进了球,然后又被他们命令要全线退守,最后的结局不是被对手追平,就是被他们反超过去。赢了球,这份荣誉是大家争得的;输了球,他就成了大家的出气筒,一个人独自承受着球迷、媒体的唾骂,弄得自己是里外不是人。

在这种局面持续得不到改善的时候,出于个人的尊严,这位教练忍无可忍地递交了自己的辞呈。但在他宣布离职的新闻发布会上,他的脸上自始至终都挂着淡淡的微笑,对于球队裹足不前的现状没有做任何的评价,对于人们提出

的有关他的工作的质疑没有做任何的辩解。在这位教练走了之后，整个球队的状况变得更加的保守，每一场赛事，都只以"保平"为目的，毫无斗志，成绩一路下滑，最后降了级。直到此刻俱乐部的高层们才明白，一个职业教练对于一支球队的作用，是无法用行政措施进行替代的。俱乐部经过慎重的研究决定，重新邀请前教练继续掌舵。他们找到了他，先向他对于他们先前的做法表示了诚挚的歉意，同时还向他作出了郑重的承诺，保证在今后的过程中绝对不再干涉他的任何分内的工作。

这位教练见俱乐部方面的态度诚恳，在作短暂的考虑之后，答应他们重掌帅印。在他接下来的工作中，他果然没有再受到任何的干扰，在他全新的足球思想和先进的战略战术的带领下，他和他的队员们在足球领域闯出了一片全新的天空。

俗话说：树活一张皮，人争一口气。我们生存在这个世界上，不能丧失做人的骨气和人格。如果为了实现某一目标而甘心让人摆布，丧失了最起码的人格尊严，实在不是可取之道。但在某些场合之下，采取一定的曲折迂回战术，却是能助你一臂之力的。就像上文中的那位足球教练一样，适时抽身而退，但又不是全身而退，为自己跟别人以后的合作和今后的成功留下了生存的空间。

如果一味地恪守"好马不吃回头草"，无异于让自己陷入绝境，让自己没有一点回旋的余地。老练的雕刻师在雕塑作品的过程中，总是会将鼻子弄得大一点，眼睛小一点。之所以这样做，是因为鼻子若是大了，可以改小，眼睛要是小了，可以再加大，如果一开始就把鼻子刻小了，就没有办法进行补救，而如果将眼睛刻大了，也没有办法缩小了。为人做事，也是同样的道理。凡事给自己留点余地，留条后路，只有这样，才不容易失败，即使失败了，也还有一线反败为胜的生机。

在我们的日常生活中，有的人因为忍受不了一时之痛苦或委屈，在冲动的唆使下，意气用事，断送了后路。甚至于在很多情况下，有的人根本就没有分清自己当时作出决定的时候，是出于一种志气还是在意气行事。很多人就是在面对是否应该回头的那一瞬，错把意气当成了志气，从而做出了让自己后悔一生的错误抉择，甚至抱憾终身。

人生在世，不能因为意气用事而让自己丧失机会，虽然很多事情都存在有多种可能和多重选择，也并不是不吃回头草就会饿死，但若是明知"回头草"又香又嫩，却为了所谓的"志气"而打死也不回头，这实在不是一种明智之举。当然，"回头草"吃起来的滋味可能令人并不太好受，在世俗观念的影响之下，在你吃"回头草"的时候，可能会遭到周围人的不同议论，甚至是冷嘲热讽。但只要你认真的吃，细细地品味，你同样能享受其独特的鲜美。

当然，每个人对于自己的人生都有不同的认知和打算，我们并不是苛求每个人都要去吃"回头草"，但是在面对残酷的社会现实之时，再好的马，不会养活自己，最后也只能是一匹死马，而再差的马，若能养肥自己，那它就是一匹好马！

第三章

谦逊交际，得人脉至宝

有一位智者曾写下这样几句话："对上级谦逊，是一种本分；对平级谦逊，是一种和善；对下级谦逊，是一种高贵；对所有的人谦逊，是一种安全。"无数的经验事实告诉我们：谦逊可以让一个人从平凡走向辉煌，而狂妄只会让一个人从巅峰滑向深渊。与人交往的过程中，保持谦逊的态度，不仅能让自己得到别人的认可，更能为自己获得人脉至宝！

1 姿态低一点，人脉广一点

在人际交往中，想必很多人都有这样一个共识：不喜欢和那些牛气哄哄的人在一起，别说是交朋友，即便是多说两句话都不愿意。而相反，人群中那些姿态比较低的人，别人总是希望能和他们交朋友。这就是姿态和人脉的辨证问题：姿态低一点，人脉也就广一点。原因就是前者给人一种距离感，一种难以亲近的感觉；而后者则给人一种和善、稳重的感觉。

那么什么是低姿态呢？有德的老者经常说，低姿态是一种谦虚，是一种尊敬，是一种友好，更是一种智慧。

一个满怀失望的年轻人千里迢迢来到法门寺对住持释圆和尚说："我一心一意要学丹青，但至今没有找到一个令我满意的老师，许多人都是徒有虚名有的画技还不如我。"

释圆听了，淡淡一笑说："老僧虽然不懂丹青，但也颇爱收藏一些名家精品。既然施主画技不比那些名家逊色，就烦请施主为老僧留下一幅墨宝吧。"

年轻人说："画什么呢？"

释圆说："老僧最大的嗜好，就是爱品茗饮茶，尤其喜欢那些造型流畅古朴的茶具。施主可否为我画一个茶杯和茶壶？"年轻人听了，说："这还不容易。"于是铺开宣纸寥寥数笔，就画成了一个倾斜的水壶正徐徐吐出一脉茶水来，注入到那茶杯中去，年轻人问："这幅您满意吗？"

释圆微微一笑，摇了摇头，说："你画得是不错，只是将茶壶和茶杯的位置放错了，应该是茶杯在上，茶壶在下啊。"年轻人听了，笑道："大师为何如此糊涂，哪有茶杯往茶壶里注水的？"

释圆听了，说："原来你懂得这个道理啊！你渴望自己的杯子里能注入那些丹青高手的香茗，但你总是将自己的杯子放得比那些茶壶还要高，香茗怎么能注入你的杯子呢？涧谷把自己放低，才能得到一脉流水，人只有把自己放低，才能吸纳别人的智慧和经验。"

如果把故事中的茶水比喻成人脉，那是不是也能得出这样一个结论：是不是只有自己的姿态放低了，人脉才能被注到自己的生活当中？答案是肯定的。

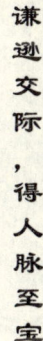

但是很多人并没有明白"低姿态"的意思,经常把"低姿态"和奴颜屈膝联系在一起,这两者是有本质性的区别的。以低姿态出现只是一种表象,是为了让对方从心理上感到一种满足,使他愿意合作。低姿态不是叫人完全卑躬屈膝,而是一种适时的低头,用一种迂回弯腰的方式来达到自己的目的。就像大海一样,只有姿态低一点,才能有涓涓河流向自己。

俗话说得好:"满瓶不动半瓶摇"、"大海默默,小溪潺潺",说的就是这个道理。那些总是昂昂乎,巍巍乎,不可一世,不把任何人放在眼里肯定是那些学识不高,道德不够的人;而真正的饱学之士,不管任何时候,任何地方,都会表现出他的修养,而这种修养就是低姿态,比如说古代的很多名臣贤相,都经常自称"山野村夫",而正是这些"山野村夫"改变了历史的潮流,改写了历史。从他们的低姿态里面,反而让人看到他们的道德、学问和伟大。

其实,不仅仅人是这样,其他东西也一样,越是成熟的东西就越是呈现"低姿态"。例如稻穗成熟了,就垂下头来;果实丰满了,枝丫就低垂下来;杨柳的枝条,也都是柔软低垂的,因此,任凭风吹雨打,只见树干被折,而未见柳枝折断。这就说明:任何人、任何事,只要能放低姿态,则凡事无往不利也。

但"低姿态"的修养并不能在短时间里成功,必须要经历很长一段时间,将这种交际态度养成习惯以后才能长久拥有"低姿态"的修养,那么在社会上做人处事,必能得到许多的方便。所谓"树大招风,垂枝者劲",人生在世,到底是选择昂首还是低头,就是一个人生的选择问题,做对了,一生朋友成群,衣食无忧。做错了,则孤单一辈子。因为低头的人大都人见人爱,因为他低姿态;大声说话和小声说话的人,谁都喜爱小声说话的人,因为他低姿态。低姿态的人有人缘,低姿态的人到处受人欢迎,低姿态的人令人如沐春风,大家自然也就乐于亲近,乐于和他在一起了。所以说姿态低一点,人脉也就广一点。

2 大话少一点,人际关系好一点

在现代人际交往中,很多人为了能给对方留下一个好印象,不惜说一些不着边际的大话,明知道自己没有这个能力,非得和对方承诺;明知道自己不是什么专家,非得和对方说这事其实很简单……就像郭冬临的小品《有事您说话》里面的主人公一样,明知道自己帮不了别人,还死扛着面子不放。

说大话有很多种原因,比如说很多人是为了掩饰自己脆弱的表现,为了张扬自己的表现,为了让别人记得自己的存在,为了增强自己的自信心,为了抬高自己贬低别人等等,无论是因为什么原因,这类人一旦被对方知道他们是在说大话,那么彼此之间的交际肯定会受到致命性的打击。正如管子曾经说过:"言不能过其实,实不得过其名。"这就是告诫人们千万不要说大话,不要吹牛,遇事要采取慎重的态度,话要说得少些,事情要做得多些,这样名声才会更大一些,那些光说不做的人是不会得到别人的尊敬的,他们的人脉也是非常脆弱的。

有一个年轻人小王刚到一家公司工作,为了给同事留下一个好印象,小王就和别人说自己是某某名牌大学毕业的,并且那个学校的许教授是自己的导师,并且说某某出版社的领导是自己的亲戚,如果以后有什么需要的话,随时可以找他帮忙,刚开始的时候大家并没有觉得有什么,现在这种关系确实很复杂,所以他说的话大家并没有放在心上,同事之间的交往平淡而又稳定的进行着。

可是好景不长,这家公司出版一本书籍,需要某某大学许教授的推荐语,而这个许教授就是小王自称的导师,并且很多事情也需要和出版社联系,这时,同事们想起了小王曾经说过的话,都一致向老板推荐小王,老板也很高兴,当着大家的面把这个任务交给了小王。

可是一个月时间过去了,本来很简单的事情现在却一点进展都没有。在同事们和老板的追问下,小王道出了实情:自己并不是什么名牌大学的毕业生,找工作时的那张文凭是他花几十块钱办的假证,而那个许教授就更不是他的导师,他只听过这个人的名字,至于这个教授是男的还是女的他都不知道。知道了事情的真相之后,同事们都纷纷离开小王,不仅仅是因为他在别人面前说大话,更是因为他的大话欺骗了大家。

从这个故事中,我们可以发现,说大话会让人变得不切实际。这个道理很多人都知道,但很多人就是不愿意面对。这样的现象年轻人身上最容易看见,尤其那些刚刚进入工作岗位的大学学子们,逢人就说自己多有能耐,将来一定会干出身什么样轰轰烈烈的事业,成就一番辉煌的功名,但当他真真正正开始接触工作的时候,才发现自己只不过是沧海一粟,在经过几年的磨砺,所有的目标都没有实现,而那些曾经的壮志豪言就好像是对自己的嘲弄,这样的人能有多好的人际关系呢?

结果是不言自明的,因为没有一个人愿意和这些说话不着边际的人交朋友,因为和这些人交往总会让人有一种"虚无缥缈"的感觉,并且这些喜欢说大话的人总是讨人嫌,什么事情都办不了却总是一副无所不及无所不能的样子,让人觉得恶心,龌龊。

可是在我们身边,总是不乏这样的人,他们最喜欢的口头禅就是"不骗你,我一点也不瞎讲","不是我吹牛皮"等等,虽然他们口口声声说"不是瞎讲"、

"不是吹牛皮",可实际上,他们就是在这么做,甚至在说大话的时候还表现出一脸很诚恳的样子,这样的人我们应该好好地提防他们。说谎成性的人,他们最大的本事就是吹牛时脸不改色心不跳,再吹一个牛去堵自己的漏洞。和这样的人打交道,会觉得他很热心,什么事情都不用自己去开口,他们都会主动来帮忙。可实际上并不是如此,他们只要说完话,就像断线的风筝,再也没有下文。

其实想想这些人根本就没有必要这样说大话,毕竟世界上的每一个人都不是完美的,无论是缺点多还是少,只要坦诚,总是能得到别人的认可。相反,那些想通过说大话以达到掩饰自己缺点的目的,不仅不能达到目的,反而会招致别人的反感。所以,我们得出这样一个结论:人际交往,大话少一点,人脉就会好一点。

3 放下身份路更宽

每个人都有一个身份,每个人也都有一个社会地位和一个出路,但是身份和地位出路并不相等,有些身份很低的人出路很多,而有些身份很高的人却濒临绝路,没有朋友,没有交际。比如说一个初中生无论干什么都能得到别人的赞同,人际关系也非常好,别人也都抢着要他;而一个大学生却在离开大学的那一刻失业了,过着饥一顿饱一顿的日子,不仅不能很好的交朋友,还会让自己的人脉走入绝境。这是一种现象,也是我们生活中的现实,从这个现实当中,我们能否得到这样一个启发:放下身份,人脉才能越来越好,人生之路才能越走越宽?

或许你是一个大学生,或许你是一个高级工程师,但是你可以从一个最低的岗位做起,从零开始一步一步走向高层,用最低调的姿态和别人交朋友,而并不是像现在很多的大学生一样,一毕业就想要找一份"高薪、高待遇、高水准"的工作,不把任何人放在眼里,到头来什么都没有找到,什么人都没有交到,反而让自己疲惫不堪。这些就是放不下身份的人,他们总是把自己局限于某个固定的"身份"和"行业"里面,一旦走出这种身份,那么这些人就会怨天尤人,可能会陷入绝境而不能自拔。因此,只有放下身份,才能舍弃"身份"带给人生之路的不协调,才会有越来越多的人愿意和自己交朋友;只有放下身份,才能让自己的生活过得有弹性,自己的人脉才会越来越旺,路才能越走越宽。

曾经看到这样一则故事:

一个某名牌大学毕业的计算机博士在找工作的时候,总是想认识很多人的,并且靠着这些人走向"高薪高职"的工作岗位,孰料却事与愿违,他连连碰壁,好多家公司都没有录用他,原因很简单,他在求职的时候总是以一种博士的身份来要求自己和要求别人,希望自己所交的朋友都是高薪高待遇的人,虽然说这个博士生有很高的文凭优势,但是这样高的标准即便对于他来说,也并不是一件简单的事情,不仅很难交到朋友,甚至连工作都找不到,碰壁是在所难免的了。这个博士想不明白到底是为什么,自己有能力,有前途,为什么周围的人和这些公司的领导看不到呢?无奈之下,他去求助自己的导师,后来导师告诉他一句话:把证收起来,以最低的身份去交友求职,从最底层的工作干起!

听了导师的建议,这个博士生果然收起所有的学位证明,以一种"最低身份"重新开始求职交友之路,令他没有想到的是,就在他重新开始求职的第二天,他就被一个公司录用为程序输入人员,并且和上司成了好朋友,虽然他的能力远远不止如此,但是他还是听从导师的建议:从最底层的工作干起,从交最底层的朋友开始。所以他无论是工作还是交友都很认真,一点也没有马虎。不久老板发现他竟然能看出程序中的一些错误,这中能力在程序输入人员里面并不常见,所以老板决定给他调换一个和他能力相当的工作,这个时候,他亮出了自己的学士证书。周围的人知道了这件事情之后,都为他感到骄傲,纷纷表示愿意和他交朋友。

在新岗位上,这个博士还是兢兢业业的工作,虽然和他交往的人层次越来越高,但是他还是没有忘记那些底层的朋友,并且还和他们一起钻研,时不时地给老板提出一些好的建议,这些建议对于程序设计来说都是非常有价值的,并且老板在进行考察的时候,发现这些建议确实非常管用,程序质量比以前大大提高,这时老板发现,这个人的能力可不是一般的大学生能比得了的,所以再次决定提拔他,这时他亮出了自己的硕士证书。

再过了一段时间,在新的岗位上,这个博士又"一鸣惊人",老板不得不"质问"这个博士生到底是什么学历,有什么样的能力,这时他才拿出自己的博士证书以及相关获奖的证明,老板见状,二话不说,提拔他为公司总监,并且毫无保留地将自己多年积累的人际关系全都介绍给了他,这对他的工作来说,无疑是一个巨大的资源。这个计算机系的高材生真正实现了自己的梦想,而这个时候离他毕业的时候仅仅才一年零两个月。

虽然这个博士在追求自己梦想的道路上有些曲折,但是最终他还是完成了自己的梦想。相比较刚开始的连连碰壁,博士还是那个博士,目标还是那个目标,那为什么结果是不同的呢?这就是我们要从这个故事中得到的启发:放下身份,别人才能靠近你,你才有更多的选择,人生之路才能越走越宽。

可是很多人并没有明白这个道理,在这些人眼中,身份是不能放下的东西之一,就好比面子一样,是绝对不能丢的,他们认为如果这么做了,对自己的前途会有很大的影响。而事实并不是如此。人们所谓的"身份"只不过是一种"自我认同",或者是一个领域内的认同,出了这个领域,这个身份就不再适合你,在这个时候,你就是一个没有任何身份的普通人,如果你还是用这种身份来要求自己和要求别人,是不是有点过分呢?有身份是好的,但是千万不能让身份限制了自己,也就是说:"因为我是一个有身份的人,所以我不能和没有身份或者是没有和我是同等身份的人交朋友!"教授只能和教授交朋友、专家只能和专家交朋友、工人只能交工人的朋友……如果真是这样,那不是很荒唐可笑吗?可是很多人就是这么想、这么做的,身上背负着沉重的"身份"负担,只能让自己的人生之路越走越窄。而相反,那些能放下自己的学历、放下自己的家庭背景、放下自己的面子和身份的人,让自己回归到"普通人"身边总是围着各种各样的朋友,人脉则越来越宽广。所以说,"放下身份"比不放下身份的人在人际交往上更加有优势,能更快更好的走向成功。

4 只有放下架子,才能做到礼贤下士

如果可以将所谓的"架子"做一个比喻的话,那么架子就是一束强烈的太阳光,让人远远地看见它,却因为过于刺眼而不能靠近。一个架子很高的人总是高高在上的,从来不会看到别人,也不会愿意和那些"普通人"交往,就更不用说礼贤下士了。暂且不说这类人能不能成功,就光说他们的人际关系也肯定是相当糟糕的。或许他们也曾埋怨过现在的人际关系是越来越难搞了;或许他们也曾经感叹过,为什么愿意和自己做朋友的人总是那么少呢?其实交际说难也不难,说不难也难。难就难在一个"变"字上面,时间、地点、对象变了,那么交际的技巧也需要变,自己的身份和地位也要跟着变,这个"变"就是放下架子,从一个普通人的角度来交际。这是做人的一种策略,更是一种交际的不二法宝。因为只有你放下了架子,别人才能和你有共同语言,才能和你平起平坐,也才会愿意为你卖命。

中国古代有"三顾茅庐"的典故,刘备因为放下了"皇叔"的架子,而"低三下四"地求诸葛孔明出山,最后凭借孔明的力量建立蜀国。而现代社会同样也有"放下架子礼贤下士"的人,这个人就是世界轮胎帝国的缔造者——普利斯通,而他所"礼贤"的人就是有着轮胎发明的洛特纳先生,普利斯通以及他的企

业在洛特纳先生的支持下,成功缔造了轮胎帝国。

　　普利斯通初到橡胶城亚克朗来打拼天下,虽然由于没有自己的核心技术效益并不佳,但在周围,他还是大名鼎鼎的人,可是当他遇见洛特纳先生的时候,对方还只是一个在轮胎厂当搬运工的酒鬼。

　　那天,普利斯通觉得工作太累,平时从不进酒吧的他破例进了酒吧喝酒。可是他还没有坐下来多久,店堂里就传来阵阵哄笑,循着笑声,他看见一个脸上抹着灰,把裤子当围巾披在肩上的青年,正东倒西歪地走着,一副滑稽不堪的样子。只见他没走多远,就被椅子腿给绊倒,东倒西歪的身体立刻和地板发出了"砰"的声音,众人的笑声更高了。不过在笑声背后,还是有一个同情的人说了一句话:"唉,天天如此,一个标准的酒鬼,搞发明真是害死人啊!"

　　"搞发明?"敏感的普利斯通心中一亮,刚想离开的他又停了下来,他想弄明白洛特纳到底发明了什么东西。

　　"不太清楚,好像是有关橡胶轮胎方面的。"那人回答道。

　　"他叫什么名字,他是发明家吗?"

　　"洛特纳。不过没有人叫他这个名字,大家都习惯性叫他醉罗汉,因为他几乎每天都会喝醉。"听到这里,普利斯通似乎明白了这个人心中的苦楚,他很想和他聊聊。可是等他匆匆走出酒吧,已不见那青年的踪影。懊丧不已的他回到酒吧打听到了洛特纳的地址,第二天一早就找上门去。那是一家规模很大的橡胶厂,洛特纳正在费力地搬运一捆材料。

　　"你是洛特纳先生吗?我今天特地来拜访你。"普利斯通笑着说对正在搬运的洛特纳说。

　　"我不认识你。"洛特纳冷冰冰地说,露出警觉的目光,这样的反应出乎普利斯通的预料。但是普利斯通并没有理会对方的傲慢,而是继续和洛特纳说话,可是更没有想到的是他竟然掉头走了。

　　铁定心的普利斯通决定在厂门口等待洛特纳先生,并且是一直等下去,直到他出来为止。从上午10点等到12点,出来吃午饭的工人又回来了,却一直没有洛特纳的身影。即便如此,普利斯通还是不敢离开,生怕错失了洛特纳。到下午5点,几乎所有的工人都下班走了,但还是没有见到洛特纳。普利斯通又饿又累,就躺坐在路边的水泥座上。他横下一条心,洛特纳早晚总是要下班的,不见到洛特纳,他就不走了。

　　直到晚上6点多,洛特纳才慢悠悠地从厂门口匆匆走出,望眼欲穿的普利斯通又惊又喜,一下站起来,可是在他站起来的那一刻,顿感两眼发黑,几乎摔倒,走到身边的洛特纳一下子扶住了他。

　　"你不舒服吗,普利斯通先生?"洛特纳的口气似乎亲切了许多。

"你让我等得好苦!"

"我知道。"洛特纳低垂着脑袋说,"我已经出来三次了,可是每次都看见你等在外面,我又回去了一开始是不愿见你,到了下午,觉得难为情不好意思见你,所以……"

普利斯通不需要洛特纳的解释,只要他能答应见自己,就是最大的成功。他的诚意终于感动了对方。两人到酒店共饮畅谈,越谈越投机。

"你发明的究竟是什么东西?"普利斯通单刀直入地问。

"是能使胶胎与汽车钢圈密切结合的装置,这个装置能使轮胎不易脱落。"洛特纳非常失望地说道,"这是我费尽心血研究出的东西,不仅没有人要,别人还拿它来取笑我,以为我是骗子,到处骗钱。"

听了洛特纳的话,普利斯通心里非常难受,一边安慰洛特纳,一边让他加入到自己的公司。最后,双方同意了,并且有一种相见恨晚的感觉,互相将对方引为知己。而洛特纳也有感于知遇之恩,下决心帮助普利斯通打天下。普利斯通的资本和洛特纳的新技术一结合,就立即产生了巨大的效益,他们制成了一种不易脱落而且储气量大的轮胎。

后来,普利斯通通过各种途径将这种轮胎介绍给了当时的"汽车大户"——大众汽车负责人福特,并且经过一系列的努力,福特接受了普利斯通的轮胎。装上新轮胎的福特车起飞之日,也正是普利斯通的橡胶公司腾飞之时。

此后的几十年间,普利斯通公司逐渐成为世界汽车轮胎业的霸主,这一成绩的取得与普利斯通放下架子、礼贤下士的精神是分不开的。人的面子固然很重要,但是和前途事业相比,面子又算得了什么呢?那便只能退居其次了,普利斯通走向成功,便印证了这一点。对于一个有着远大目标的人来说,架子不仅不能给自己增值,反而会给自己的成功之路设置种种的障碍。这是不值得的,因为你得到的只是一时的虚荣,而失去的却是一次又一次的成功。所以不妨放下架子,做到礼贤下士,才能在这个竞争不断的社会立于不败之地。

5 减少自己的脾气,提高自己的人气

人际交往中,一个脾气很大的人就好比是一个锥子,尖利的锥尖总是把袋子给戳破,因此人们总是会避开锥尖,以防被它所划伤。这是人的一种本性,一种自我保护的表现。纵观所有的人际交往,一个锋芒毕露的人总是不能

找到真正的朋友、不能找到一个真正的合作伙伴。这是一种性格所造成的必然。

在人际交往中,这种坏脾气主要表现在几个方面,如不容忍别人的错误,表现得过于追求完美;如咄咄逼人,表现得过于气势压人。而这些表现中,无论是那一种,都会给自己的人际关系带来不可挽回的损失。毕竟,一个咄咄逼人的人肯定不是一个聪明的人,可是一个聪明的人必定是一个深藏不露的人。他们不可能把所有的脾气都挂在脸上,而是深深地埋在心里面。他们知道什么时候应该爆发自己的情绪,什么时候该控制自己的情绪。总之他们在人际交往中不是一个"锥子",而是一个太阳,时而给人温暖,时而给人光亮。这种给予是默默的、不显山不露水的,踏踏实实为人,踏踏实实交际。他们是真正的低调者,也是真正的强者! 相反,那些脾气非常火暴的人,虽然是一种高调处世的态度,但是并不懂得低调做人的道理,只能让周围人的人纷纷离开他。在这个人脉如金的年代,这就意味着失败。

某大公司老板巡视仓库,发现一个工人正坐在地上看连环画。老板最恨工人在工作时间偷懒,于是怒不可遏地问:"你一个月挣多少?""一千元。"工人回答。老板立刻掏出一千元给他,并大叫:"拿了钱给我滚!"事后,老板责问后勤主管:"那工人是谁介绍来的?"主管说:"那人不是公司员工啊,而是其他公司派来送货的。"

后来这个司机所在的公司断绝了和这个老板的合作,因为他的火暴脾气伤害了自己的员工,也就意味着伤害了自己的公司,所以他认为没有必要和一个伤害自己的人交朋友。更为可怕的是其他公司的老板也纷纷效仿,这个脾气火暴的老板在一夜之间陷入了一种孤立无援的地步,在短短不到半个月的时间里,这个曾经的大公司就宣告破产,而破产的原因就是老板发了一次脾气。

发脾气和成败之间似乎没有什么必然的联系,但是这其中就是一个"蝴蝶效应"的问题,你不得不承认,一个人的脾气和人气是成反比的。因此,在人际交往中不妨降低自己的脾气,而提高自己的人气。虽然这两者只有一字之差,可是却有着本质的区别。关于脾气和人气的关系有个很形象的比喻:脾气是一个容器,里面可以装黄金,也可以装泥土;可以装满,也可以什么都不装。而人气则是珍珠,无论用什么样的容器来装,无论它的数量是多少,它永远是珍珠。

和脾气火暴人气下降的人相比,低调处事为人而人气上升的人多做了以下几点:

调整好了自己的心态

改变自己难就难在首先得从心理上开始改变。要让自己变得低调,首先就要在心理上告诉自己,自己没有必要发脾气,发脾气是对自己人气的一种辱没。因此那些和蔼可亲的大人物首先就是一个心态非常好的人,即便是面对别人的

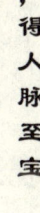

谦逊交际,得人脉至宝

责骂和误解，他们也还是以笑容来面对。

加强学习

在认识到自己不足的时候，一定要善于充电、加强学习，用自己的努力来填补自己的不足。有研究结果显示，一个人知识面越广越会觉得自己还有很多东西不懂，就越会虚心去学习，而一个虚心的人是绝对不会乱发脾气的。因此要让自己加入这个良性循环之中。这也是那些取得大成就的人总是很谦虚的原因。

"美化"自己的语言

一个人咄咄逼人很多时候都表现在语言上。因此要想改变这个现状，"美化"自己的语言是一件刻不容缓的事情。如不要把事情说得太绝对，要善于给自己留后路；如说话要注意委婉，避免直来直去，减少对对方的伤害；如多多赞美对方的优点，同时多多批评自己的缺点等。这样做的目的就是要淡化别人对自己的关注，也让自己淡化对自己的关注。

"美化"自己的动作

很多人发脾气是表现在动作上的，比如说大手一挥、拍桌子、跺脚等等上面，这样的动作会让对方感到可怕，恐惧，那么他自然而然也就离开你了。因此在和对方交流的时候一定要管好自己的动作，切不可因为动作而暴露出你是一个脾气极大的人。

低调使用自己的权力

权力本身就是一种非常有气势，因此在使用权力的时候，应该低调使用，该使用的地方使用，不能滥用，否则在别人的眼中，你就成了一个气势汹汹的"权力狂"。

总之，要想减少自己的脾气，务必在自己的生活、工作上低调的做人、谨慎的做事。与其做一个事事出头的人，还不如做一个踏踏实实做好本职工作的人；与其把时间花费在消除自己的脾气上面，还不如把精力放在控制自己的情绪上面，这是提高自己人气的一条捷径，也是一条必经之路。

6 不逞口舌之快，以免误伤人心

每个人生活的环境不一样，心里的想法也不一样，所顾及的东西也不一样。可是很多人在交际的时候并没有认识到这一点，想到什么就说什么，完全不顾及对方的感受，这样的人是不会得到别人的赞同，别人也是不会喜欢他们的。

历史上有这样一个故事：

清代的康熙皇帝，青年时励精图治，做过不少大事，可是到了晚年，随着年纪一天天的增大，头发开始变得花白，牙齿也开始松动脱落，这本是人生的一种自然规律，谁都躲避不了，可是他却不服老，或者说是他人老心不服老，总认为自己还年轻，并且还非常不喜欢听到人说他"老"或者是"力不从心"等等的字眼，因此左右的臣子深知他的心理，开始特别忌讳说"老"一类的字眼，更从不在皇上面前触这个霉头，以免无端倒霉。更为可笑的是，康熙皇帝为了显示自己还年轻有活力，还常常率领皇后、妃子们去猎苑猎取野兽，或者在池上钓鱼取乐。

某次，他又率领着一群皇妃们去湖上垂钓，不一会儿，鱼竿一动，康熙皇帝连忙举起钓竿，可是鱼钩上并不是他一直想看到的大鱼，而是一只老鳖，心中顿时好不喜欢。更为可恨的是，刚刚拉出水面，只听"扑通"的一声，鳖却脱钩掉到水里跑掉了，康熙长吁短叹连叫可惜。在康熙左边身旁陪同的皇后见状连忙安慰说："看光景这只鳖是老得没有门牙了，所以衔不住钩子了。"

这本是一个无心的玩笑，可是在一旁观看的一个年轻妃子见状忍不住大笑起来，而且还笑个不止，简直直不起腰来。康熙见状不由得龙颜大怒，原因就是因为这个妃子触了霉头，康熙皇帝认为皇后说的那句话是言者无心，可是那妃子大笑不止则是笑者有意，是一种含沙射影。康熙皇帝认为妃子是在笑他没有牙齿，老而无用了。于是回宫之后，康熙下了一道谕旨，将那名年轻的妃子打入冷宫，终身不得复出。到这个时候，那个年轻的妃子才深深感到后悔了，她叹息着说："因为我不慎笑了一笑，却害得自己守寡一生，这都是我自己不检点带来的恶果啊。"可是后悔药已经买不到了。

虽然这只是一个历史故事，但是从这个故事中，我们就应该明白一个道理：在人际交往的时候一定要记得不能逞一时口舌之快，而误伤了人心。即便是误伤，别人也会记在心里，并且有意疏远你，这是我们在交际的时候必须要知道的一种人性。

中国是一个多民族的国家，幅员辽阔，各个民族之间都有很多的民风民俗，这些民风民俗里面包含着很多的忌讳和禁忌，忌讳之所以叫做忌讳就是不想对方提及或者是不想让对方知道的一种东西，因此在这种时候，说话之前一定要想清楚了再说，万万不可因为自己的一时嘴快而得罪甚至是惹恼了对方，不仅会闹出误会，甚至很多朋友都会离你远去，给自己的人际关系造成不可挽回的损失。

这种忌讳包括很多方面，比如说在和回族的人交流的时候，千万不能提及到"猪"的字眼，因为在回民的眼中，猪是一种值得崇拜的动物，不能轻易的说出来，当然更不能轻易的去吃。

还比如说你在评价一个女士身材的时候，不能用"肥""胖"甚至是"臃肿"

的字眼，因为女士最怕的就是别人说她们肥胖，这个时候，你如果换一种说法，你说对方"丰满""有福相"，对方肯定非常高兴，不仅避免了尴尬，还给对方一个好印象。当然你在说对方瘦的时候，你也不能明说或者是直接说，你可以间接的说对方"苗条""身材好"等等的恭维的话，给对方增加一点自信心。这些就是该注意分寸的地方。

谁都会讨厌那些说话没有分寸，口无遮拦的人，即便他们说的是事实，也会在人们的心中留下一个很不好的印象，从而进一步认为对方没有修养，没有素质内涵。平常躲避他们还来不及，就更不用说和这些人交朋友了。和这些经常误伤人心的人相比，那些受人尊敬爱戴的人只不过是多做到了以下几点：

说话的语气比较温柔

人们总是尊敬那些说话温和的人，因为这样可以使对方以相同的态度回报，而这种温和的语气体现在经常使用一些谦词、敬词、礼貌语、赞美词等等，以此表示对对方的尊重。

说话的时候会拐弯抹角

针对不同的对象和语境，有些时候说话需要一针见血，有些时候又需要拐弯抹角。所谓拐弯抹角就是通过转换角度，或者是借助于其他中介让对方明白事情的一个方法。这样更能激起思想上的波澜，让人在思索中明白事理，说服力更强一点。也让对方更加好接受，不会出现尴尬的局面。

说话的时候会模糊应对

这是一种常用的说话技巧，因为它的收缩性比较大，变通性比较强，所以他经常被人用在回答一些不能直接回答却又不得不回答的问题上，从而达到化解矛盾，摆脱被动局面的效果。模糊应对，是一种权宜之计，也是一种表面模糊而心里明白的办法。之所以这样做就是为了避免误伤人心，而破坏人际关系的和谐。

对于那些经常逞一时口舌之快的人来说，应该好好学学这些方面，争取在以后的人际交往中做得更加出色。

7 不做无谓之争，防止无谓的矛盾

交际难免会讨论一些话题，但是很多人并不明白讨论和争论两者之间不同的地方。讨论仅仅是双方说说自己的想法，讨论的结果是双方都知道双方的想法，并不涉及谁对谁错的问题；可是争论却不一样了，争论的过程重在"争"，而不是"论"，因此争论的结果基本上都是有对错是非之分，双方总是有某些方面上的冲突。做个很形象的比喻,讨论是谈判,而争论则是面对面的决斗,不是你死就是我亡,总之有一个人将会失败。但是,在人际交往的过程中,除了原则性的是非之外,那些无谓的争论是不是也是需要的呢?答案是否定的,因为那些无谓的争论将会让自己的人际关系变得越来越差。第二次世界大战刚结束的一天晚上,卡尔在伦敦的一个宴会上学到了这个极有价值的教训。

当年他是罗斯·史密斯爵士的私人经纪。大战期间,史密斯爵士曾经是澳大利亚空军战斗机飞行员,被派到巴勒斯坦工作。欧战胜利缔结和约后不久,史密斯爵士以30天飞行半个地球的壮举而震惊了全世界。澳大利亚政府颁发给他50000美元奖金,英国国王授予了他爵位。有一天晚上,卡尔参加一次为推崇史密斯爵士而举行的宴会。在宴席中,坐在卡尔右边的一位先生讲了一段幽默,并引用了一句话,"谋事在人,成事在天",并且说那句话是出自圣经,而实际上是出自莎士比亚。卡尔为了表现出自己的优越感,很讨嫌地纠正道说:"这位先生,我记得这段话是出自莎士比亚"。那位先生立刻反唇相讥:"什么?出自莎士比亚?不可能,绝对不可能!那句话出自圣经。"他自信确定如此!卡尔还是不依不饶,要和他当面把这个事情搞清楚,正当两者争论的不可开交的时候,坐在旁边的卡尔的老朋友弗兰克·格蒙在桌下踢了卡尔一下,然后说:"卡尔,这位先生没说错,圣经里有这句话。"

那晚回家路上,卡尔对格蒙说:"弗兰克,你明明知道那句话出自莎士比亚,可是你……""是的,当然,"格蒙回答道,"《哈姆雷特》第五幕第二场。可是亲爱的卡尔,我们是宴会上的客人,为什么你非要证明他错了,你和他做这样的无为之争有意思吗?那样会使他喜欢你吗?为什么不给他留点面子?毕竟他并没问你的意见啊,这说明他不需要你的意见,那你为什么要跟他抬杠?应该永远避免跟人家正面冲突。"

从这个故事中,我们可以看出,交际中的无为之争确实没有必要,因为它不仅不能让对方认同自己,还会让别人讨厌自己,这是一种讨嫌的行为,也是不可取的行为。那么在交际中要是出现了这种情况,到底该怎么做呢,不妨听听心理学家的意见:多一些赞同,而少一点争辩,这样在对方的心理上就会产生一种莫名的认同感,那么彼此之间的距离也就越来越接近了。

那么如何才能做到这样呢?主要有以下几种方法:

只抓对的,不抓错的

对方的观点不可能是全错的,不管再怎么"胡说八道",你总是能从对方的话语中找出一些对的,符合现实意义的东西来,即便是对方的某种精神也好!那么这个时候你就不要再去追究那些错误的东西,而只要抓住他那正确的一方面就可以了,并且在这方面你还可以延伸,还可以扩展,并且适度的时候你还可以夸奖一下对方,以减少你和对方的冲突气氛。

提出,但不强调自己的想法

一个明智的人并不仅仅会逃避话题,而是在适当的时候会表明自己的想法,不管这种想法和对方的想法是不是一样,但是这种人聪明就聪明在他们不强调自己的想法,只是轻描淡写的提出来,然后在对方的喧哗中流逝,碰到一些夸夸其谈的人根本就不会听到这些人的观点。

不要强加观点在别人身上

每个人都允许有自己的观点,每个人都允许有自己的想法,因此在和对方讨论一些东西的时候,千万不要把自己的观点强加到对方的身上,这首先是一种不文明的行为,更是一种愚蠢的行为。因为你在表明你的观点的时候,你只是站在你的立场上考虑这个问题,那么如果换个身份,你站在对方的立场上来考虑问题,你可能就和对方的观点是一样的了,因此当你同谈话对方在观点上不一致的时候,最好的方式就是和善地告诉他你的想法同他不大一样,然后就用不着多说了。

给对方一个了解你的机会

其实在我们站在对方的立场上来考虑对方观点的同时,我们也可以让对方站在自己的立场上来考虑自己的观点,那么也就是给对方一个了解自己的机会。给对方一个了解你的机会,也就相当于让对方真正的走进你的生活,并且在享受你的生活过程中慢慢的改变对方的观点,这不仅能达到统一观点的目的,还能很快的拉进彼此之间的距离,于是情况很快就从"赔了夫人又折兵"变成了"一箭双雕",何乐而不为?

譬如你是一位喜欢骑马走犬的打猎爱好者,可是你的朋友则是一位反对猎捕野生动物的人,在这种情况下,你们就最好不要在一起谈论狩猎这个话题,因为彼此都说服不了彼此。最明智的选择就是找一个合适的机会带着这位朋友一起去狩猎,让他也亲身体验一下其中的快乐。那么到时候他也就不会再说出先前的那些话了,说不定还会成为一个狩猎爱好者。到那个时候,在他的观念中,狩猎运动和爱护野生动物已经浑然成一体了。

赢得争论不是交际的目的

很多人在和对方进行争论的时候往往会忘记了和对方争论的目的,是交朋友,而不是赢得这场争论!这种本末倒置的错误很多人都会犯,结果就是赢得了一场争论而失去了一个朋友。这种方法显然不是交际的好方法。因此我们在和对方交流的时候一定要时刻牢记自己的目的,避免犯这种本末倒置的错误。

心直口快是你的错

很多人在交流的一开始就会开门见山的说自己是一个心直口快的人,甚至还为自己的这种坦白很自豪,殊不知,这种坦白是在无形中告诉对方,你是一个不顾及对方想法的人。这种做法,往往是自己处在一种被对方挑战的境况下,如果你的事实不是百分之百的正确,那么你那位新树的敌人就会毫不迟疑地、有力地向你指出。那么这样的结果是你获得了什么,失去了什么,权衡利弊一番,相信你能明白。

8 面子是小,人际是大

扩大自己的交际圈对于一个寻求发展的人来说是一件刻不容缓的事情,那么如何更好的和对方交往呢,首先就要从朋友出发,好好的和朋友交际,新的朋友才会更多。而顾及朋友的面子则是一个交往的秘诀。朋友之间,在非原则问题上应谦和礼让,宽厚仁慈,多点糊涂,给对方留点面子;在大是大非面前,则应保持清醒,不能一团和气,但也同样要留面子!交际固然不能玩世不恭,但也不能因为一些小事情而伤害对方的面子,俗话说得好:"水至清则无鱼,人至察则无友",而死要面子就是一种"至清、至察"的表现。

那么如何给朋友留面子呢?孔子是这么教育自己的弟子的:

有一天,孔子的学生子贡问老师:"有没有一个字可以作为终生奉行不渝的法则呢?"孔子回答:"其恕乎!己所不欲,勿施于人。"这里的恕是凡事多站在对方立场上为对方考虑问题的意思。总体的意思就是说:自己不喜欢做的事,不要加在别人身上。遵循了这个原则,就可以很好的给朋友留面子了。

小王陪朋友小徐去一个商场购物,两人左挑右拣了半天,终于把想要买的东西给选定了,在付款的那一刻,小徐脸上露出了为难之色,她在小王耳边嘀咕了一声:"自己忘记带钱包了!"小王立即明白了小徐当时所处的困境,在众目睽睽之下,选了这么多的东西到最后还没有钱来付账,确实不是一件很风光的事情。于是小王很爽快的拿出了自己的钱包,很爽快的付了钱,并且还对柜台小姐说:"今天是我妹妹的生日,我几年前答应她的,要给她买礼物,这不今天就来了嘛!"

柜台小姐一面忙着包装找钱,一面忙着夸奖小徐有这样一个好姐姐真是好福气,还时不时的赞美小王这个"姐姐"好。

一个风波在小王的化解下,轻易的过去了。不仅解除了女友小徐的尴尬处境,还让小徐的脸上觉得非常有光。一年以后,小徐走上了红地毯,而小王则是她的伴娘,在婚礼上,小徐和自己的爱人把小王当成了贵宾,感谢她一直以来对自己的照顾,包括在很多时候善于给自己留面子,让自己不觉得丢人!

看着小王和小徐的友情,谁都羡慕。可是在羡慕的同时,我们也要明白她们之间之所以能有这样的感情是为什么,小王为什么能成为小徐的座上宾?很简单,这一切都是"面子"的功劳!试想,如果当时小王没有顾及小徐的面子,而是将她埋怨一顿,那么小徐会有什么反应,两者之间的友情会有什么样的后果呢?

交际最重要的是和谐,而和谐最重要的是要顾及双方的面子,毕竟每个人都有自尊心,每个人也都有好胜心,若要想和对方联络感情,就必须处处重视对方的自尊心,顾及对方的面子,用一句话开概括就是:"面子是小,人际是大"!

那些为了面子而认死理,因此而破坏人际关系的人是做人的一种是失败。人非圣贤,孰能无过?与人交际就是要懂得互相谅解,经常以"难得糊涂"自勉,求大同存小异,有肚量,才能容人,人脉才会越来越旺,才会有更多朋友,才能左右逢源,诸事遂愿;相反,"明察秋毫",眼里不揉半粒沙子的人,对任何事情都过分挑剔,任何鸡毛蒜皮的小事都要论个是非曲直的人,人家也会躲他远远的,最后,他只能关起门来"称孤道寡",成为使人避之唯恐不及的异己之徒。纵观那些有大成就的人,总是在很多时候为了交际而舍弃自己的面子,其实很多时候给别人面子就是给自己面子,帮助别人就是在帮助自己。

有位不太爱面子的智者说,大街上有人骂他,他连头都不回,他根本不想知道骂他的人是谁。因为人生如此短暂和宝贵,要做的事情太多,何必为这种令人不愉快的事情浪费时间呢?

即便我们不能做到这样,我们也可以放下"面子"这个人际的枷锁,轻松交际,让自己的人际关系变得越来越好。

9 好为人师不如拜人为师

曾经有人做过这样一个对比:在别人需要你教导的时候,你去教导他,那么你是他的老师;当别人不需要你去教导而你却主动去的时候,你就是好为人师。同样是教导,差别却很大,效果也相差甚远,前者别人会尊敬你,而后者别人则会厌烦你。不过从中我们却可以得到这样一个启发:人际交往中,不妨将好为人师变成拜人为师,这样不仅能让自己舍去很多麻烦,还能让自己免于被别人厌烦的境地,将自己的人际关系处理的更好,更稳固。

这种做法虽然简单,但是很多人并不一定能做到,特别是有些年纪比较大一点,经验比较丰富一些的人,总是喜欢倚老卖老,好为人师,使得对方甚是难堪,而他肯定也不会有什么好的结果,东汉的马援就是这样一个人:

公元44年,马援是当时东汉帝国的新息侯和伏波将军,而同朝的梁松、窦固两人的父亲是马援的好朋友,从这个层面上来讲,梁松和窦固是马援的晚辈。在一次出征之前,马援曾经告诫梁松和窦固说:"一个人富贵之后,应该想到以往贫贱的日子。你们如果不希望贫贱,在高位时要谨慎小心,时常想起我的话。"梁松和窦固听了,虽然心里有些不高兴,但碍于父亲的面子,也就忍了下来,苦笑着点头称是。

后来,马援生病在家,身为当朝驸马的梁松前来探望,在病榻前拜见马援,但是马援并没有把梁松当成驸马看,也就没有按照君臣之礼回礼,这让梁松心里更加不高兴,马援的儿子看在眼里,也急在心里,在梁松走后,马援的儿子问马援:"梁松是皇帝的女婿,也是政府高官,部长级以下官员都对他十分敬畏,刚刚他来看你,你怎么不肯回礼呢,这可是欺君的大罪啊?"没想到马援说:"我是他爹梁统的老朋友,算起来是他的长辈,他的地位虽然尊贵,怎么可以不讲辈分,怎么能是我给他回礼呢?"

自此,梁松和窦固就慢慢拉开了和马援之间的关系。可是马援并没有觉察到这一点,还是在无微不至地"教导"梁松和窦固。当时,梁松、窦固和南越兵团军政官杜保来往密切。而杜保的个性非常豪迈、舒阔,喜欢行侠仗义,而马援的侄儿马严、马敦也自认为自己是一个侠义之人,经常喜欢抨击、讽刺别人。马援又一次从边疆写信回来"教导"梁松和窦固:"喜欢议论别人长短,随意批评政治,是我最厌恶的事。龙述这个人敦厚谨慎、谦恭节俭,我敬爱他,也希望你们效法他。杜保虽然是一代豪杰,把别人的忧愁和快乐,都当成自己的忧愁和快乐;老爹去世时,前来吊丧的宾客络绎不绝,我也敬爱他,但却不希望你们效法他。为什么呢?因为学习龙述不成,还不失为一个谨慎严正的人;如果学习杜保不成,没有办法拥有他那种气质,就会变成一个轻浮的人。"

这种一而再、再而三的"教导"让梁松和窦固厌烦不已,他们决定治治马援的这个毛病。机会来了,在一次作战中,马援选择路线错误,使得进攻受阻,并且因为产生瘟疫,人员伤亡很大。当时的皇帝刘秀非常恼火,下令派梁松担任监军官,追查马援的责任。就在这个时候,马援因为疾病缠身而逝世。于是梁松不顾长辈晚辈之情,开始疯狂报复,罗列一系列的罪状来陷害马援,其中就有那次病榻前不回礼的欺君之罪。见到这些罪状,刘秀火冒三丈,立刻下诏撤除马援新息侯的侯爵,并收回印信。

　　马援的妻子、儿女，受到这种可怕打击，惊恐万分，不敢把马援的棺木运回祖坟安葬，只好草草放在坟地西边，用土掩埋。平时的亲朋好友，没有一个人敢来吊丧。

　　马援的人生无疑是一个悲剧，而这个悲剧的起因就是因为自己过于好为人师，不把别人放在眼里，在古代君臣礼仪这么重要的年代，不把驸马爷放在眼里，也就是不把皇帝放在眼里，更为严重的是在别人没有过错的时候还一而再、再而三的"教导"对方，这是犯了人性的大忌，而可悲的马援竟然不知道。试想，如果马援能把好为人师改成拜人为师，即便是说同样的问题，驸马爷梁松肯定不会怪罪马援，反而会称赞马援有见地，有经验。那么别说是马援，就是马援儿子也会平步青云，得到当朝皇帝的赏识。可是历史不可能有假设，悲剧就是悲剧，人性就是人性，我们后人只能从这场悲剧中得到必要的启示：做人不能过于热情的好为人师，而应该低调的拜人为师，这是顺应人心，也是改善人际关系的有效法则之一。别人没有要求帮忙时，千万不要过度热心地去指点别人，因为"好为人师，最讨人嫌"。

10 为人认真，但不能太较真

　　为人处世固然不能随随便便，因为这是对自己不负责任。但是很多时候并没有必要太过于较真，特别是对于一些无关紧要的小事情的时候，该糊涂就糊涂，没有必要争得一清二楚，到最后不仅没有得到结果，反而让自己的人际关系变得异常紧张。洪应明在《菜根谭》里有一句话说得好："路径窄处，留一步与人行；滋味浓时，减三分让人食"，这就是在教育我们要懂得迂回，无论是追求真理上还是在为人处世上都是如此，自己的生活可以非常认真谨慎，但你并没有必要和别人去较真，只要你掌握的是真理，总有一天时间会证明这一切的。

　　曾经看过这样一故事，读来颇为耐人寻味：

　　孔子东游列国，有一天看到两个猎人在指手画脚，好像为了一件事而争论得面红耳赤，唾沫横飞。孔子询问他们在争论什么，原来两人为了一道非常简单的算术题。矮个儿说三八等于二十四，高个儿坚持说三八等于二十三，各持己见，争论不休，难分难解以至于两人几乎动起手来。最后，二人打赌请一个圣贤作裁定，如果谁的答案正确，对方就将这一天的猎物给打赌胜利的那一个人。

于是高矮两个猎人请孔子裁定,了解了事情的真相之后,没想到孔子竟然叫认为三八等于二十四的人将猎物交给说三八等于二十三的猎人,也就是说孔子判定那个认为三八等于二十三的人胜利了。于是这个人拿着矮个猎人的猎物走了。对于这种裁判,矮个不答应了,他气愤地对孔子说:"三八二十四,这是连小孩子都不争论的真理,你是一个圣人,却认为三八等于二十三,看样子也是徒有虚名呀!"

孔子笑道:"你说的没错,三八等于二十四是小孩子都不争论的真理,只要你明白自己坚持的是真理就可以了,干吗还要与一个根本就不值得对待的人争论较真呢,讨论这种不用讨论也再明显不过的问题是不是对你自己没有任何好处呢?"猎人似有所悟,孔子拍拍他的肩膀,说道:"那个人虽然得到了猎物,但他却得到一生的糊涂,你是失去了猎物,但得到了深刻的教训!"

矮个猎人听了孔圣人的话,点了点头。之后这两个猎人还是好朋友,还是每天一同上山打猎,下山回家……

在事实面前,谎言会不攻自破,当我们被指责和误会的时候,最好的应对方式就是沉默,假装糊涂,不加理会,因为真理就如同埋在土里的金子,迟早会露出光芒。就如同这个故事中的矮个猎人一样,面对一个三岁小孩子都知道的问题,根本就没有必要和别人去争论,这不仅仅是浪费时间和精力,更是对自己智商的一种辱没。

一个认真生活的人必定能得到别人的赞同和尊敬,而一个较真的人必定不会得到同样的待遇,因为这样的人让人觉得不可靠近,和这样的人交际会让人觉得非常头疼,非常疲惫。为一个没有必要的问题而争论不休,任何人都不愿意把时间浪费在这里,也不愿意因为这个而伤害了自己的人脉。所以,面对这种人,人们只有选择逃避了。那么太较真表现在哪些方面呢?主要有以下几个方面:

抓住小问题不放

聪明的人为人处世大的原则不会丢,而一些小事情则经常装糊涂。这是一种"抓大放小"的生存策略,这样能让自己的生活变得异常简单,人际交往也会变得更加顺利。可是那些较真的人却正好与这些人相反,抓住小事情不放,却忘记了大的原则,在小事上聪明,却在大事上糊涂。这种人的生活和人际交往是异常的艰难,不仅别人不愿意和他交往,即便是多年的老朋友也会因为受不了他们的"无聊劲"而选择离开他。

抓住别人的小缺点不放

社交生活中每个人都难免会出一点小错误,比如说念错了字,讲了一些比较外行的话,甚至是记错了对方的名字和职务等等。一般的人对这些无关大局的事情都会一笑了之,可是这些喜欢较真的人却不是这样,而是会记住别人的这些缺点,在很多场合拿别人的这些缺点来证明自己是最优秀的,或许他们的这些行为能赢得一时的尊重,可是长期交往下去,谁都害怕有一天自己的缺点也被他们当作例子来到处宣扬,所以还是尽早和这些人分手为好。因此说,这样的做法会严重地损伤自己的人脉。

喜欢把别人逼进死胡同

所谓把别人逼近死胡同就是喜欢让别人下不了台,这是人际交往中的大忌,可是这些人并没有认识到这一点,反而以这种行为为荣,具体表现形式有揭露别人的隐私、让对方败得太惨、说话过于尖刻等等。谁都不愿意将自己的短处和缺点暴露在大庭广众之下,可是这些人偏要这么做,给对方造成难堪,严重的时候还会惹得对方非常恼怒。这样的人的人际关系变得糟糕是理所当然的了。

不给别人留面子

每个人都有自尊心和好胜心,一个聪明的人无论何时何地都会重视对方的自尊心,因为重视对方的自尊心,必须要先抑制自己的好胜心以成全对方的好胜心。这在某种意义上来说就是一种宽容的心态,"大着肚皮容物,立定脚跟做人",大事"不流",而小事"和"。朋友之间,在非原则的问题上能糊涂就糊涂,给对方一个面子其实也就是给自己一个面子,千万不能和那些喜欢较真的人一样,小事精明而大事糊涂,到头来输掉的不仅仅是自己的自尊,更是自己的人脉和金脉。

总之,改善自己的人际关系就是那几个字:为人认真,但不能太较真,给别人一个面子,也就是给了自己一个面子。

11 故人面前莫得意

人生世事无常,谁都不能说谁能享受一辈子、谁要窝囊一辈子,因此在你失意时一定要坚强,在你得意时千万不要张狂,千万不能在别人面前摆谱,以免破坏自己的人际关系。特别是在曾经一起长大的故人面前,更是要懂得低调、懂得低头顺势。俗话说"故人面前莫得意"说的就是这个意思,因为你这样做势必会拉开你和故人之间的距离,且不说你失去一个朋友,更重要的是你即将失去一切。

历史上有这样一个故事,可引以为鉴:

公元28年，篡位的王莽死了之后，天下的局势开始变得一团混乱，各方豪杰都纷纷揭起旗杆，自立为王。当时有一个占据西州的隗嚣，实力雄厚，而且还兵力充足，可称得上是兵精粮足，但他还在评估到底要投靠东汉帝刘秀，还是成家王公孙述。

隗嚣为了尽快搞清楚这些事情，于是就派自己的亲信马援去探试公孙述，顺便看看公孙述是否有发展前途。马援和公孙述两个人从小就认识，两人经常同吃同睡，感情非常深厚。马援心里面其实对这次的会面非常期待，他希望他自己能和公孙述两个人小时候一般，无拘无束的叙叙旧，开开心心地聊聊童年往事。

可是现实却让马援失望了，失望得透顶，因为公孙述在称了王之后，想要在故人马援面前展现一下自己当王的威风，顺便也好在他面前炫耀一下，这样也好拉拢马援的人马。他首先命令手下人帮马援连夜赶制新的衣帽，只要马援一到，就让马援穿上，然后在皇家祭庙中，召集文武官员到场，特别在皇帝的座位旁，摆着一个马援的位子。等到这一切都就绪后，他才穿着皇帝的衣服，用着皇帝专用的旗子，在皇家士兵的护卫下，浩浩荡荡地从宫殿出发。沿途中，人民被士兵强行驱逐离开街道，整个城镇顿时变得肃静无声。

公孙述接见马援的场面可谓浩大，不仅先以正式的宫廷礼节接见马援，还由文武百官陪同，以盛大的宴席款待马援。在宴席上，公孙述趁着酒兴要封马援为侯爵，并且担任大司马一职，此时和马援一起来的宾客都高兴得不得了，希望马援赶快答应，可是马援一直都没有明确答复。

临走之际，马援向公孙述委婉的拒绝了他的恩赐，并向他宾客们解释："现在天下的局势如此混乱，就像锅里煮的粥一样，谁能取得最后的胜利，到现在还不是很清楚。公孙述现在还没得到半边天下，却只知道摆这些繁文缛节的架子，不晓得礼贤下士，共同来商议国家大事，就这样发展下去，他能成得了什么大器？他不仅留不住各路英雄豪杰为他效命，而且到最后已经在的英雄豪杰也会离他而去，也就是说最后一定会失败。"

马援失望的回到驻地，将情况如实的回报隗嚣，此后不久，他又动身再前往洛阳，以同样的目的开始试探刘秀。马援到了洛阳之后一刻都没有耽误，匆匆求见刘秀，宦官引导他入宫。让马援感到惊奇的是刘秀穿着一身平民的轻便衣服，站立在走廊中等待着迎接马援，看到马援一到就很恭敬的将马援引入宫中，完全没有一个皇帝的排场和架子。刘秀和马援两人开始在宫中坐下来聊天，刘秀说："先生在两个皇帝之间奔波，我的能力不足，到今天才能够见到您，实在感到很惭愧！"

马援也客气地抱着歉意回答："目前天下的局势，一片混乱，英雄群起，不但领袖在选择贤才，贤才也同样在选择领袖。我和公孙述曾经是老朋友，可是我到成都去见他的时候，他却高高坐在皇帝的金銮宝座上，戒备森严地来接见

第三章

谦逊交际，得人脉至宝

我。完全就没有了当年的那份情意,我觉得我和他之间的距离已经拉的很开了,之间根本也就没什么话可说了。可是现在,我从远道而来,也从来不曾见过陛下,就更谈不上有交往了,陛下怎么就知道我不是来行刺你的刺客呢,怎么就敢这么随便地接待我,难道你一点顾忌都没有吗?"刘秀笑着说:"我知道你不是一个刺客,而是一个说客。"

马援接着说:"大局反复不定,人心也就不定,天下想要称王称帝的人不计其数。不过大概只有陛下这种的气度恢弘,像以前的刘邦,才最有成功的条件。"

刘秀和马援两个人,非常愉快地谈着天下局势。

马援回到西州驻地后,果然强烈建议隗嚣投靠礼贤下士的刘秀,而不要理会只会摆架子的公孙述。公孙述自此也就失去了一个强大的帮派的帮助,这也就基本上奠定了他后来的失败。

很多时候有很多人就像公孙述一样,为了表现自己的阔气,在故人面前装腔作势,一副不可一世的样子,殊不知,在输掉了朋友的同时也顺便输掉了自己的一切,到最后,还是会跌落到历史的原点,到那个时候,也就只有故人看他笑话的份了。

如果你不想这样,那就不要在你的故人面前表现出一种不可一世的样子,切忌不要像公孙述一样讲究排场,故意拉开你和对方的距离。因此借用相声中的一句台词,在很多时候你得好好琢磨琢磨,站在对方的立场考虑对方的问题,这样也就能让你得到很多的帮助。

有一句格言很好:把别人当成自己,把自己当成别人,把别人当成别人,把自己当成自己。仔细想想,也就是这个意思。

12 乐于忘记,相逢一笑泯恩仇

在现代人际关系交往中普遍存在这样一个现象:很多人在与人的交往中总是死盯着别人的过失,从而百般挑剔,惹出是非;甚至很多人还遵守"以恶相报"的原则,而舍弃"以善相待"的法则,总以为把别人搞得吃不香睡不着自己才满足,才解气!试想,这样的人以这样一种态度去交际,他们的人际关系能好吗? 因此,还是中国古语说得好:"人之有德于我也,不可忘也,吾有德于人也,不可不忘也",只要稍微进行改动,也就变成了交际的秘诀:不计前嫌真大肚!

美国喜剧大师卓别林曾经说过一句名言:"我只记着别人对我的好处,忘记了别人对我的坏处。"他之所以能让全世界的人都喜欢他,不仅仅是因为他经常扮演喜剧的角色,更是因为他豁达的为人处世态度。

俗话说得好:怨怨相报何时了,扪心自问一下:以怨抱怨真的没有必要,这不仅对自己的交际能力有影响,而且还会让自己的生活变得疲惫不堪。有一句名言说"生气是用别人的过错来惩罚自己"。你在"报仇"的同时,实际上是在"念念不忘"别人的"坏处",那么最终受伤害的还是自己,搞得自己痛苦不堪,何必呢? 这不仅是一种自我折磨,更是一种慢性的自我毁灭。

因此很多过来人一直在呼吁:"乐于忘记,相逢一笑泯恩仇"。其实这种例子在历史上是何其之多,只是很多人一直都没有把它当一回事罢了。

相传唐朝时的宰相陆贽,在自己任职期间听信别人诬告太常博士李吉甫的谗言,也认为他结伙营私,于是便毫不犹豫的把他贬到明州做长史。可是不久,陆贽因为这些事情暴露而被罢相,同样也被贬到了明州附近的忠州当别驾。可是事情似乎并没有这样结束,因为刚上任的宰相知道李、陆有这点私怨,便想利用他们之间的这点私怨来挑拨他们之间的关系,趁机从中拉拢人才。于是刚上任的宰相便玩弄权术,特意提拔李吉甫为忠州刺史,让他去当陆贽的顶头上司,意在借刀杀人,通过李吉甫之手把陆贽干掉。可是结果出乎所有人的意外——李吉甫不仅不记旧怨,还在上任伊始特意与陆贽饮酒结欢,使那位现任宰相借刀杀人之计无形中成了泡影。对此,陆贽自然深受感动,便积极出点子,协助李吉甫把忠州治理得一天比一天好,他们的友谊也曾被引为一段美谈!

当然还有类似的事例:

在隋朝的时候,李靖曾任一个小小的郡丞。他最早发现李渊有图谋天下之意,并且他还把这种情况及时的向隋炀帝检举揭发,可是隋炀帝没有听信他的话。不久,李渊灭隋,建立了唐朝,之后他为了抱负准备杀李靖。可是李世民坚决反对这么做,并再三请求保李靖一命。后来,李靖果然不负李渊的期盼,驰骋疆场,征战不疲,安邦定国,为唐王朝立下赫赫战功。

同样在这个时期,魏征也曾鼓动太子建成杀掉李世民,可是"玄武门之变"后,李世明夺得了天下,但他并不因为魏征曾经鼓动李建成杀自己而怀恨在心,相反他不计旧怨,量才重用,使魏征觉得"喜逢知己之主,竭其力用"。结果果然不出所料,魏征也为唐王朝立下了汗马功劳。

在这些故事中,人们可以发现:这些成功的人士几乎都有一种共同的特征,那就是相逢一笑泯恩仇,对于那些曾经伤害过自己或者意图伤害自己的人,并没有斤斤计较,而是表现得宽宏大量,对对方的错误不仅不去计较,还"仇将恩报",

第三章

谦逊交际,得人脉至宝

重用对方，和对方交朋友，使得敌人变成知己，这需要一种胸怀，更需要一种智慧。

宋代的名相王安石和苏东坡是同一个时代的人，并且两人都因为文章而闻名于世，可是这两个文人并没有像人们想像的那样"相亲"，而是相反。王安石当时对苏东坡的态度可以说是有那么一点"恶"行的，特别是他当宰相的时候，因为彼此之间的政见不合，王安石便借故将苏东坡降职减薪，并且还把苏东坡贬官到了黄州，搞得苏东坡的人生突然变得很是凄惨。然而，苏东坡胸怀大度，他根本不把这件事情放在心上，更不念旧恶，依然很潇洒的过着自己的小日子，虽然苦点，但很开心。

不久，王安石从宰相位子上垮台，苏东坡并没有耻笑王安石，相反两人的关系倒不由自主的好了起来。苏东坡为了鼓励王安石，不断写信给隐居金陵的他，或共叙友情，互相勉励，或讨论学问，变得十分投机。后来苏东坡由黄州调往汝州时，还特意到南京看望了王安石，受到了对方的热情接待，二人还结伴同游，促膝谈心。

到了临别之时，王安石还是很舍不得苏东坡的离去，于是便嘱咐苏东坡说："将来告退时，要来金陵买一处田宅，好与他永做睦邻"。苏东坡也满怀深情地感慨说："劝我试求三亩田，从公已觉十年迟。"二人一扫嫌隙，成了知心好朋友。

生活在这个社会的我们，应该以古为鉴，从中明白一点人情世故的道理，明辨是非，把握做人之本的交际技巧。如果我们在交际过程中能不计前嫌，与对方和和气气地坐在一起探讨一些事情，不仅能认识到对方，还能和对方成为好朋友，否则的话，你只能是一个"心胸狭窄"的人，永远也成不了大事！

13 以心换心赢真诚

"他人有心，予忖度之。"这是《孟子·齐桓晋文之事》里的名言，它其实也道破了让朋友欣赏你的不二法门，那就是懂得以心换心，站在对方的立场来考虑问题，用自己的真诚来赢得别人的真诚。

曾经有位心理学家列出了555个描写人的形容词，并且让那些接受调查的人指出其中哪些人品是他们最喜欢的和最讨厌的。最终他们选的最多的分别是"真诚"和"虚伪"。这个调查结果说明这样一个问题，每个人都渴望真诚，希望在人际关系上以诚相待。因此,得出这样一个结论:只有用真诚的态度去对待对方,才能赢得对方的信任,对方也才能用真诚的态度对待你。

刘备之所以能建立蜀国,就与他待人的真诚分不开。因为他的真诚而赢得人很多英雄豪杰的心,那些英雄豪杰也愿意以诚相报。因此,刘备之所以能成事就是因为他善于把手下的心拧在一起,劲往一块儿使、力往一块出。他面对英雄豪杰往往都能不计前嫌、以礼相待,他把自己的手下都当成了自己的兄弟,有话直说,坦坦荡荡。更为可贵的是刘备对所有人都表现得真诚,即便是对手也是如此。这样纯洁的人际关系不正是我们所梦寐以求的吗?

人与人之间只有坦诚相见、真诚相待,彼此才能心心相印、才会肝胆相照。而虚伪带来的只能是半信半疑、敷衍了事、口是心非。以诚待人就会在人与人之间搭起一座心灵之桥,通过这座心灵之桥,才能打开彼此的心门,才能合作得非常愉快。

有一次,一个瑞典顾客打着金利来的真丝领带去打网球,结果汗水使得领带上的染料染坏了他的衬衫。之后这个顾客写信到金利来来反映这个问题。曾宪梓知道了这个情况之后,亲自接见了这个客人,并很认真地和他解释说:"真丝领带是不宜沾汗水的。因为所有丝质领带遇上带酸性的汗水时,都会出现脱色现象。"而且,曾宪梓在请他进一步提出意见的同时,赔偿给他新衬衫和新领带,并仔细地告诉这个客人一些关于领带和衬衫的使用知识。当这个客人和曾宪梓告别的时候激动地说:"曾先生,我实在是佩服你对顾客的真诚,以前我也曾遇到过类似的情况而投诉其他的牌子,但都没有得到解决,这一次我实在是太开心了、太惊喜了。"

还有一次是在60年代末期,当曾宪梓还是在做泰国真丝领带的时候,位于香港中环的龙子行是当时中等偏上的百货公司之一,和曾宪梓的关系也相当不错。有一次,曾宪梓因为急着要去泰国定购真丝领带的原料,临行前给龙子行定购泰国真丝领带的经理报了价。对方也及时预定了20打领带。不过因为时间关系,双方并没有签订书面协议,当曾宪梓在泰国进货的时候发现这里的原料已经上涨了不少,如果按照自己原来的报价将领带卖给龙子行,无论如何也赚不到钱,甚至还会赔掉运费。但曾宪梓想到做生意最关键的是"执事以信"宁可自己亏本,也要信守承诺。于是曾宪梓还是按照口头协议的价格原数给龙子行送去了20打领带。

这些都是名人成功历程中的一些小故事,可是从这些小故事中我们能明白这样一个道理:做人要诚实,要懂得以心换心,只有这样,才能换来真诚的人际关系。

很多人都在抱怨:现在的人际关系变得非常复杂,交一个知心朋友真的很

不容易。其实事情远没有他们想像中的复杂,只要我们为人真诚,同样能赢得对方的信任,也同样能把事情办好,更不用说交朋友了。这就是那些成功人士成功交际的不二法门。那么在人际交往中,到底什么是真诚呢?其实很简单,所谓真诚就是在行事和为人中要努力做到"真"和"诚"。所谓"真"就是说要真心对待,无论对方是一个人还是一件事,都要用你的真情打理,把你的真诚表露在这种打理过程中。而"诚"就是诚实,对人要诚恳相待。因为一个人只有真诚地对待他人,才会获得他人的信任和好感,自己心情也才能变得开朗,和对方交往才能更上一层楼。

有句话说得好:做事就是做人,要想成就一番大事,必须得先做好一个人。而要做好一个人,最关键的就是要懂得真诚,用自己的心去换取别人的心,用真诚去赢得别人的信任!

14 只有得理饶人才能征服人心

人际交往最怕两种人,一种人是不讲道理的人,遇到事情就是一顿的胡搅蛮缠让人不甚讨厌;另一种就是太爱讲道理的人,一件小事也要搬出大道理,并且不懂得得饶人处且饶人,经常让别人下不了台,不知道把面子往哪里搁。人不讲理,是一个缺点;人硬讲理,是一个盲点。其实在很多时候,理直气"和"远比理直气"壮"更能说服他人、改变他人,得理饶人更能征服人。

那又该如何呢,什么样才是一个适合的度呢?

郑板桥说得好:"退一步天地宽,让一招前途广。"只要人们不丢失大是大非的原则,在小事情上该糊涂也就糊涂,该睁一只眼闭一只眼也就睁一只眼闭一只眼,得饶人处且饶人。这样世界就会清静许多,但又不失伦理纲常。

在这件事情上,曹操就是一个做得很到位的人,也因此真正获得了手下人的尊敬和爱戴:

当年,著名的"以少胜多"的官渡之战刚刚打完,曹军就在袁绍那里得到了一些信件,这些信件都是曹营中的一些人暗地里写给袁绍的,内容大都是吹捧袁绍的或者准备投靠袁绍的,其中涉及的人之多完全出乎了曹操的意料之外,曹操开始陷入一种深深的恐惧之中。幕僚开始建议曹操把这件事情追查个水落石出,该惩罚就惩罚,该斩首就斩首。可是曹操在经过了深思熟虑之后却将这些信件当着众位将领的面付之一炬，统统烧了，一封都没留下，他甚至连看都没看这些信都是谁写的。如此一来，那些暗通袁绍的人心里对曹操感激不尽，旁人也觉得曹操度量大，因此产生由衷的敬意。

事后曹操坦言，当时官渡之战时，连他自己都没有把握赢袁绍，更何况是那些手下人呢？人都是贪生怕死的，因此他们暗通袁绍其实是可以原谅的，即便他们背叛了我。

确实，在这件事情上，曹操绝对可以查个水落石出，把那些准备背叛自己的人一个一个都赶尽杀绝，即便他这么做了，别人也不会有闲言碎语，因为他有理。可是曹操聪明就聪明在这些地方，他不仅没有这么做，还主动为他们开脱，这着实让手下人吃了一惊，随着信件灰飞烟灭，手下人也就开始铁了心的追随曹操了，这为他以后势力的进一步扩大奠定了坚实的基础。

这确实是一个得理又饶人的典型例子。

其实在人际交往中又何尝不是如此，得饶人处且饶人，留一点余地给得罪你的人，给对方一个台阶下，这样就会赢得对方的尊敬和爱戴。否则，不但消灭不了眼前的这个"敌人"，还会让更多的朋友疏远自己。

大作家契诃夫说的好："要是火柴在你的衣袋里烧起来，那你应当高兴，而且应该感谢上苍，多亏你的衣袋不是火药库；要是你的手指被扎了一根刺，那你应当高兴，多亏这根刺不是扎到眼睛里；要是有穷亲戚来找你，那你应当高兴，幸亏来的不是警察；要是你的一颗牙痛，那你应当高兴，幸亏不是满口牙痛。"把事情往好的方面看一点，也就不会有这么多的烦心事了，对待别人也就能宽容许多，如果一个人得理不饶人，那最终结果将会是大家所不愿看到的。

一个指挥官在攻克敌方城门时才发现他们没有攻破城门的工具。不过他很快记得在几天以前曾看见船坞里有两支沉甸甸的船上桅杆，于是下令士兵将其中较大的一支立刻送过来。在士兵把这些事情告诉了军械师的时候，军械师却坚持认为，指挥官想要的其实是较短的一支，因为他觉得较短的比较适用在他正在建造的机器上，而且运送起来也比较容易，他为了表示自己的意思，甚至画了一幅又一幅的图来表示自己才是专家。

无奈之下，士兵开始警告军械师说他们的指挥官是不容争辩的，因为他们了解上司的脾气，如果有人敢违抗他的命令，那绝对是死路一条。最后说服了军械师抛弃专业知识，服从指令。可是等到士兵离开的时候，军械师开始反问自己，服从一道会导致失败的命令，究竟有何意义？于是他违背了指挥官的指令，依然送过去那支较短的桅杆，并且他深信指挥官会看出短杆比较有效，说不定还能公正地赏赐他。可是军械师太天真了，他甚至不知道灾难已经降临。

第三章 谦逊交际，得人脉至宝

Xuehuiditou_cainengchutou

等到短椽杆运抵时，指挥官要求士兵解释，于是士兵将事情的经过详细的解释了一遍。指挥官当即下令立刻将那个军械师带过来。军械师到了，他很高兴的再一次向指挥官解释，为什么他坚持送来短椽杆，并且以他专业的知识进行解释，滔滔不绝，并表示在这些事务上听专家的意见才是明智的，攻击时采用他所送来的椽杆做攻破城门的墙一定不会后悔。

可是，令这个军械师没有想到的是，指挥官不待他说完，便在士兵面前剥光了他的衣服，用棍子加以抽打，活活地将他打死，以示违抗命令的惩罚。

这个军械师想法是很好的，可是他并不懂人性，一个军事指挥官最讨厌也是最害怕的就是士兵不听自己的命令，那么指挥官也就只是一个空架子而已，那么他以后还怎么指挥别人，所以当有人违背自己指挥到时候，他肯定会杀鸡儆猴，而第一个冒犯他权威的人就是那只可怜的"鸡"。试想如果这个军械师能在服从上司命令的前提下，再给他送一支短椽杆，那结果又会是什么样的呢？结果不容试想，但是我们能从中得到这样一个教训：人都相信自己是正确的，言辞无法说服他人改变立场。因此关键的是要让事实来证明你的判断，在自己有理的时候，能给对方一个台阶下，那就是你一生的功德，并一定能在不久之后得到回报！

第四章

低头拉车只为游刃职场

　　老子说:"国之利器不可示人",职场做人也一样,深藏自己的拿手绝技,不要展露无遗,点点滴滴地展示自己的造诣,才能让人觉得你的厉害。含蓄节制乃生存与制胜的法宝,在重要事情上尤其如此,千万不要因为自己的才能而让自己当了出头鸟,死到临头还不知道是什么东西害了自己。

1 人微言轻，少说多听

西方流传着一句谚语：上帝之所以只给人一张嘴、两只耳朵，就是要求人要多听少说。这多少带了点神话色彩，但是在交际中，一定要记住：人微言轻，一定要少说多听。少说多听还真是改善人际关系的一种润滑剂。多点时间倾听别人的谈话，自己少发表议论、见解，能与人达到更有效的心灵沟通，也能准确地从对方的讲话中获悉对方的意思，从而掌握整个交流的主动权。

莫顿先生在新泽西州瓦克市的一家百货商店购买了一套西装，但回去穿了之后令他很不满意，因为上衣的领子褪色，弄脏了他的衬衫领子。他把西装送回了商店，找到了当初卖给他的那位店员，他希望将衣服出现的问题向店员讲述一下，但被店员打断了他的话，那位店员说："这种西装我们卖了好几千件，你是第一个抱怨的人。"

店员在讲这话时带有一种咄咄逼人的气势，这不禁让莫顿先生怒火中烧："你的意思是我无中生有了？"在双方激烈的争吵中，第二位店员又插嘴进来，他说："所有深色的西装，因为颜色的关系，开始的时候会掉一点颜色，这是没有办法的，这种价钱的西装都是如此。"莫顿先生听到此话，再也按耐不住心头的火气，正想说让他们滚到地狱去的时候，突然间，服装部的经理走了过来。

经理来了之后，他先是一句话都没说，而是耐心地听莫顿先生将事情从头到尾地叙述了一遍，当莫顿先生讲完了之后，先前的两个店员又将他们的说法讲了一遍，这时候，经理才发了言，他说："对于您所遇到的问题，我深表歉意，我承认是我们的商品存有问题，虽然到目前为止我还不知道问题出现在什么地方，但我们商店的服务原则是必须让顾客对我们的服务感到100%的满意。尊敬的先生，您希望我怎么处理这套西装呢？我会完全按照您的意思做！"

莫顿先生就在几分钟前，是准备让对方收回这套该死的西装的，但此时他回答道："我现在只需要您的忠告，我要知道这样的情形还会持续多久，是否只是暂时的，以及是否有什么补救的方法。"

经理回答说："我建议您再穿一个星期看看，如果到那时候您还是不满意的话，您再带过来，我们会换一套令您满意的。很抱歉给您带来这么多的麻烦。"

莫顿先生听完回答,满意地走出了那家商店,而且那套西装在穿了一个星期之后,没有任何问题发生,他对那家商店的信心又全部恢复过来了。

俗话说顾客就是上帝,因此对于顾客莫顿先生来说,店员就处在一种"人微言轻"的地位上,应该少说多听,可是她们没有明白这一点,而是选择了相反的方法:多说少听,在莫顿先生还没有说清自己意图的时候,就随意打断对方的话,并且发表了很多非常主观的看法,所以导致莫顿先生的不满。但是服装部的经理却不是这样,他通过倾听的方法,了解了客户内心的想法,清楚了莫顿先生的真实意图,从而掌握了对整个事件的主动权,圆满地解决了客户的问题。他采取多听少说的方式,扭转了莫顿先生的态度,让一个充满了愤怒的人变成了一名对公司满意的顾客,让一个本来对商品心存挑剔的顾客变成了一个心满意足的购买者。

一个智者在人际交往中得出这样一个结论:如果你赞同对方的观点,那么请你点头,或者直接赞美他;如果你不赞同对方的观点,或者本来就是对方的错,那么请你保持沉默,不发表任何言论;如果你很想驳斥对方的观点,请记住:自己人微言轻,还是少说多听为妙。

在人际交往的时候,不要忙着打断别人的话,这样不仅不礼貌,而且还非常不明智。这样的人是不会得到别人的尊敬和赞同的,这类人的人际关系肯定会变得非常糟糕。常言道:"言多必失,言多必败。"话说得多了,就会在不知不觉中泄露心中的想法。所以,在与人交谈的过程中,将大多数的时间留给别人,鼓励别人多讲话,而自己呢,带上一双耳朵,多留一份心,适当的时候给点意见,引引话题,就已经足够。

2 急流勇退是因迂回有道

面对竞争对手,我们不能不勇往直前,但是,在勇往直前的同时,我们更要懂得急流勇退,迂回制胜。这种方法能让我们避免和对手做正面冲突,而选择对手比较薄弱的环节,从侧面发起进攻,以增加行动的突发性、有效性和成功的概率。我们勇往直前的目的是为了胜利,而迂回前进的目的也是为了胜利,既然勇往直前遇到了障碍,那么不妨急流勇退一次,而选择迂回的方式继续前进，无论是谈判还是为人处世，都可以用这个法则。而美国哈默石油公司的负责人哈默就曾经用这样的方法达到了自己的目的。

1961年的美国哈默石油公司大爆冷门，它竟然在小小的奥克西钻出了一个价值2亿美元的天然气田，这个气田是加利福尼亚洲的第二个最大的天然气田。可是这还不算完，就在短短的几个月之后，它在附近的布伦特伍德又钻出了一个蕴藏量非常丰富的天然气田。

眼看着巨额的美元就要流到自己的腰包里了，哈默自然是高兴万分，他强忍住心中的兴奋理清思路，准备与太平洋煤气和电力公司签订为期20年的天然气供应合同。这个公司是当时的最大用户，可是当他急急忙忙赶到太平洋煤气与电力公司的时候，对方的回答竟然像一盆冷水泼向了哈默，对方三言两语就把他给打发走了，并且毫无表情地说对不起，我们不需要你的天然气，因为他们最近已经决定耗费巨资从加拿大的艾伯塔到旧金山海湾修建一条天然气管道，这样大量的天然气将很快从加拿大通过管道输送至这里。

听到这个消息，哈默脑子里一片空白，一时竟然不知所措，不过，他凭借着多年打拼的经验，很快理清了思路，并且想出了一条釜底抽薪的高招，这个高招就是急流勇退以便迂回制胜。

第二天，哈默动身前往洛杉矶市，并且找到该市的市议会，哈默的目标就是为了从中找到突破口。他绘声绘色地向议员们说，自己计划从拉思罗普修筑一条天然气管道直达洛杉矶市，并且将以比太平洋煤气与电力公司和其他任何投标公司更为便宜的价格供应洛杉矶的天然气，以满足洛杉矶市的天然气需要。而且，哈默还承诺，可以加快修建管道的工程进度，比太平洋煤气与电力公司和其他投标人提供天然气的时间更为提前，这样的结果就是洛杉矶的市民将可以在最短的时间内用到价格最便宜的天然气。议员们一听哈默的条件如此优厚，立刻就动心了，并且准备用最快的速度说服洛杉矶市政府接受哈默石油公司的计划，而放弃与太平洋煤气与电力公司的合作。

此消息一出，立刻引来了轰然大波，市民们纷纷表示愿意接受哈默的天然气。而太平洋煤气与电力公司得知这一消息后，却立刻慌了神，他们再也坐不住了。因为洛杉矶市是太平洋煤气与电力公司最大的买主，是天然气的最终承受单位。如果这个最大的买主选择了哈默的天然气，那么美国太平洋煤气和电力公司就会形同虚设。于是他立刻放下往日的傲慢与绅士风度，赶紧找到哈默，表示愿意接受哈默石油公司的天然气。

不过哈默并没有到此为止，而是借助自己的优势，提出了一系列有利于自己的条件，而太平洋煤气与电力公司不敢有任何异义，只能乖乖地在哈默精心拟好的合同书上签了字。至此,哈默通过一种迂回的策略彻底打败了对方,达到了最初的目的,甚至完成得更好。

或许我们曾经宣扬过愚公移山的精神,那是一种坚忍不拔的毅力。但是人们并不提倡向愚公学习,通过世世代代的努力将山搬走,毕竟搬家和搬山相比,前者肯定来得容易并且更加现实一些,这同样是一种迂回制胜的法则。凡事不妨换个角度和思路想想,世界上没有绝对的直路,也没有绝对的弯路,关键是要看你怎么走。有时明明是直路,但是却有障碍阻挡你,那么直路也就变成了断路;相反,有时看似是弯路,但是它能带你走向你的目标,所以它也是一条直路,直通目标的大路。同样,职场之路,经常会有很多"山"挡在我们面前,为了能实现目标,我们不能缺乏奋战到底的勇气,但是我们更不能没有急流勇退的智慧,因为只有懂得急流勇退,才有可能迂回制胜。当然,面对对手和竞争的时候,同样也是如此,正面反击可能劳而无功,这个时候我们就要善于迂回侧击,这样才能一招制胜。

3 将上司尊敬到底

职场最重要的人际关系可以分为三个部分,第一个部分就是和同事之间的关系,第二个部分就是和客户之间的关系,而第三个部分就是和上司之间的关系,这三个部分紧密相连缺一不可。特别是在和上司的人际交往中,对于自己的升迁和加薪显得更为重要。

一个聪明的人总是会遵循这样一个原则:将上司尊敬到底。这样做有以下几个好处:

名正言顺

上司之所以是你的上司,肯定有过你之处,那么对于下属,从上司身上学习经验是毫无异议的,也是名正言顺的。因为在上司的眼中,你就是一个名正言顺的好下属,如果有升迁的机会,上司就会毫不犹豫地想到你,到那个时候,同事不会嫉妒你,因为你的升迁是靠自己的努力得来的,是名正言顺的。

近水楼台

上司首先也是人,对于下属的判断也会有自己的喜好。对于那些尊敬自己的人,上司肯定会先和他们交往,而不是和那些不尊敬自己的人交往,这一点是肯定的。而对于这些尊敬上司的人来说，和上司就是一种紧密关系了，也就是一种"近水楼台"的关系，遇到什么事情，上司肯定会和他们商量，当然这种事情很多都是机会、经验和地位。正所谓俗话所说的，天上掉馅饼，得看你和玉帝的关系如何了。

消灾免祸

和上司交往最怕的就是遭到上司的训斥、排挤甚至是鄙夷。对于一个下属来说，遭遇这种境地无疑是灾祸降临。但是也不是所有的人都会遭遇这种境界，那些尊敬上司、和上司关系比较亲密的人是肯定不会遭遇到的，原因很简单，谁都不会对身边的人很苛刻，上司也一样。还有一点就是当自己做错事情以后，对于一般的人，可能就是遭到一顿训斥，然后计划被退回。可是对于那些尊敬上司，和上司关系亲密的人来说，在犯了错误以后，得到的不是训斥，而是鼓励和建议。

这就是同一个职场里面的两种不同人生，而导致这种不同人生的原因就是对上司尊敬与否，只有将上司尊敬到底，才能在职场中立于不败之地。

小王和小徐是同一所大学毕业的大学生，并且到了同一家公司工作。虽然他们的起点是相同的，可是最近，小王升上了经理助理，而小徐则面临失业的危险，原因仅仅是因为一件小事，事情的起因是这样的：

上次开发一个新项目，经理考虑到小王和小徐是这个专业毕业的，所以让小王和小徐同时负责这个项目，并且再三嘱咐两人一定要用心去做，这可关系到公司前途命运的事情。小王和小徐答应了，项目开发随即开始。两人的计划书很快就做了出来并且呈递给经理过目，经理很快有了回复：按照计划进行，只要能把这个项目做好，中间可以就计划的一些内容进行调整。

虽然说小王和小徐来到这个公司已经有两年了，但这可是他们两第一次负责开发新项目，心里别提有多高兴了，但是他们也感觉到了身上的责任，始终没有马虎。项目很快进行到了一半，正当大家翘首以待好消息的时候，却传来客户要终止合同的坏消息，这下把小王和小徐吓坏了，他们连忙感到客户那里了解情况，这才知道，原来老板为了能让公司盈利多了一点，在合同上动了一些手脚，调高了利润的百分比，可是去签合同的人却是小王和小徐，所以对方以小王和小徐不守信用为理由，要终止合同，一个新项目就此流产。

公司开总结大会的时候，经理以各种各样的理由批评了小王和小徐，却只字不提老板的错，这让小王和小徐倍感委屈，这明明是老板的错，为什么把所有的责任都怪到自己头上呢？就在经理滔滔不绝和他们讲道理的时候，小徐忍不住回应了一句，意思也就是说是老板的错，为什么要把责任推到自己头上？老板的脸顿时黑了下来，夹起公文包离开了会议室，随即小徐也忿忿地离开，只留下小王向经理赔礼道歉，并为小徐说了一堆好话……

不久之后，公司借项目没有开发好为由要裁员，小徐毫无疑问在裁员之列。就在小徐走的那天，公司又贴出一张告示，小王因为工作出众，破例连提三级，成为经理助理。

或许和上司吵架对于很多人来说是小事情，但是小事情中却隐藏着大学问。小王领悟到了这一点，所以平步青云，而小徐却忽视了这一点，所以败走麦城。而这件小事情中所隐藏的大学问就是要将上司尊敬到底。

那么该如何才能将上司尊敬到底呢？不妨从以下几个方面入手：

给上司面子

无论上司对错都要给他面子，这是无可厚非的。因为上司的权威就好比古代帝王的权威，是不可动摇的，如果你想着为了发泄自己心中的委屈而选择去动摇上司的权威，那么你肯定没有好果子吃。故事中的小徐就是这样一个例子。

体谅上司的处境

上司之所以会犯错有些时候并不是故意的，毕竟他也有他的想法，千万不能因为一厢情愿而否决上司的想法，并且在事情发生以后把责任全部归罪到上司头上，这是很不明智的行为。即便要提意见和建议，也得和上司当面谈，可千万不能在公司大会上当着所有人的面给上司挑刺，这完全是一种"自杀"行为。

主动承担过失

只要上司明白是自己的错误，那么即便你替他背了黑锅，你也是会得到回报的，就像故事中的小王一样，替老板扛下了所有的责任，最后得到重用的肯定就是他了。

总之，上司就是上司，老板还是老板，千万不能一时冲动而让上司威严扫地，以至于坏了自己的前途。该忍的时候还得忍，忍得了委屈，才成得了大事，这是千古不变的真理。

4 枪打出头鸟

或许是局限于中庸之道几千年来的思想束缚，许多人都曾经经历过"木秀于林，风必摧之"的残酷现实。但是很多人面对这样的现实并不以为然，以为社会进步了，观念也在进步，中庸时代一去不复返了，现在所需要的就是要敢于出头，勇于出头了。其实不然，时代在变，社会在变，但是人的观念并没有变，喜好并没有变。无论是在日常生活还是在职场商场，被打的肯定还是那只出头鸟，而不是那些中庸之人。

几乎每个人都想出名，出名也许并没有错，但是这并不意味着你可以毫无顾忌地滥用自己的聪明和才华，可以毫无顾忌地争取自己的利益，而毫不顾及上司、同事、客户的感受。如果有谁真这么做了，那么只能说明这个人是"真糊涂，假聪明"，因为他没有看清历史之前车之鉴，没有看清人性之险恶。如果不信，不妨先看看杨修的下场再说。

三国时的著名才子杨修，曾经是曹营的主簿，他是位思维敏捷却为人恃才放旷，数犯曹操之忌的人，最终死在曹操刀下。

第一次，曹操建造一所花园。建成之后，工匠们请曹操去验收。可是曹操在观看了之后，竟然不置褒贬，只取笔在门上写一"活"字。杨修说："门内添活字，乃阔字也，丞相嫌园门太窄。"于是翻修。曹操再看后很高兴，但当知是杨修解其义后，内心已忌杨修了。

第二次，某日，塞北送来酥饼一盒，曹操写"一合酥"三字于盒上，放在台上。被杨修看见，他竟然把它拿过来给大家分食。曹操问为何这样？杨修答说，"你在上面明明写着"一人一口酥"嘛，我们岂敢违背你的命令？"听到杨修的回答，曹操当时虽然笑了，但是内心却十分厌恶。曹操怕人暗杀他，常常吩咐手下的人说，他好做杀人的梦，凡他睡着时不要靠近他。可是有一天他在睡午觉，不小心把被子蹬落地上，有一近侍慌忙抬起给他盖上。曹操跃起拔剑杀了近侍。大家告诉他实情。他痛哭一场，并且命令手下厚葬这个近侍。因此众人都以为曹操梦中杀人，只有杨修知曹操的心，于是便一语道破天机，说曹操是假做梦，真杀人。

第三次,刘备亲自打汉中,惊动了许昌,曹操也率领40万大军迎战。曹刘两军在汉水一带对峙。曹操屯兵日久,进退两难,适逢厨师端来鸡汤。曹操见碗底有鸡肋,有感于怀,正沉吟间,属下大将夏侯惇入帐禀请夜间号令。曹操随口说:"鸡肋!鸡肋!"于是人们便把这当作号令传了出去。可是这个时候,人们发现行军主簿杨修吩咐随行军士收拾行装,准备归程。夏侯惇大惊,请杨修至帐中细问。杨修解释说:"鸡肋者,食之无肉,弃之可惜。今进不能胜,退恐人笑,在此无益,来日魏王必班师矣。"夏侯惇也很信服,营中诸将纷纷打点行李。营操知道后,怒斥杨修造谣惑众,扰乱军心,便把杨修斩了。

凡此种种,皆是杨修的聪明犯着了曹操:杨修之死,植根于他的聪明才智。

杨修是死了,但是他留给我们的教训却还在。在整个过程中,杨修总是以一个出头鸟的角色出现在曹操面前,无论是猜透曹操的用意还是故意曲解曹操的意思,总之,杨修让曹操觉得眼前非常不干净,所以把杨修当成那只鸡杀了儆猴是在所难免的了。

那么对于现代生活中,我们要怎么样才不会和杨修一样,被当成出头鸟给打了呢?主要有以下几点:

才不可露尽

俗话说得好,"才华如花半开"才是最佳的程度。杨修无疑是一个绝顶聪明的人,但是其才盖主,这就犯了上司的大忌。你不露锋芒,可能永远得不到重任;你锋芒太露却又易招人陷害。虽容易取得暂时成功,却为自己掘好了坟墓。当你施展自己的才华时,也就埋下了危机的种子。所以才华显露要适可而止。

事不要点破

有句歌词说"女人的心思不要猜",而在职场生涯中,这句话可以改成"上司的心思不要猜",即便你知道上司心里是这么想的,你也要装出一副"愚钝"的样子,这不是虚伪,而是顺着人性去做事情,因为如果上司心里想什么都能让别人知道,那么就是对自己能力的一种羞辱。譬如杨修之于鸡肋,曹操正苦思于此,不知如何解脱,你捅穿这层薄纸,就是羞辱了他。这是杨修死因之二,也是我们应该明晰的地方之一。

深藏自己的拿手绝技,这样才可永为人师。因此在演示妙术的时候,必须讲究策略,不可把所有的看家本领都通盘托出,这样才可长享盛名,使别人永远唯你是依。在指导或帮助那些有求于你的人时,你应激发他们对你的崇拜心理,要点点滴滴地展示自己的造诣。含蓄节制乃生存与制胜的法宝,在重要事情上尤其如此,千万不要因为自己的才能而让自己当了出头鸟,死到临头还不知道是什么东西害了自己。

5 同事面前莫逞能

现代社会的激烈竞争使得很多人都想尽一切办法来表现自己，特别是在同事、在上司面前更是如此。因此很多人和同事之间的关系变得非常紧张，表面上非常和谐，而实际上却是硝烟弥漫。原因就是这些人犯了一个错误：在同事面前逞能。

这是人际交往的一个死穴，也是办公室哲学中一个非常重要的部分。这些人单纯地以为只要自己善于表现自我，那么自己就能得到别人的认可，可是他们没有想到，过火的表现就是过分，这样不仅不能让别人认可你，反而会遭到别人的反感，让自己寸步难行。对于上班族来说，办公室是待的时间最长的地方，因此，要想过好这个时间，就不得不遵循这个原则：在同事面前莫逞能，适度隐藏自己的实力、适度暴露自己的缺点会更好。

小刘是刚毕业的大学生，经过千辛万苦后，最后他终于在一家公司上了班，在小张的手下干活，小张虽然说是一个经理，但是他更是老板的秘书，很多事情都是小张亲自安排，特别是老板的讲演稿，都是小张准备的。可是没有想到，在小刘来到公司的第二天，就出现了他过分表现的行为，惹得大家都非常不高兴。

事情的起因是这样的，那天小刘来上班的时候发现小张的桌子上有一份发言稿的初稿，还没有完善，而小刘是学中文系的，他发现其中有很多不通顺的地方，甚至文章的结构也设置得非常不合理，所以二话没说就拿过来进行了一番修改，不仅将那些不通顺的地方全部改了过来，甚至连文章的结构也全部调了过来，然后又放回了小张的桌子上。可是没有想到的是，那天老板发言之后将小张找去狠狠地骂了一顿，因为这次的发言稿并不是像他以前所熟悉的那种模式，无论是语句还是结构，都让他觉得非常别扭。

小张无缘无故地挨了一顿骂心里非常委屈，回到办公室就把小刘找来狠狠地批评了一顿：原来那篇稿子是小张修改好了，并不是初稿，而且是根据领导的意思进行了修改的，无论是语句顺序还是文章结构都是领导所惯用的，而经过小刘的修改之后，就面目全非了。但是小刘觉得自己并没有什么错，还拿出自己中文本科文凭，说自己这样做是为了小张好，为了领导好。最后的结果就是小刘渐渐地被大家疏远，只要有人提到他，同事就会先说一句风凉话："人家是中文系本科生,我们是什么啊,怎么能跟人家比!"而小刘也自觉没趣,找了一个理由,离开了这家公司。

对于小刘来说,前途是非常光明的,刚毕业的人就在经理手下干活,无论如何都可以闯出一番天地的,可是小刘最终没有人们所期望的那样大展拳脚。原因就是因为他犯了办公室人际交往的忌讳:在同事面前逞能。

为了展现自己的才华和能力努力工作并没有错,但是在你努力工作的时候一定要记得千万别伤害了同事的面子和自尊,无论是你有意的还是无意的,都会让自己的办公室生活变得非常难堪,尴尬,严重的还会遭到大家的排挤,到最后只有一走了之。故事中的小刘就是这样一个例子。急于求得别人的了解与认同,急于显露自己的能力,是很多新人的通病,也是人之常情。但是这其中还是有一个度要把握,只有把握好了这个度,一切都会变得简单。

在同事面前如何把握尺度呢?

隐藏自己的学问

因为很多公司里的人并不是统一的文凭,有的是初中生,有的是高中生或者是大学生,这个时候,表露自己的学位并不是明智之举,说不定一句无心之话就伤害到了其中的某些人。因此在同事面前最好不要炫耀说自己是某某名牌大学毕业的,或者自己是某某专业的高材生等等。

少说多做

人与人之间总是有一层隔膜,特别是在办公室里,更是如此,无论是谁都会对新来的职员挑三拣四的,只要有什么说得不对的地方都会引起同事的反感。所以,最好的办法就是少说话,多干事,并且干事只能是干好自己分内的事情,千万不要为了讨好其他人而去帮助别人做事情,这样是不明智的。

学会忍耐

办公室也是一个需要忍耐的地方,特别是对于一个新人来说,更是应该懂得这个道理,无论是委屈还是不满,忍一忍也就过去了。千万不要做那头不怕虎的初生牛犊,不然,第一个被老虎消灭的就是你。

适当示弱,寻求帮助

根据心理学家的分析,人都有一种同情弱者的本能,对于向自己寻求帮助的人有一种无名的好感,因此,刚来到一个陌生环境的时候不妨利用这个心理,适当地示弱,并且向自己的同事寻求帮助,以拉近彼此之间的关系。

总之,要做有心计的人,在刚开始接手某件事情的时候,要学会适当地隐藏自己的实力,不在同事面前逞能,并且把自己的点滴成绩归功于他人,韬光养晦,这样才能一鸣惊人。

6 高职位是忍出来的

高职位一直是上班族们追求的目标,为了这个目标,很多人拼命地表现自己,和所有的人竞争,把自己完全暴露在别人眼皮底下,无论是优点还是缺点,都成了一张白纸。不过事实却证明了这样的人反而不能成功,他们越是竞争,越是表现自己,就和高职位的距离越远。虽然结果有些荒唐不可信,但是从人性的角度出发,这还是可以理解的。看完下面这个故事或许你就可以明白了。

王伟是公司的一个小职员,每天虽然算不上兢兢业业,但也还是能把自己分内的事情做得比较好,而对于其他的事情却总是不闻不问,即便是同事的东西掉了,如果对方不要求,他也不会主动去捡。因此,在同事的眼中,他是有名的"懒汉",人们也没有把他放在眼里,日子就这样相安无事地进行着,每天准时上班,准时下班。

可是这种局面并没有维持多久,在一次意外中,王伟的上司(部门主任)因为身体不适住进了医院,并且需要修养一段时间,所以公司领导决定,重新选举产生一位主任,并且考虑到业务的关系,决定在现有的人选中挑选。这下子整个办公室就炸开了锅,大家都为了争取这个机会而开始了激烈的竞争,明争暗斗在所难免,甚至有的人还动了坏脑子,开始走经理的后门,被经理拒绝之后又开始想另外的办法。可是唯独只有王伟似乎对这个没有多大的兴趣,稳坐钓鱼台,该怎么做还怎么做。同事们都觉得很奇怪,但是都忙于自己的事情而没有理会他,因为他是一个公认的"懒人"。

不久之后,领导决定出来了:王伟当选。原因很简单,王伟成熟稳重,能做好分内的事情,并且最重要的一点是懂得忍耐。就在家人为王伟举行庆功宴的时候,王伟道出了实情:其实他也想参与竞争,但是他懂得竞争并不一定要挤进"潮流"之中,那样自己的才华容易淹没在同事们之中,相反,如果忍耐一下,让自己的形象和同事们的形象完全区分开来,那么就有一种"鹤立鸡群"的感觉,领导很快就可以看到自己了。

忍耐,让王伟不仅赢得了主任的职位,还赢得了大家的尊重,更赢得了领导的器重。忍耐不是一种软弱,更不是一种无能,而是一种韬晦之计。在中国,无数的人都信奉这样一句话:"木秀于林,风必摧之",但是真正到竞争的节骨眼上,很多人却又忘记了这个道理,一味地想表现自己,冲动而又莽撞,根本不懂得忍耐,不懂得韬晦。无论是韬晦还是忍耐,都能和旁人维持一种和谐的关系,避免受伤害。并且等待各方面条件的成熟,然后大显身手。因此是一个成大事的人必须要懂得的生存技巧。

那么对于职场生活中,该怎么样忍耐呢?

"静"

所谓"静"是指心静。面对诱惑,很多人都会蠢蠢欲动,都会变得急躁和冲动,但是善于忍耐的人不会这样,即便这个欲望对他也很有诱惑力,但是他们的心还是静的,就像故事中的王伟一样,和平常一样上班下班,完全一副置身事外的样子,给人一种与世无争的感觉,这就是心静。心静才能有时间去思考,才能有机会显露自己。

"退"

有句话说得非常好:以退为进。而其中的退就是一种忍耐的表现和过程,目标还是那个目标,终点还是那个终点,但是只不过在行进的途中稍微改变了一下方向而已,并且很多时候这个方向是非改不可的。就像水在前进的途中遇到了山,既然不能穿过山前进,那何不绕过山前进呢?

"弱"

一个聪明的人在别人面前会适当地示弱,这种示弱不仅仅是表现自己的无能,而且还表现自己的缺点。一个完美的人和一个有缺点的人在一起,人们总是会选择有缺点的人做自己的朋友,而不会选择完美的人。原因很简单,完美对于任何人来说都是一种负担,无论是老板还是同事。因此,适当地显露一些缺点反而能拉近人和人之间的距离,这也是忍耐的一种重要的表现。

"隐"

所谓"隐"就是隐忍自己的才能,不至于让自己在别人面前犹如一张白纸。如果真是这样,那将是非常危险的。因为人总是会有嫉妒心理在作怪,有的人看到别人强过自己,总是会想方设法地去陷害别人。因为作为弱者的一方,总是希望看到强大的对手遭遇挫折,所以作为强者来说,最好能适当的"隐忍"自己的能力,正如花开半截是最佳的状态,或者在某些场合,某些时候假装"丢脸"一次,以减少自己的锋芒,也给别人一个心理平衡。记住,隐忍是为了更好的保护自己。

总之,人往高处走,水往低处流。在往高处走的时候,不要忘记忍耐,这种忍耐可以是暂停,也可以是往低处走;可以是后退,也可以是迂回。无论是哪种方式,只要能避开对方的锋芒就是胜利。

7 承担责任要量力而行

人，生命是有限的，但是如何在有限的生命里面创造无限的价值，这就是生命的矛盾之所在了。因此很多人都信奉这样一句话："人，不能改变人生的长度，但能拓宽人生的宽度。"因此，为了更快更好地拓宽生命的宽度，很多人暗暗立定自己的鸿鹄之志，凡事都尽力而为，不求最好，但求更好。

这样的生活态度是值得肯定的，不过有些人似乎积极地过了头，把"不求最好，但求更好"改成了"不求更好，但求最好"，无论是什么事情都一副大包大揽的样子，无论是不是自己力所能及的，先一口应承下来，然后想办法去解决。暂且不说这样会让自己生活得有多累，就说他最终能不能完成任务就是一个问题了。人毕竟是环境的产物，因而总要受到某些制约——无论是环境条件，还是自身的因素，都会给自身造成一定的缺陷。所以，这些人注定不能满载而归，他们的理想注定不能完全实现，甚至理想将成为空想。

面对这样的限制性因素，一个智者说出了一个很有道理的解决办法：凡事尽力而为也应量力而行。读完下面一则小故事，也许你就明白了其中的道理了。

一个年轻人即将远行，他问村里的一位老者该怎么办。老者说："尽力而为吧。二十年后，你再来找我。"年轻人经历了许多挫折，但也干了一番事业。渐渐地，他感到有些力不从心，算了算二十年已满，便回到村里。还是找到那个老者，"老伯，我已经尽力而为了，以后，我该怎样做呢？"已经步入中年的年轻人问。"以后，你要量力而行，十年后，你再回来找我。"

十年里，中年人的生活波澜不惊，但他还是回去了。找到那个老者，老者已到了弥留之际，而中年人的双鬓也已泛白。"其实，这次我没有什么经验可以告诉你了。我只是想说说我的一生。在我还是个年轻人的时候，有人就告诉我要量力而行，于是，我的前半生庸庸碌碌，一事无成。后来，又有人告诉我要尽力而为，于是，我遭受了许多挫败，可是那个时候我已经输不起了。于是，我的一生算是很失败的，可是，我想知道如果有一个人经历我所不曾经历的，他会不会幸福？现在，我知道了，他过得很好。谢谢你！"老者说完，便微笑着闭上眼睛。

"不，应该谢谢您！"中年人说。

　　人生就是这样,不可能所有人都满载而归,总是几家欢乐几家愁,职场生活又何尝不是如此呢?有人升迁,有人下岗。在面对繁重的工作的时候,很多人都会选择尽力而为,为了尽情地表现自己,但是却很少人会选择量力而行,在自己的能力范围内表现自己。因为在激烈的竞争面前,量力而行就意味着急流勇退,意味着失去很多竞争的机会。其实不然,与其把时间浪费在那些不擅长的领域,还不如把精力花在提高自己的优势上面。很多人都觉得"取长补短"是提高竞争力最好的方法,其实在这个社会,出人头地靠的是自己的优势,而不是自己的完美。

　　无论是尽力而为还是量力而行,这个力一定要用对地方,既然不能全面撒网,那么就只能择地而渔了。当你所处的环境不容许你实现你的理想,或是你的自身条件不足时,最好把精力放在适合自己发展的领域上,或者是做自己分内的事情,不要想着为了扩大影响而去帮助别人,因为这是不现实的,不仅帮不到别人,反而会给对方留下一个不能干的印象。这好比戴着镣铐跳舞,虽然尽力而为,但毕竟心有余而力不足。所以凡事都应该量力而行,尽力而为,在你所处的不断变换的每个环境中做最好的自己。

　　那么我们该怎么样来做最好的自己呢?

　　首先我们应该了解客观的环境条件,毕竟如果别人给我们的是木材,我们就永远也制不出金雕工艺品,但是我们却可以把它雕琢成八面玲珑的木雕艺术,这个木雕艺术是我们尽力而为的结果,也是我们量力而行的结果。

　　其次我们还应该了解自己,并且弄清楚自己到底有多少实力,知道如何在所处的环境中不断地向目标迈进。在给自己一个清楚的定位之后,才能量力而行,再做到尽力而为。

　　世界上赫赫有名的钢铁大王安德鲁·卡耐基一生干过的职业很多,但是每到一个新的工作岗位上,总是会有鲜花和掌声陪伴着他,就是因为他了解了自己到底能做成什么样子,并且力争上游,做成本行业最好的。在他12岁的时候,他是一家纺织厂普通工人。但是小小的他发现这件事情对自己来说并不是特别难,所以他决心做全厂最出色的工人。他这样想,也这样做了,最后,他成为了全厂最出色的工人。后来,他又去当邮递员,在当上邮递员的那一刻,他也发现自己对做好这份工作非常有把握,所以成为了全美国最杰出的邮递员。由此可见,安德鲁.卡耐基的一生就是在不断地了解自己,弄清楚自己的实力,并且量力而行、尽力而为,争做最好、塑造最美丽的一生。因此他的座右铭就是"做最好的自己"。

做到量力而行,尽力而为,做最好的自己。虽然这样不能保证一定会实现自己的理想,但可以保证的是,如果我们不这样做的话,就一定不能实现理想。下场就会像纸上谈兵的赵括一样。

用兵打仗对于赵括来说就是一种儿戏,或者就是纸上的一个符号。和同僚谈起兵法来,赵括就会眼空四海,目中无人,却不知自己到底有没有能力领兵打仗。长平之战时,秦军将领白起针对赵括没有实战经验,不顾实际环境,只会照搬照抄兵法的弱点而采取了诱敌入伏,分割包围的战法将赵军引入绝境。四十万赵军,就在纸上谈兵的主帅赵括手里全部覆没了。

因此,我们只有量力而行,尽力而为,才能争取做得更好,才能更好地实现自我,发展自我并实现自己的理想。也只有做到更好,才会有机会领略"一览众山小"的心境。即使实现不了最初的梦想,我们也可以拍着胸膛说:虽然我还不是所有人中最好的,但我是最好的自己!正如有人曾经说的那样,"如果你做不成太阳,那么就做好一缕阳光吧。"量力而行,尽力而为,只有这样,才能做一个自己满意,别人也满意的自己。

8 批评意见需虚心接受

凡一个成功的人都有一个共同的特点——虚心接受别人的批评。有一句很俗套可是却很有道理的话:别人批评你,是对你好,是看得起你。可是很多人都不知道对方的这种"抬举",把对方的"好心"当成是"驴肝肺",不仅不领对方的情,还认为对方是在和他作对。那么站在第三者的角度上来看这些人,他们能成功吗,能有出息吗?答案当然是否定的。

1944年7月31日,美国财经界的领袖,曾担任美国商业信托银行董事长,兼任几家大公司的董事的豪威尔在纽约大使酒店突然身亡的消息震惊了华尔街乃至全美国。有这种效应并不仅仅是因为他的身份,更是因为他为人处世的态度,因为他是一个非常虚心的人,只要是别人正确的意见和建议,他都会虚心接受,从不会摆架子。不过,他受的正式教育很有限,在一个乡下小店当过店员,后来当过美国钢铁公司信用部经理,并一直朝更大的权力地位迈进。

豪威尔先生在生前被问及成功的秘诀时,说:"我没有什么成功的秘诀,只

是几年来我一直有个记事本,登记一天中有哪些约会。家人从不指望我周末晚上会在家,因为他们知道,我常把周末晚上留作自我省察,评估我在这一周中的工作表现的时间。晚餐后,我独自一人打开记事本,回顾一周来所有的面谈、讨论及会议过程。我自问:'我当时做错了什么?'、'有什么是正确的?'、'我还能干什么来改进自己的工作表现?'、'我能从这次经验中吸取什么教训?'等等。这种每周检讨有时弄得我很不开心。有时我几乎不敢相信自己的莽撞。当然,年事渐长,这种情况倒是越来越少,我一直保持这种自我分析的习惯,它对我的做人艺术帮助非常巨大。"

因此,对于任何一个人来讲,接受别人的批评不仅是对对方的一种尊重,更是对自己的一种负责。

那么怎么样才能做到虚心地接受别人的批评呢?

扫除自己的心理障碍

很多人都有这样一个缺点,那就是在听到对方批评自己的时候,就会表现出一种不满的或者是抵抗的情绪,并且拒绝和对方进行交流。其实这是一种心理障碍的表现。这种人多半是一些自以为是、自高自大的人,在他们的心里,唯有自己是最完美的,而别人给他们提意见只不过是在指手画脚。这种心理阻碍了各种有用信息的进入,严重的限制了这些人的发展。这犹如一台机器一样,只会运行,却没有加油的地方,那么总有一天这台机器会因为没有了油料而崩溃。因此,我们为了能做得更好,走得更远,就必须借助于别人的帮助,而别人给我们提意见就是其中一个非常重要的帮助,很多人都会在成功的时候说这样一句话:感谢朋友,更感谢对手。因为对手让自己发现自己的缺点,发现自己的不足之处,只要自己能虚心接受,才能弥补自己的不足。因此,要想发展自己,就得首先扫除自己的心理障碍,理清其中的思路。

打破自己的心理防线

在别人面前,任何人都会有一道心理防线来保护自己。这本来是一件无可厚非的事情,可是正是因为这道心理防线,在很大程度上也"阻挡"了人们听"忠言"的道路,在听到对方批评的时候,很多人首先在脑子里闪过的是"对方在鸡蛋里挑骨头",于是在第一时间里就对对方所说的话产生了一种防护心理,在潜意识里告诉自己:对方是在胡说,我们可以不要去理会。

其实这是一种非常错误的想法,不管对方在批评你的时候是出于一种什么样的心理,你身上缺点的存在是一个既定事实,那么你的心理防线防住的只是你自己去改正缺点的路,而没有防住对方提出批评的举动。因此,要想接收别人的批评就得要打破自己的心理防线,给自己一条找到并改正缺点的道路。

Xuehuiditou cainengchutou

多反省自己的行为

人最怕的不是有缺点,而是自己不知道自己的缺点,就如同人最怕的不是犯错误,而是自己不知道自己曾经犯过错误一样。这是一种很愚蠢的悲剧,可是这种悲剧却很惨烈,往往到最后,这些人在莫名其妙中一败涂地。那么这些人到底犯了什么样的错误呢?那就是没有好好的反省自己的行为,也没有好好的接收别人的批评。

有个比喻说的很好:谁不接收别人的批评谁就走上了一条不归路!确实是这样,一次的错误并不可怕,可怕的是一错再错,知道最后的没有机会再错,这是一个趋势,更是一种失败的前奏。能阻止这种趋势的唯一一种方法就是在平时多多的反省自己的行为,到底哪些是对的,哪些是错的,哪些是致命的。只有做到了这样,人才能永远立于不败之地。

正确对待别人的批评

很多人批评你并不仅仅是想告诉你你有错误需要改正,他们都多多少少的带有一点目的性,而这种"目的性"是他们批评你的真正目的,帮你指正错误只不过是一个幌子罢了。那么对于这些人的批评我们是否一定要全盘吸收呢?答案就是没必要,我们可以吸收其中好的,有用的;而抛弃那些没用的,甚至是子虚乌有的。

因此我们在虚心接受别人批评的时候,要正确的对待别人的批评,不能一锅端,更不能一刀切。

皮鲁克斯曾经说过,每个人一天起码有五分钟不够聪明,智慧似乎也有无力感。这说明一个很现实的问题,世界上没有任何一个人的任何一天是完美的,这也给别人的批评留下了许多的机会。因此,身在社会上的我们要勇敢并虚心地接受别人的批评,目的只有一个:不断的提高自己,做一个善于交际的人。

9 莫忘和他人分享快乐

生活需要伴侣,快乐和痛苦都要有人分享。没有人分享的人生,无论面对的是快乐还是痛苦,都是一种惩罚。其实职场生活也是一样,需要和别人分享,特别是快乐,更是如此,一个人的快乐仅仅是一个人的快乐,可是经过分享的快乐,就是整个办公室同事的快乐。

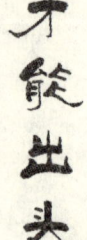

在我们身边,常常会听见有人抱怨同事关系难处,办公室里总是很容易就产生矛盾,起争执。不过,有的人却很少遇到这样的事情:他们只要一进入公司,就和其他同事打成一片,关系处得相当不错。之所以有这样的区别,原因就是:前者不懂得和别人分享,而后者则懂得。无论是工作上一些成绩和经验,还是一些快乐的部分,他们都会拿出来,于是办公室里的好人缘就是这样"分享"出来了!

有一个故事,很精确地说明了分享的重要性。

说一位犹太教的长老,酷爱打高尔夫球。在一个安息日,他觉得手痒,很想去挥杆,但犹太教规定,信徒在安息日必须休息,什么事都不能做。这位长老却终于忍不住,决定偷偷去高尔夫球场,想着打九个洞就好了。由于安息日犹太教徒都不会出门,球场上一个人也没有,因此长老觉得不会有人知道他违反规定。然而,当长老在打第二洞时,却被天使发现了,天使生气地到上帝面前告状,说某某长老不守教义,居然在安息日出门打高尔夫球。上帝听了,就跟天使说,会好好惩罚这个长老。第三个洞开始,长老打出超完美的成绩,几乎都是一杆进洞。长老兴奋莫名,到打第七个洞时,天使又跑去找上帝:上帝呀,你不是要惩罚长老吗?为何还不见有惩罚?

上帝说:我已经在惩罚他了。直到打完第九个洞,长老都是一杆进洞。因为打得太神乎其技了,于是长老决定再打九个洞。天使又去找上帝了:到底惩罚在那里?上帝只是笑而不答。打完十八洞,成绩比任何一位世界级的高尔夫球手都优秀,把长老乐坏了。天使很生气地问上帝:这就是你对长老的惩罚吗?上帝说:正是,你想想,他有这么惊人的成绩,以及兴奋的心情,却不能跟任何人说,这不是最好的惩罚吗?

可是即便是这样,很多人还是觉得和同事之间并没有什么好分享的,其实并不是如此,你只要把以下几个方面拿出来和同事分享,这样你就能快乐很多。

哪些可以与同事分享呢?

分享一些可以说的"秘密"。

这看起来似乎有些矛盾,既然是秘密,那就只有自己一个人知道了,也不便拿出来分享啊?其实不是,秘密不是隐私,并且有些秘密并没有隐瞒别人的必要,所以拿出来分享并没有什么问题。在工作之余,顺便聊聊一些私事,可以让大家增进了解,加深感情。对于一个什么都保密的人,是不能很好地和大家交流的,也就不能算是同事了。无话不说,通常表明感情之深;有话不说,自然表明人际距离的疏远。因此,在你感觉到和同事之间关系处的不是非常顺利的时候,不妨主动跟别人说些私事,当然,对方也会向你说,有时还可以互相帮帮忙。

要知道,信任是建立在相互了解的基础之上的,而有信任才会有快乐。

分享办公室外的"欢乐时光"。

有人觉得和同事之间每天呆 8 个小时就已经够了,难道在业余时间还要在一起?答案是肯定的。无论是和同事吃个饭还是逛街、打电话等等,都会让对方觉得彼此之间走得很近,这样就会在心理上首先接受对方。并且大家在分享轻松时光的同时,心情也会舒畅很多。和大家一起"疯",可以在不经意间让同事们接受和喜欢自己的另一面,那么,大家的感情也就会不知不觉融洽起来了。

分享同事间相互的帮助。

帮助是相互的,也是制造快乐的一个源泉,并不像很多人心目中所觉得的那样,帮助是个麻烦。因此,有人怕给同事带来麻烦,所以不愿意找同事帮忙。其实这些人只看到了事情的一面,却没有看到事情的另一面。毕竟任何事物都是辩证的,有时求助于别人反而能表明自己对别人的信赖,反而能融洽彼此之间的关系,加深感情。相反,如果你不肯求助,同事知道了,反而会觉得你不信任对方。因此,要想打破同事之间的僵局,不妨在适当的时候寻求别人的帮助,并且也尽可能地帮助别人。要知道,良好的人际关系是以互相帮助为前提的。当然喽,求助也要讲究分寸,千万不要提出让别人觉得为难的要求哦。

分享同事的"小吃"。

分享"小吃"永远是交流的有效途径,在工作间隙休息的时候,在上下班的空闲时间里,都可以通过"零食"来搞好人际关系。对于"零食"交际有三点要注意:第一就是不要吝啬自己的零食,要舍得买,舍得给。第二点就是不要拒绝别人的零食,无论这个零食你喜欢还是不喜欢,都要给对方面子。第三点就是把握好时机。比如说自己有什么高兴事,买点东西请客,既能让大家开心,又让大家认同你的为人。

总之,无论是同事之间还是下属和上级之间,都不能忘记和他人分享快乐,这不仅仅是交际的一个诀窍,更是协调合作的一个法则。

10

劲风不折墙头草

或许我们都看过这样一个现象:一场大风过后,笔直而粗壮的杉树被风折断了,弯曲而细小的墙头草却依然生活得很好,这是为什么呢?原因很简单,正如我们经常所说的那样，"墙头草，墙头草，风吹两边倒"，正是这种两边倒才保住了墙头草的性命，而笔直粗壮的杉树却因坚持自己的方向而被风折断了。

这是一个自然现象，但是从这个自然现象中我们却得到了这样一个启示：劲风不折墙头草。因此，在不是原则的情况下，不妨做一把墙头草，随风摆动，随风飘扬。只不过在人类生活的大自然中，墙头草留给人们的印象是一直是不好的，经常被用作比喻那些动摇不定、缺乏主见的人。

其实这是有偏见的。在这个竞争如此激烈的社会，没有固定哪个方向是正确的，随时都有可能改变，所以任何时候都保持一种前进方向难免会有些不能适应周边的环境。甚至会因为自己的固执而断送了自己的事业和生命，因此，做"墙头草"是生存的一种需要，也是顺利交际的需要。

很多人将那些喜欢追随别人意见和观点、刻意和别人保持一致的人称作"墙头草"，以此来讽刺他们没有主见。事实上，在有些场合，如果你能适当地"放弃"自己的观点去认同别人的意见，可以给自己带来意想不到的好处。心理学研究发现，如果你是一名刚进入团体的新人，和团体的老成员恰到好处地保持"相似"，那么你不妨做一次"墙头草"，这样可以帮助你更快更早地融入新团体。

有这样两个故事：一名刚进入职场的女孩子，发现她的一位同事很喜欢听钢琴曲，于是，平时对钢琴曲感觉一般的她，立即声称自己也很喜欢那些曲子，并且还哼出了其中比较著名的一些调子。没想到，却因此一下子拉近了和那位同事的距离，最后通过那位同事，很快和其他同事也熟悉了起来，几乎在一天之内，就和同事们打成了一片。

另外还有一个故事：一名男生，在追求他仰慕已久的女生之前，就首先把对方的兴趣了解得一清二楚，并努力培养和女生相同的兴趣。然后才开始和对方交往，因此在交往过程中，常常带给女生一种"路遇知音"的感觉。于是，女生很快便成为了他的女朋友。

这就是典型的两种"墙头草"的范例，从其中我们可以看到，其实"墙头草"并没有人们想像中的那么可恶，而只是在追求人与人之间的相似性、顺利潮流而已。这种相似性，能给人产生一种信任感，自己也更容易从对方那里得到认同。同时，我们渴望被理解的需求也更容易在对方身上得到满足。这一点是可以理解的，所谓物以类聚，人以群分"说的就是相似性的作用，只有"相似"才容易"相吸"，而只有"相吸"才能搞好交际。因此，有些场合不妨做做"墙头草"，给对方一个寻找"相似"的地方，也给别人以喜欢自己的理由。因为我们都会受潜意识的驱使去喜欢一个"看起来和我们一致的人"。

那么该如何才能做好"墙头草"呢？

要正确地认识自己以及自己所生活的环境

对于一个公司的领导或者是主管来说，并没有必要做墙头草，因为下属都以你为马首是瞻。因此墙头草只是职场生活中的弱者，是容易受到伤害的一类人。还有一点要考虑的是自己的生长环境。墙头草所生活的环境是比较恶劣的：墙头之上，既没有保护伞，又没有避风港，无论何时何地，都要承受风吹、雨淋。当然，有风吹来的时候，就只能是随风向而倒了，如不然，就会断送自己的前途。有道是，物竞天择，适者生存。作为墙头草，为了生存计而"两边倒"地适应大自然，这是明智之举。因此，对于我们来讲，如果在生活中也处于这样一种状态，那么不妨也做一把墙头草。

要有自我保护意识

做墙头草并不是软弱的一种代名词，即便是最小的墙头草，也有自己的尊严和原则，因此，要懂得保护自己。毕竟墙头草既非钢筋铁骨，也不是栋梁之材。因此，它不可能迎风斗雨，更不可能逆势而上地枉送性命，故而"两边倒"可视为是一种自我保护意识。

要有敏锐的方向感

墙头草之所以能够"两边倒"，这首先是因为它具有良好的风向感，知道风从哪个方向吹，自己就从哪个方向倒才不会和潮流相反，因此，方向感的敏锐与否都将直接关系到个人的前途，无论是升迁还是加薪，都会是一个障碍。

不要丢失大原则

做墙头草有一个原则是无论如何都要执行的，那就是在不失基本原则的情况下才可以做，这种原则包括人格、尊严等等一系列的东西，只有先坚持这些大的原则，才能在小事情上"两边倒"，这也是对"大事精明，小事糊涂"的最好解释。

总之，为人不能不正派，但是为人也不能过于正派，适当的时候做一下墙头草，可以让自己的生活过的更加开心！

11 名利是小，生存是大

名利和生存永远是生活中的两个矛盾：名利，诠释了人类社会的生存法则。适者生存，胜者王侯败者寇，这就是人类归纳起来最为经典的名利

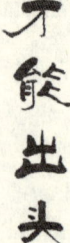

法则。而生存则为名利设置了种种的障碍,《红楼梦》里的《好了歌》中就有这样一句:"世人都晓神仙好,唯有功名忘不了,古今将相在何方,荒冢一堆草没了。"因此,有人又将名利和生存做了这样的比喻:名利和生存的关系就好像战争:每个防御就是进攻,进攻又包含着防御。名利是每个人都喜欢的,但是最重要的是要把每天的时间花在如何提高自己生存能力上,而不是把心思放在争取名利上。

最后一句话道出了解决名利生存矛盾的方法:名利,从古至今的争夺对象,追逐名利并没有错,但是要以生存为前提,没有了这个前提,所有的名利都是一句空话。刘邦和项羽为了争得王位,先联合,后对立,征战连连,而垓下之围,项羽全军覆没,自刎乌江,断送自己的卿卿性命,所有的名利在魂出七窍的那一刻起灰飞烟灭。

记得曾经有人给我讲过这样一个故事,说是有一个农夫,每天早出晚归地耕种着一小块贫瘠的土地,累死累活,收入甚微,甚至还养不活全家人,每到青黄不接的时候还得去乞讨,他总是渴望有一天自己能拥有足够的土地,只要养活全家人就可以了。一位天使知道了这个情况,非常可怜农夫境遇,就对农夫说:"只要你不停地跑一圈,他跑过的地方就全归你所有。"农夫高兴地答应了。

于是,他兴奋地朝前跑去。时间一分一秒地过去,农夫所拥有的土地已经足够多了,人们都以为他会停下来了,可是没有,即便是他已经累得汗流浃背了,也没有要停下来休息的意思。因为他心中所想的是要更多更多的土地,甚至比地主的土地还要多,那样自己就可以受到人们的尊敬,就可以天天在家不用干活,就可以有人叫自己老爷,而不是自己叫别人老爷了。想到这里,他又加快了脚步,拼命地再往前跑……有人告诉他,你到了该往回跑得时候了,土地足够就可以了,不然,你就完了。可是农夫根本听不进去,他只想得到更多的土地,很多的金钱,很多的享受和名利。可是,他最终因心衰力竭,倒地而亡。生命没了,土地没了,一切都没了,名利让他失去了一切。

毫无疑问,名利是人们前进的动力,人,活着,当然要努力奋斗往前走。但是俗话说得好,成就你的东西也会毁了你,名利也一样,他催促你更快地走向成功,也催促你更快地走向灭亡。因此,我们要知道什么时候该"往回跑"。不然,追逐名利的欲望发展至贪婪成性,就会在欲望中沉沦,迷失方向,走向绝处。毕竟和生存想比较起来,名利是小,而生存是大。

"往回跑"不是捞一把就走,而是一种适可而止的智慧境界。善良的人性,真正的品格,决定着一个人的道德高低和价值取向。对于很多真正拥有名利的人来说,他们通常能怀一颗平常善良之心,淡泊名利,对他人宽容,对生活不挑剔,不苛求,不怨恨。寒不改绿叶,暖不争花红,富不行无义,贫不起贪心,这何尝不是一种练达的"往回跑"呢?而居里夫人就是这样一位淡泊名利之人。

居里夫人获得第一次诺贝尔奖之后,毅然将原来的100多个荣誉称号统统辞掉,专心搞研究,终于在几年之后又荣获了第二次诺贝尔奖。有一天,一位朋友来她家做客,看见其小女儿正在玩英国皇家学会刚刚颁发给她的一枚金质奖章,大惊道:"居里夫人,现在能得到一枚英国皇家学会的奖章是极高的荣誉,你怎么能给孩子玩呢?"居里夫人笑了笑说:"我就是想让孩子从小就知道,荣誉这东西就像一种玩具,只能玩玩而已,绝不能永远守着它,否则终将一事无成。"居里夫人对待荣誉的这种态度,成为后人学习的楷模。

名利,历史因它而前进;生存,历史因它而波澜壮阔。有人为了名利放弃了生存,也有人为了生存而避开了名利。名利与生存,不知从何而来,亦不知从何而去。名利是一种束缚,放弃了名利就是一种自由,一种生存;生存是一种自由,一种空阔之下的放松,而名利则是一种方向,他能把人们带向成功,同样也能把人们带向灭亡。关键就要看人们如何来把握这个度了。

那么在面对生存和名利这个矛盾问题的时候,我们怎样处理呢?

"追名求利本身并没有什么不好,但是要适度"

我们记忆中的教育,总是要求每个人都做到"大公无私"、"不计较个人名利"。想法是非常好的,可是结果却不是那么的乐观。总有些人的私心杂念难以根除,一不小心,就会冒出来。并且越是压抑这种念头,爆发的欲望就越是强烈。所以不妨在自己的生活中稍稍地追逐一下名利,这样才能让自己更快更好地走向成功,当然要记得一个原则:追逐名利不是目标,不是结果,仅仅是一个过程,一个手段。

"名利不是争来的"

追逐名利并不一定要去争夺名利,因为争夺势必会影响自己的人际关系,甚至会争得你死我活,让自己蒙受损失。那么名利是从哪里来的呢?当然是靠自己的辛苦和努力得来的,这种名利谁都拿不走,却谁都承认。争名夺利的人被认为是"不老实的人",因为他没干多少事,根本就没有资格得到"名利",并且让那些做了很多事的人变得默默无闻,这是不公平的。但凡所有争夺而来的"名利",大都是头重脚轻腹中空。别看他自己洋洋得意,不知哪天一阵风吹来,一切冠冕堂皇的东西都会随风而去。

"把名利看得淡一点,心里会很舒服"

对每个人来说,名利无疑是一种很大的诱惑。因为名利不仅关系着生活质量,还关系着人际关系等等方面,但是并不是所有的人都适合"名利",只有那些淡泊名利的人,才能真正拥有名利,才能把握好名利。有人曾经做过这样一个比喻:名利是一种有魔力的东西,如果你的定力不够,千万不要去碰,否则你就是走上了一条不归之路。因此,把名利看得淡一点,日子就会过得舒服一点,惬意一点。

在生存面前,名利不值一文。如果有谁将名利提到了生活的首要位置,那么毫无疑问,这类人可能会"养虎为患",而这只虎就是名利,患的就是自己的生存。

12 善与下属平起平坐

说起领导上司,人们心中总是会想起这样几个词:高高在上、摆架子、一脸严肃甚至是凶巴巴。这就是传统的领导给下属留下的印象,也正是这样,所以平常领导和下属之间的距离非常远,关系也处得比较紧张,以至于领导和下属之间是猫和老鼠的关系,猫来则老鼠走,猫走则老鼠来。这样的关系不仅不利于人际交往、不利于办公室之间的团结与和谐、更不利于工作的开展。因此,现在的管理学家提出这样一个建议:善与下属平起平坐!

这是一个口号,从专家的嘴中喊出,需要领导上司去执行;这也是一根指挥棒,指挥着领导上司们往一个新的高度进发。这样不仅能改善彼此之间的人际关系,更能让公司的效益达到一个新的高度,真正做到"把公司当成家、把同事当成家人",而这仅仅需要上司和下属平起平坐就能达到。

某国有企业的一个小部门女领导小何,对此就深有体会,因为她曾经经历了两种不同的职场生活。

前年,这个国有企业单位曾经来了一个实习生小王,小姑娘挺聪明,也很机灵,做事情总是很细心却不乏果断,总之又机灵又能干。更何况这个小何只比她大两岁,又都是女孩子,所以在她实习期间彼此都比较照顾,无论是生活上的还是工作上的,有什么话都会一起说说。虽然不在自己部门,但是她们俩的私人关系挺好,相处挺开心。转眼间一年过去了,去年小王大学毕业了,正式来这个国企单位来应聘,因为她在本单位实习过,并且对业务比较熟悉,各方面素质不错,所以很顺利就招进来了,更巧的是正好分在小何部门,而此时小何就成了小王的领导上司。在上班那天,小王见到小何挺开心的,小何也觉得心下轻松,觉得管理上应该会方便很多。确实,工作上她很配合,算是很得力的助手;工作时间之外,小何也会和她出去逛逛街什么的。办公室的人都说她们俩是绝密的搭档,而她们两也这么认为,遇到问题一起解决,上班下班一起走。

可是好景不长,在一次职工全体大会上,老板着重强调领导和下属不应该保持太密切的私人关系,并且拿小何和小王的情况做例子,甚至还非常前瞻地指出:如果两者之间有了什么问题,肯定不利于单位人事工作的开展,也很难处理下属和下属之间的关系。短短的几句话,说得小何和小王一愣一愣的。

从此以后,两人之间总是有意无意地保持着一段距离,虽然不是有意的,但是为了避开别人的眼光,她们也总是偷偷摸摸地,再也没有以前那样和谐亲密了。几个月之后,小王离开了这家单位,小何就再也没有找到一个合适的助手,就在小王离开一个月之后,小何也离开了公司,并且带走了公司很多的客户资料,重新和小王一起应聘到了对手公司,并且两人还是搭档,还是和以前一样的亲密。

从这个故事中的小何和小王之间的关系起伏就可以得到这样一个启发:领导和下属之间的关系并不一定要中规中矩才能对工作有利,其实情况正好是相反,只有先把上司和下属的关系搞好了,才能把单位的效益搞上去。一个优秀的领导懂得和下属平起平坐,共享荣华;一个糟糕的领导高高在上,遭受着"高处不胜寒"的滋味。

那么一个聪明的领导和一个糟糕的领导到底有什么样的区别呢? 不妨一看:

通过分享拉近上司和下属之间的距离

一个优秀的领导经常会把自己的经验拿出来与下属分享,毕竟上司之所以是上司就是因为他在某个领域经验比下属来得足,与下属分享经验无疑对下属能力的提升起着巨大的作用;而糟糕的领导却很保守,从来不会去教也不愿意去教。也正是因为如此,很多人会在一段时间之后离开原来的工作单位,仅仅是因为不能从领导那里分享到应该分享到的东西,比如说经验、为人处世等等。

通过工作交往拉近上司和下属之间的距离

工作是领导和下属接触得最多的话题,也是拉近彼此之间距离的最好切入点。一个优秀的领导说话开门见山,很直白,会把事情描述得很清楚,清晰明了,往往拥有优秀的表达力,甚至演说家的口才。无论是布置任务还是在交流问题,都是如此,因此下属很快就明白了他的意思并开展工作;而一个糟糕的领导却喜欢装作深沉、故弄玄虚,说话不痛不痒,除去本身语言障碍之外,更多是一种官僚思想作怪,这样的领导只会让下属越来越远离自己。因为道理非常明白,只有放下自己的架子,善于和下属平起平坐,才能真正领导自己的下属。

通过业余时间拉近上司和下属之间的距离

很多人都以为工作时间和下属在一起都已经够累的了,难道在业余时间也还要和他们在一起吗?答案是肯定的。一个优秀的领导会时不时和下属一起进午餐,并且还非常善于寻找时机,比如说公共节日、比如说下属的生日聚会等等,这些时间都是和下属拉近彼此距离的好时机;而一个糟糕的领导却从来不会这样做,即便是和下属一起用餐,也仅仅是表面上的团聚,但是他只会待在领导身边享用自己的专门大餐,从来不和下属坐在一起,整个一副冷傲的模样,关系疏远得很厉害。

通过解决问题拉近上司和下属之间的问题

工作中出现问题是在所难免的,很多领导都会讨厌这个时候,其实这也是拉近上司和下属之间的关系的好时机,一个优秀的领导会立即承担起责任,然后和下属一起研究解决方案;而一个糟糕的领导则会一味地指责下属,从不考虑自己的责任。要知道"负起责任来"也是一位领导者最最应该具备的素质,而不是一味地责怪下属。

通过解决困难的过程拉近上司和下属之间的距离

工作中总是会遇到各种各样的困难,而一个优秀的领导不仅仅只注重结果,而且还会关心工作进行的情况并帮助下属解决其中遇到的困难;相反,一个糟糕的领导却只注重结果,不关心过程,更不用说帮助下属解决困难了。其实领导替下属解决难题,工作也就能顺利开展了,任务就能顺利完成了,上司和下属之间的关系也就靠得更紧了。

总之,领导要想将自己和下属之间的关系搞得和谐一点,不妨降下自己的架子和身份,善于和下属平起平坐,这样就会产生一种亲近感,一种吸引力,将下属团团围在身边。

13

多看多做,少说少问

职场之路总是磕磕绊绊,有时不妨停下来看一看,总结一下,过去的脚印总能让你在以后的路上走得更加畅顺。职场人际关系非常微妙,一句话、一个动作,一个眼神都可以影响整个职场人生,所以,很多人利用自己的亲身体会,总结出了这样八个字:"多看多做,少说少问"。

所谓多看指的是在工作之时要善于眼观八方。无论是面对同事、领导还是客户,都要做到这一点。职场人际关系的很多都是藏在暗处的,如果不是明眼人是不能一眼就看出来的。所以,在和同事、上司甚至是客户之间进行交往的时候,要尽量多看、多想,而不要多说、乱说,想必祸从口出的道理谁都懂。

多做指的是在工作中要动脚去跑,动手去做。职场是一个需要努力的场合,没有努力一切都是一句空谈,因此,多做是少不了的。但是多做并不是指乱做,滥做。是自己的职责范围多做,不是自己的职责范围也多做。这样不仅不能得到当初的效果,还会引起别人的不满和厌恶。就像电视剧《阿信》中的那个阿信一样,因为多做而抢了别人的活,引起了别人的不悦。因此,在自己的职责范围内多做是有好处的,但是"越位"就不对了。

少说指的是少说空话,假话、和工作没有关系的话以及会伤害到别人的话。少说不是不说,而是在适当的场合与时机内保持沉默。比如说在具备优势的时候需要沉默、在遭受挫折的时候要沉默、在等待时机的时候要沉默、在承担痛苦的时候要沉默、在和别人沟通心灵的时候要沉默……哲学家说:沉默是一种成熟;思想家说:沉默是一种美德;教育家说:沉默是一种智能;艺术家说:沉默是一种魅力;科学家说:沉默是一种发明。无论怎么说,沉默是一种难得的心理素质和可贵的处世之道。

少问指的是和自己无关的事情不要多问、乱问。这样不仅对自己没有好处,还会影响人与人之间的微妙关系。比如说老板和秘书之间到底是什么关系,为什么以前那个大客户现在和老板成了死对头等等,这些都不是你关心的大事,所以,你并没有必要知道,因此,少问,最好不问。但是和工作有关的事情,比如说疑问、计划、解决困难的办法、经验等等,还是应该问,并且要多问,只有这样,才能提高自己的经验水平,才能拉近彼此之间的关系。

无论是对于驰骋职场多年的人来说,还是对于一个刚刚进入职场的人来说,这八个字都是非常受用的。因为有了这八个字,你就会比别人多一点,而每多一点,就会比别人多积淀一点。滴水石穿,点点累积必有一天你会收获。

一个年轻的姑娘,大学毕业好不容易被聘到一家单位去上班,就在上班的第一天就差点闹出了笑话。那天,她刚上班,就看到老板和一个年轻的女孩子在办公室里拉拉扯扯的,顿时这个姑娘心里就萌生出一种龌龊的镜头:老板、年轻秘书……想到这些,这个姑娘立刻起了警觉,为了验证自己的判断,竟然跑去问自己的上司,老板是不是一个非常龌龊的人,会不会对年轻的异性员工有非分之想……没想到被上司狠狠地批了一顿,并且告诉她:好好做自己的工作,不

该问的事情不要问,要是再出现这种情况,立刻开除她。

无端遭受了上司的训斥,姑娘心中非常生气,下班之后就开始向一个同事倾诉,但是同事的话却让她感到非常惊讶:这个单位是一个家族式的单位,里面的骨干都是老板的亲戚,那天上班跟老板拉拉扯扯的人是老板的亲妹妹,兄妹两的关系非常好,单位里的人都已经习惯了,而姑娘的上司就是老板娘……

晚上回到家,姑娘将自己的遭遇告诉了老父亲,老父亲听完之后没有多说,之告诉了她八个字:多看多做,少说少问。虽然姑娘并没有明白父亲的意思,但是从第二天上班之后,就谨遵父亲的教诲,多看多做,少说少问。她的行为不仅得到了同事和上司的肯定,也得到了应有的奖励,并且在半年之后,提升为部门经理。

或许很多年轻人在刚进入一个公司的时候,为了达到表现自己或者吸引别人的目的,总是触犯这"八个字"的规则,引起了同事和上司的很大不满,那么这类人最终也将会因为自己的所作所为而后悔,毕竟这样的人没有谁愿意和他们在一起工作,最后,这些人丢掉的不仅仅是工作,更是自己的人际和前程。

14 低头帮人,抬头谢人

边经常会听到一些人在抱怨:好人难做!之所以有这样的抱怨是因为,这些人出于好心帮助了别人,可是万万没有想到的是,对方不但不领情,还拒绝接受他们的帮助。这看似那个接受帮助的人无理,其实不是,很多时候是那个帮助别人的人伤害了对方的面子,或者使得对方下不了台。因此对方会拒绝接受你的帮助,这是典型的好心帮倒忙!

当然,身边还有很多人在抱怨:人情冷漠!之所以有这样的抱怨是因为,很多人在接受别人帮助的时候认为这是理所当然的,不仅没有表示一种谢意,反而还理所当然的指示别人来帮助自己。因此,使得我们身边愿意帮助别人的人越来越少,以至于出现了人情冷漠的现象。

那为什么会出现这种情况呢?原因很简单,这两种人在帮助和被帮助的时候没有明白一个道理:低头帮人,抬头谢人。虽然只有短短的八个字,但这却是人情交往的一个不二法则。之所以这么说,是非常有根据的,而这个根据就是人性。

首先是低头帮人。无论在谁的内心,都不愿意承认自己是弱者,需要接受别人的帮助才能完成某件事情。可事实就是很多事情并不是一个人的力量就能完成的,别人的帮助是必不可少的,这个时候,帮助别人的好心人就应该明白一个道理了:低头帮人!所谓低头帮人就是在帮助别人的时候一定要低调,不要咋咋呼呼说今天帮谁的忙,帮了什么忙。这是对别人的一种不尊重,因为自己在宣扬自己功德的时候无意中侵犯了对方的面子,让对方很难堪。设身处地地想一想,自己在接受别人帮助的时候,希望被别人知道吗?希望别人知道你有什么样的困难和难迈的坎吗?我想大多数人都不愿意。由此可见,帮助别人是一件好事,但是不要把这件好事变成坏事。

雷锋之所以受到人们的爱戴,很大一个原因就是他在帮助别人的时候是非常低调的,不留名、不留姓,这就是为了给别人留一个面子。面子在中国具有很重要的作用,有句老话说:"人活一张脸,树活一张皮。"这里的脸就是面子的意思。学会让别人保住面子,是人际交往中的一条基本原则。古往今来,成大事者大多深谙"面子之道"。让别人保住面子,实际上也是让自己长"面子"的事。

两千多年前的鲍叔牙就是这样的人。鲍叔牙与管仲是好朋友,但管仲却的一个大家都讨厌的人,鲍叔牙每次都能让管仲保住面子。两人合伙做生意,管仲常常多取利润,鲍叔牙说:"他不是贪心——是因为他家穷。"管仲三次做官都让人给辞了,鲍叔牙说:"不是他没能力,是他运气不好。"管仲三次打仗,每次都败阵而逃,鲍叔牙说:"不要骂他是胆小鬼,因为他家有老母亲。"

世人都以管仲和鲍叔牙之间的友谊当成人际关系的最高境界,而"管鲍之谊"之所以能达到这种境界,很大一部分原因是因为鲍叔牙每次帮助管仲的时候都能考虑到管仲的感受,尽量不声张,不宣扬,即便被被人知道,也用各种各样的理由为对方开脱,保住对方的面子。可是在我们身边的很多人帮助别人是能够做到,但是善于为别人着想,善于为别人开脱并不容易做到,所以让被帮助之人心理非常不好受,有一种欠人情的感觉。

其次就是抬头谢人。可能很多人都会说谢谢别人的帮助是理所当然的事情,是最天经地义的事情。可是正是这看似天经地义的事情很多人却没有做到位,或者说根本就没有想要去做。这是人情世故的一个重大缺口,也是很多人抱怨人情冷漠、世风日下的主要原因之一。其实这种感谢并不需要你真正地去感谢,而仅仅是一句话、一个行动就可以了,甚至可以仅仅是一个会心的微笑都可以。

一个年轻人在工作之余出去旅行,同他一个旅行团的还有很多人,其中有很多老人。可是偏偏这个旅行团的为了多挣一点钱,租用了一辆小车,这样也就意味着有一个人会没有座位。即便是小板凳也没有。不久这个年轻人发现没有座位的是一个老年人,并且年纪比较大。出于好心,年轻人把座位让给了这个老年人,自己站着。可是令年轻人失望的是,这个老年人不仅没有说声谢谢,还竟然倚老卖老,说现在年轻人不懂得尊老,到现在才给老人让座等等不堪入耳的话,年轻人非常生气,但是碍于对方是老人,他并没有发火。

旅行很快结束了,在回来的路上这个年轻人又发现还是那个老年人站着,旁边有一个年轻人想要让座,被另一个同伴阻止,说:"你没有听到那天他说的话吗?这种人干脆让他站着就好了!"就这样,这个老年人就站了回来,可是还没有到家,就因为心脏病突发被送进了医院。

或许有人站在老人的角度说这些年轻人不应该这么做;或许也有人说这个老年人是活该,是自作自受……但是无论怎么说,支持后面一种说法的人还是占多数,因为大家的心目中都有一杆秤,一边是付出,一边是回报。只有达到公平才能得到别人的认可。而这个老年人之所以没有人给他让座,就是因为他没有明白人在道德背后的本性:帮助别人是需要得到别人的回报的,无论是言语上的回报还是物质上的回报都可以。即便你在回报对方的时候对方表现得非常无私,其实这是一种付出之后的快乐和满足。

因此,在受到别人帮助的时候,不妨记住这四个字:抬头谢人。无论是物质上的还是精神上的,让别人知道你对他的帮助是充满谢意的,仅此而已。虽然这样一个简单的动作,但是对于自己的人际关系却有着重要的意义。

15 别忘记自己的身份

在这个社会,每个人都有自己的身份,根据自己的身份有很多为人处世的禁忌,有些事情该做,有些事情不该做,有些事情该这样做,而有些事情该那样做,总之,无论何时何地,都不要忘记自己的身份,做自己该做的事,做对自己该做对的事情。

这其实就是一种中庸之道,虽然很多人都知道为人处世离开中庸之道是不行的,但是真正能把这种生存哲学好好利用起来的人并不多,或者说真正去掌握并实践中庸之道的人却并不多。因此,人世之中才会发生这么多的悲剧,才会有这么多的人聪明反被聪明误。

对此韩非子讲了两个故事说明了其中的道理：

韩昭侯有一次喝醉了酒，伏在几案上不知不觉地睡着了，专门为他管理帽子的人看到了，怕他受寒，就在他身上披了件衣服。韩昭侯一觉醒来，看见身上加了衣服，心里非常高兴，就问旁边的人："是谁给我加的衣服？"旁边的人回答说："是管帽子的人。"韩昭侯一听，立刻下令，把管衣服和管帽子的一同治罪！旁人不解，韩昭侯只是微微一笑，并不作答。

从人性的角度上看，韩昭侯的行为非常恶劣，因为管帽子的人也是为了韩昭侯的身体，而帮他加衣服。可是从职场的角度上看，韩昭侯的惩罚是有道理的，因为这代表着职场上两种非常典型的行为，一种是失职，另一种就是越权。对于管衣服的人来说，这是一种失职的行为，因为衣服本来就是应该他来管的，可是他没有做到这一点，所以惩罚他是对的，也是应该的。而对于管帽子的人来说，他就是一种越权的行为，衣服本来就不应该去管，可是他出于好心竟然不顾越权的危险而去管自己不该管的事情，所以说，韩昭侯惩罚他也是对的，因为越权行为会让整个职场的管理出现混乱，责任不明。

而这两种行为就是一种忘记身份的表现，没有在自己的身份范围内做该做的事情，甚至超出自己的范围做自己不该做的事情。因此，在我们的职场生活中，我们应该注意到这一点，千万不要被你的"韩昭侯"为这种事情而惩罚。

当然，这个故事是同事之间的，我们应该要记得自己的身份，其实在下属和领导之间，或者是员工和老板之间，同样不能忘记自己的身份，不然撞了"龙威"，可不就是仅仅是惩罚的事情，说不定还会砸掉自己的饭碗。而下面这个故事说的就是在和领导、老板相处的时候也不能忘记自己的身份。

明代嘉庆年间，李乐是一个清正廉洁的为官之人。有一次他发现科考之时有舞弊的现象，于是立即写奏章给皇帝，可是没有想到的是皇帝对此事竟然不予理睬，这让李乐非常失望。因此，他又面奏，结果把皇帝惹火了，皇帝以故意揭短罪，传旨把李乐的嘴巴贴上封条，并且还规定谁也不准去揭，谁要是揭了就一同治罪。可是封了嘴巴，不能进食，就等于给他定了死罪，这也就意味着李乐这个清官会死于一张封条。正在这个危急之时，从旁边站出一个官员，走到李乐面前，不分青红皂白，大声责骂："君前多言，罪有应得！"一边大骂，一边叭叭地打了李乐两记耳光，因为用力比较大，并且打的地方离嘴巴比较近，所以当即把封条打破了。而李乐也就远离了被饿死的危险，皇帝见状，也就下令撕了封条，一场没有硝烟的战争到此结束。

由于这个人是帮助皇帝责骂李乐,皇帝当然不好怪罪他。其实此人是李乐的学生,在这关键时刻,他换个角色,"曲"意逢迎,巧妙地救下了自己的老师。如果他不顾情势和身份犯颜"直"谏,非但救不了老师,恐怕自己也被连累了。

在这个故事中,李乐和自己的学生形成了两个鲜明的对比,而从这个对比中,我们就可以看到在和上司或者老板有矛盾的时候,该怎么处理。李乐是一个清官,耿直忠心,有什么就说什么,想怎么说就怎么说,因此触犯了皇帝,并且也遭到了惩罚,这是一种"忘记身份的"表现,暂且不说这个科考不是他负责的,即便是他负责的,在古代也应该以皇帝的意思为宗旨,皇帝既然不理睬,就有他不想理睬的原因,可是李乐没有这样去想,而是一味地直谏,所以遭到惩罚是在所难免的。

可是李乐的学生就不一样了,他在处理事情的时候就想到了自己的身份,以自己的身份肯定不能和皇帝明说,否则不仅不能救老师,反而还会把自己给搭进去,因此,他选择了曲意逢迎,先迎合皇帝的意思,然后按照皇帝的意思巧妙地将老师救下,使得皇帝也无话可说,此事就不了了之。

那么从这个故事我们就可以联想到身边的职场生涯,很多人虽然有很多好点子、虽然非常聪明,可是并没有得到老板、上司的重用,很多时候就是因为他们忘记了自己的身份,说了自己不该说的话,做了自己不该做的事,甚至在无意之中触犯了领导的尊严,因此,领导会给他们穿小鞋,重用就更没有指望了。

因此,不妨劝大家一句:职场和官场一样,伴君如伴虎,千万不能因为忘记身份而毁了自己的前程,身份是一种象征,也是一种界定,出了这个界定,你就是犯规,不仅会遭受惩罚,还有可能被罚出比赛。

16 走远了不忘停下来等等别人

职场之上,同事之间,总是会有能力、机遇等差别,所以总会有个先成功后成功的问题。正如古语里面所说的那样,"闻道有先后,术业有专攻"。所以在你比别人多走了一步的时候,不妨停下来,等等别人,既能得到别人的认可,在遇到困难的时候还能得到别人的帮助。可是很多人并没有想到这一点,他们为了赢得别人更多的关注、认同和推崇,或者仅仅为了向他人推销自己,而不惜哗众取宠,竭尽自我鼓吹和自我炫耀,把自己的同伴远远在甩在后面。

这样固然能得到别人的羡慕,但是在羡慕的背后就是嫉妒,甚至是厌恶。因此,在你觉得自己与别人拉开距离的时候,不妨停下来,等等别人,和别人的步骤保持一致、协调。不过这种"停下来"不是真的要停下你前进的脚步,而是要在卖弄自己之能、吹嘘自己的风光、得意之事之时,也要说说说说自己的"丑闻",把自己不光彩的一面留给别人,甚至可以鼓吹他人之功,把荣耀给身边的人,把风光给同行的人,也许会赢得更多称许和美誉。不仅要谈当年过五关,斩六将的豪壮,也不妨提提败走麦城的狼狈。

英格丽·褒曼曾经获得了两届奥斯卡最佳女主角奖,可是不久之后她又因在《东方快车谋杀案》中的精湛演技而获得最佳女配角奖。人们都以为她会在领奖的时候大谈特谈自己是如何获得这个成就与辉煌的,甚至还可以说出一些传奇故事等等。然而,令人没有想到的是,在她领奖的时候,她不仅没有像人们所想像的那样讲自己的光辉历史,而且还一再称赞与她角逐最佳女配角奖的弗伦汀娜·克蒂斯,褒曼认为真正获奖的人应该是这位落选者而不是自己。并且由衷地说对克蒂斯说:"原谅我,弗伦汀娜,我事先并没有打算获奖。"

褒曼作为全世界都瞩目的获奖者,没有喋喋不休地叙述自己的成就与辉煌,而是对自己的对手推崇备至,甚至还自认不足,认为这个奖项应该颁给对方,不仅适当地显示了自己的弱点,还极力维护了落选对手的面子。相信无论谁是这位对手,当她听到这番话之后,都会十分感激褒曼,会认定她是一个可以倾心的朋友。毕竟,一个人能在得荣誉的时刻如此尊重和取悦竞争对手,如此与伙伴贴心,实在是一种文明优雅的风度。

当然,这不仅仅是一种风度,更是一种智慧。在你发现自己和同伴距离有些拉开的时候,更要特别谨慎、低调从事。因为自己的一言一行都会影响到对方的感受。因此,要为对方的感受着想,要学会摆低姿态和别人交往,不可以使对方产生相形见绌的感觉。

张学是北京某总公司的一名普通员工,虽然只有平常的本科学历,但是由于她近几年工作十分勤奋,取得了相当好的成绩,于是公司人事部领导经过几番讨论研究,决定派她到本公司的一个分公司里去做经理。

在她刚到分公司当经理的几个月当中,她正春风得意,对自己的机遇和才能满意得一塌糊涂,只要有人谈起自己的经历,张学就会毫不犹豫地接过别人的话茬,然后津津有味地说其自己的经历和能力。总之,她觉得自己高高在上,不可一世,每天都使劲吹嘘自己是如何在工作中取得成绩的,是如何拼搏努力,

第四章 低头拉车 只为游刃职场

最后才受到领导的表扬等等。完全没有考虑到朋友的感受,一些平常和她非常要好的朋友都纷纷离开了,即便不能明说,也纷纷找出理由来躲避他。这使得她百思不得其解;过了一段时间,她发现根本没一个人再理她,虽然她仍是个经理,但是即便是自己的上司也懒得和自己说话,不愿理她。这时的她觉得自己活在一种空虚、孤独的生活中,每天坐在办公室里唉声叹气,虽然地位高了,可是人际关系变差了,她真正体味到了"高处不胜寒"的感觉,可是她却发现虽然自己的上司位置比自己高,但是朋友却还是很多,这让她很不理解,难道上司真有什么过人之处?张学陷入了苦苦思考之中。

最后终于她的父亲一语点破了她的处世原则,她这时才意识到自己的症结到底在哪里:自己光顾着说自己的"辉煌前程"了,忘记了身边朋友的感受。于是,从此她开始转变了交谈的方式:很少谈自己而多听对方说话,每当她有时间与朋友闲聊的时候,她总是先请对方滔滔不绝地把他们的欢乐炫耀出来,然后就和对方分享,当然很多时候也不忘记吹嘘别人一番,而只是在对方问她的时候,才谦虚地说一下自己的成就,慢慢地她的人缘又好了起来。

由此可以看出,面对地位和资历不如自己的同事或下属的时候,不能摆出一副"跑远"了的感觉,这样会让对方认为你是一个不成熟的、浅薄的、没有见识的人。所以,在你发现这种情况的时候,不妨多听听别人的"光辉历史",而不是仅仅只吹嘘自己的机遇和能力。总之,在人前谈得意之事之时,要看看对象和场景,注意一下谈的方式。切勿给人造成出风头、强显自己的印象。

17 只有坐得了冷板凳,才能坐得了高堂

所谓"冷板凳"的意思就是不被别人重视,受到"冷遇"等等,关于"冷板凳"还有一个非常有意思的典故:

相传当年严嵩当年坏事做尽,皇帝终于知道了,严嵩在被弹劾将要治罪时,曾到孔府来托其孙女女婿衍圣公向皇上说情。衍圣公以天下之法为法,断不愿做让天下人耻骂之事,拒不迎见,严嵩等了很久,也未见到他的女婿,在孔府坐了几个时辰的冷板凳后悻悻而归,而这条板凳现在孔府。门口有落轿处,两边

各有一条窄窄的板凳,如果主人不愿见来访的客人,就吩咐仆人让他们在那坐一会,那板凳太窄,坐也不是,站也不是,客人就会悻悻而归,就算一直坐在那里,主人也不会接见,于是就有了"坐冷板凳"的由来。

"冷板凳"却是不好坐,但是很多时候你不得不坐。毕竟人生一世,不可能总是机遇很好,不可能一辈子不遭到"冷遇",因此,这种时候,不妨坐在"冷板凳"上调整调整自己的心态,把"冷板凳"坐热。

当然,坐"冷板凳"需要一种勇气,也是一种智慧。很多成功人士都曾经做过冷板凳,并且在成功之后都有一种由衷的想法:感谢冷板凳。或许很多人都不明白其中的道理,其实很简单,只有坐得了冷板凳,才有可能坐得了高堂。冷板凳是通往高堂的一个必经之路,其中要通过修炼自己的耐力,修炼自己的理性,包括自己的心态和能力。这是别人考验自己的时候,也是自己考验自己的时候。

曾经有一个外贸学院毕业的大学生,在学校的时候就是一个能力超群的人,毕业之后被分到某外贸公司当职员,虽然说刚开始起步比较困难,但是这个毕业生也还挺满足于现状。小伙子非常能干,颇具实力,加上专业对口,所以在工作中,他做得非常卖力。特别是在刚进公司的时候,就得到了老板的赏识,经常和他讨论问题,制定对策等等。这让这个毕业生看到了美好的前景,可是好景不长,在一段时间之后,不知怎的,在并没犯什么错误的情况下,他就被老板"冷冻"了起来,并且被"冷冻"的时间不是一天两天,或者说一个月两个月,而是整整的一年时间。在这一年时间里,老板再也没有和从前一样和他在一起讨论问题,制定对策;也从未过问过他的情况,甚至还不交给他重要的工作。

面对这种境况,要是其他人估计早就寻找一个理由跳槽了,或者说怨天尤人的。但是这个毕业生从来没有想过要这么做,也从未抱怨过,也未因自己是专业毕业,为未受重视而去向老板讨个说法。他只是觉得自己还是个新员工,坐"冷板凳"是必需的,而老板故意让自己坐"冷板凳"肯定是有理由的。果然不出所料,在他做了整整一年零一个月"冷板凳"的时候,老板找他谈话了,首先肯定了他一年多来默默无闻的工作,并且肯定了他所取得的成绩。另外,老板还给他带来了一个好消息:再过几天,有一个部门经理要退休,而老板觉得这个年轻人是个可塑之才,所以有意要培养他,因此,让他坐"冷板凳"是老板有意安排的,目的就是要考验一下他,现在他合格了,再过几天,他就能坐高堂了!

从这个故事当中我们可以看到,坐"冷板凳"并不是一件坏事,或许是一个契机,一个机遇。

当然,坐冷板凳还有很多原因,总结起来,不过有以下几种情况:

自己没有能力,或者说能力达不到老板的要求。在这种时候,一般都会坐冷板凳,做一些简单的、没有挑战性的工作。这种情况是可以理解的,毕竟小树木做不了支柱,只能当柴烧。因此面对这种情况,最好的办法就是强化自己的能力。在不受领导重用的时候,正是自己努力充电、广泛收集、吸收各种情报的最好时机。只要能力强化了,时运自然就会来到,那样自己便可以跳得更高,取得的成绩就会更加辉煌!

上司或者老板有意要考验自己,就像上面故事中的那个大学毕业生所遇到的情况一样,这对于很多年轻人来说绝对是一个好机会,当然,机会是伴随着挑战而来的。就是这种挑战,让很多人在它面前倒下了。所以有句话说得好,人要做大事必须有面对挑战的勇气,面对困难的耐心,同时还要有身处孤寂的韧性。这两种能力是成大事必须具备的两种能力。当然,领导上司在考验自己的时候不仅仅会让自己做事,也会让自己无事可做,一方面观察,一方面训练,并且这种考验是事先不知道的,否则就失去了效果。

那么在这种时候,我们应该怎么做呢?很简单,只有两个字:坚持!但是真正执行起来却并不简单,只要能坚持到底,必定前途无量。

下属得罪上司,所以领导会让你坐冷板凳,穿小鞋。或许你遇到一个宽宏大量的上司,那么你就侥幸逃过,但是如果你遇到一个鼠肚鸡肠的领导,那么你就只有一辈子坐冷板凳了。当然在这种情况下最好是自己认识到自己的错误,并且积极去改正,不然你的冷板凳永远坐不热。

你的能力太强,威胁到了你的上司或者老板。或者说你的锋芒太露,给领导造成了一种没有安全感的感觉。那么你便会受到冷冻。老板怕你夺走商机去创业,上司怕你夺了他的位置,那么让你坐"冷板凳"就是必然的了。因此,这种时候,不妨低调一点,给领导一个表现的机会,同时也给自己一个重新起步的机会。

大环境有了变化。这种冷板凳一般都是"英雄无用武之地"的代名词。而在这种时候,最好还是趁这个机会,多多学习一些本领,东方不亮西方亮。

总之,一旦自己坐了"冷板凳",千万不要灰心丧气,而要冷静地对待冷遇,理智地对待困境。用平和的情绪、低调的姿态表现自己的真实,也许更能赢得他人的钦佩和认同。

18 不妨自己给自己穿小鞋

现在所谓"穿小鞋"就是上级对下级或人与人之间进行打击报复。不过这种说法源自古代的一种婚姻习惯:

在封建时代,我国汉族妇女一直沿袭着缠足陋习,脚缠得越小就认为越美,而美其名曰"三寸金莲"。过去婚姻大事全凭父母之命,媒妁之言,男女双方根本互不相见,所以,只能依照脚的大小,而衡量女人的俊丑。因此,在媒婆说媒时,必先请男方看女方的鞋样儿,以示女方脚的大小,一旦男方同意了亲事,就留下此鞋样儿了,按此样尺寸做一双绣鞋连同订婚礼物一起送到女方家,成亲那天,新娘必须穿上这双绣鞋,以防脚大而受骗。

因此如果当初故意把尺寸弄小,自然就穿着不舒服,甚至穿不上,从而女方出丑。后来,人们把这一风俗引申到社会生活中,用来专指那些在背后使坏点子整人,或利用某种职权寻机置人于困境的人为"给人穿小鞋"。

那么自己给自己穿小鞋又是什么意思呢?就是自己给自己设置困境,让自己平坦的人生之路经历一些风波。这不是一种疯狂的表现,而是一种智慧,一种避免别人嫉妒的好办法。或许很多人不能理解这样做的目的,其实道理很简单:人总是有嫉妒之心的,特别是对于那些经常走好运,经常成功的人来说,无疑会成为嫉妒者眼光聚焦的地方。因此这个时候不妨让自己经历一些困难,比如说故意做错一些事情,故意让领导批评自己等等,都会转移别人的目光,因为在你"作贱"自己的时候,就无形中将自己从别人眼光的焦点中移了出来。

在同事的眼中,老宋是一个运气特别好的人,大学专科毕业就被分配到税务局工作,一路摸爬滚打现在已经到了副局长的位置上了,但是他的好运气似乎还没有完,一路跟了过来。这不在前一两年的时间,老宋在儿女的"怂恿"下,报名参加了自学考试,通过两年时间的学习,老宋顺利地拿到了本科学历。这本来并没有什么高兴的事情,但是现任局长因为身体原因,决定提前退休,而且要在下属当中选举一个来顶替自己的位置。这件事情一传出,大家立刻开始行动,积极备战选举。就在选举前两天,局长突然公布了一个消息:根据上级精

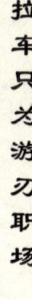

第四章 低头拉车只为游刃职场

神,参加选举的人必须要有本科学历,这是最低要求。有了这道门槛,参加竞争的人就少了很多,最后经过局长统计,只有两名候选人,其中之一就是老宋,另一个就是老姜。

到了选举的那一天,局长要求两个候选人分别去办一件事情,虽然说是正常的工作安排,但是谁都知道这是局长在考验双方。老宋的朋友、家人纷纷告诫老宋,处理事情一定要谨慎小心,千万不可办砸了,否则离局长位置也就远了。可是偏偏在这个节骨眼上,老宋被一封匿名举报信给缠住了,信中说老宋有贪污之嫌,很快上级工作组进驻老宋单位,开始查账……

显然,局长的位置是没有了,老姜名正言顺地当上了局长。经过一段时间的查实,老宋并没有任何经济问题,是清白的。虽然还了自己的清白,但是人们还是为老宋惋惜,就在一步之遥却名落孙山,但是老宋自己似乎并没有悲伤,还是自由自在地过着,似乎胸有成竹的样子。

果然,不久之后,老姜就因为受到下属的举报、弹劾等原因从局长位置上掉了下来,而为了补缺,老宋理所当然地坐上了局长的位置……

后来,老宋和家人透露:那份匿名信是他自己写的,而他之所以这样做就是为了给自己穿小鞋,以免给自己招来麻烦。而相反老姜,坐上局长之位必定会遭人嫉妒,肯定会有人捣乱,果然不出所料,老姜当局长不到一个月就下台了。

从这个故事中我们可以得到这样一个启发:在发现自己比别人来得顺利,来得光芒四射的话,不妨给自己穿穿小鞋,放慢一下脚步,让自己的锋芒不至于太露。因为锋芒太露必定会遭到别人的记恨,那么最终受伤害的是自己。因此,在一定的时刻,让自己受一点苦是必要的,既能拉拢人心,更能让自己走得更加快,跳得更加高,坐得更加稳!

第五章

低头求人，高效办事

　　人生在世，难免要求助于他人。求人办事又是一件非常困难的事情，涉及人的尊严。抹不开面子，没有足够的胆量，求人难以成功。要想高效求人办事，首先要做到一点：勇敢地低下头来。

1 有求于人，必先低势于人

人们常说"低三下四的去求人"，在很多人心目中，这种"低三下四"的做法会有些丢面子，甚至一些自视清高的人非常不愿意这样去做。其实大可不必有这样的想法，"低三下四"其实是一种低调的做法。毕竟求人办事时自己本身就低势于人，同时也只有这样才能得到别人的认可，才能得到别人的同情。这种低调其实就是为了"欺骗"对方的眼睛，将自己强大、高调的一面隐藏起来，让对方忽视你，同情你，最后就是帮助你。

麦当劳董事长克罗克年轻时为了维持生计没读完中学就出来做工。刚开始，他在一家工厂当了一名推销员，因为业绩不错，薪水也还可以，所以生活有了明显的改善。更为可贵的是，在这同时，他结交了许多朋友，积累了大量有关经营管理方面的宝贵经验。经过多年的考察，他发现很多公司内部都存在着这样那样的毛病，虽然这些都是一些小毛病，但是这些小毛病确确实实遏制了公司的进一步发展。后来，他决定创办自己的公司。

通过一系列的市场调查，年轻的克罗克发现当时的餐饮业已远远不能满足人们的要求，更不能满足变化了的时代要求。如果能进行一些改革以适应亿万美国人的快餐需求，那么将前途无量。可是，这种想法是美好的，实际的问题和困难也是不能忽视的。对于克罗克而言，面临的首要问题就是资金问题，当时的克罗克可以说一贫如洗，自己开办餐馆根本就不可能，现在只好去求助于别人了。

最后，他从自己认识的人中找到了开餐馆的麦克唐纳兄弟，他们也是克罗克在做推销员工作时曾认识的。刚开始的时候，麦克唐纳兄弟并没有同意克罗克到自己的餐馆去学习帮忙，但是克罗克向他们讲述了自己目前的窘境，并且还把自己的酬劳将到了最低，最后得到了对方的同情，答应了他的请求。后来，克罗克为了尽早地实现自己的目标，又主动提出在当店员期间还可以兼职做原来的推销工作，并且还承诺将推销收入的5%让利给老板。因为能免费得到利润，麦克唐纳兄弟很爽快地答应了克罗克的要求。

为取得麦克唐纳兄弟的信任，克罗克工作表现得异常勤奋，起早贪黑，任劳任怨，并且还曾多次建议麦氏兄弟改善营业环境、并提出配制份饭、轻便包装、

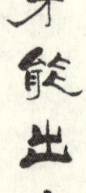

送饭上门等一系列经营方法,扩大业务范围,增加服务种类等等建议以吸引更多的顾客,获取更多的营业收入。另外,克罗克还建议在餐馆店堂里安装音响设备,以便顾客能更加舒适地用餐;并且大力改善食品卫生,狠抓饮食质量,以维护服务信誉……等,克罗克在服务期间为麦克唐纳兄弟提供了一系列非常好的建议,甚至包括挑选服务员在内。克罗克建议尽量雇用动作敏捷、服务周到的年轻姑娘当前厅招待,而那些牙齿不整洁、相貌平常的人则被安排到后方工作,做到人尽其才,确保服务质量,更好地招待顾客。

克罗克的这些建议确实起到了非常明显的效果,为店里招来了不少的顾客,麦克唐纳兄弟对他更是言听计从了。因此,餐馆名义上是麦氏兄弟的,但实际上其中的经营管理、决策权完全掌握在了克罗克手中。

6年时间很快过去了,克罗克已见时机已经成熟了,便通过各种途径筹集到了一大笔贷款,然后就跟麦氏兄弟摊牌:想要接管麦克唐纳兄弟的餐馆。起初,克罗克先提出了一些较为苛刻的条件,对方坚决不答应,尔后克罗克稍做让步,最终以270万美元的现金买下麦氏餐馆,并且由他来独自经营。

克罗克入主快餐馆后,经营管理更加出色,很快就以一种崭新的面貌而享誉全美,他也成为全美国第一个"员工炒老板鱿鱼"的人,所以很多人都愿意到克罗克的餐馆来看看,这无形之中给他的餐馆带来很多的收入。经过二十多年的苦心经营,现在克罗克餐馆的总资产已达42亿美元,成为国际十大知名餐馆之一。

纵观克罗克的成功,最关键的一个跳板就是进入麦克唐纳兄弟的餐馆,而为了能顺利踏上这块跳板,克罗克采用了低调的战术,并且低调到了极点。无论是时间还是实践都证明克罗克的低调之术是成功的,他仅以让利5%就轻易打入了麦氏快餐馆。经过长时间的逐步渗透、架空,老板早已"名存实亡",最后一场交易,全部吃掉了麦克唐纳快餐馆。

就好比俗话所说的那样:水往低处流。其实人的感情又何尝不是如此呢,我们总是将自己的感情倾向于弱者或者低调者的一方。面对弱者,我们总是会伸出双手去帮助他们,面对低调者,我们总是给予最真诚的信任。由此,我们可以得到这样一个启示:有求于人,必先低势于人!

2 适当示弱,博人同情得人心

李康《命运论》曰:"木秀于林,风必摧之;堆出于岸,流必湍之;行高于人,众必非之。"无论是自然界还是人类社会,强弱之分总是存在着的,竞争也是在所难免的。那么如何才能得到别人的认可和帮助,甚至是同情呢?其实"示弱"有时不失为一种有效的方法。在具有博弈性交往过程中,最好不要和别人针锋相对,或者只在被逼无奈的时候才肯服输称臣,那样对自己不仅没有好处,还会让自己陷入更大的被动和绝境之中。而只有主动示弱,退避三舍,然后再另外寻找获胜机会,这才是最明智的选择。

曾有一位记者去拜访一位政治家,目的是获得有关他的一些丑闻资料。然而,还来不及寒暄,这位政治家便首先对记者说:"时间还长得很,我们可以慢慢谈。"记者对政治家这种从容不迫的态度大感意外。不多时,侍者将咖啡端上桌来,这位政治家端起咖啡喝了一口,立即大嚷道:"哦!好烫!"咖啡杯随之滚落在地。等侍者收拾好后,政治家又把香烟倒着插入嘴中,从过滤嘴处点火。这时记者赶忙提醒:"先生,你将香烟拿倒了。"政治家听到这话之后,慌忙将香烟拿正,并表示了谢意。

平时趾高气扬的政治家出了一连串的洋相,让记者大感意外,于是在不知不觉中,原来的那种挑战、对抗、挑剔的情绪奇怪地消失了,甚至对对方怀有一种亲近感。这整个的过程,其实都是政治家有意安排的。当人们发现杰出的权威人物也有许多弱点时,过去对他抱有的恐惧感就会消失,而且受同情心的驱使,还会对对方产生某种程度的亲密感。

这就是一种"示弱"的方法,在对方面前显示出自己的弱点其实就是一种拉近两者距离最好的方法,当然,"示弱"也是博得别人的同情,获得人心的一个好方法。在为人处世中,要使别人对自己放松警惕,造成一种亲近之感,最好的办法不是主动去亲近别人,只要你非常巧妙地、不露痕迹地在别人面前暴露自己的一些无关痛痒的弱点,比如说粗心大意、滑稽、无厘头等等,偶尔出出自己的小洋相,表明自己并不是一个"不食人间烟火"的神仙,不是一个高高在上、十全十美的人物，而是一个实实在在的普通人，和周围的人并没有什么区别，这样就会使人在与你交往时松一口气，不以你为敌。

故意示弱的好处很多，不仅可以减少乃至消除他人对自己的不满和嫉妒，更会博得别人的同情，深得人心。刘备就是一个善于运用此道的人之一，并且因为自己的示弱获得了文臣武将、乃至老百姓的同情，深得人心。最著名的"示弱"故事莫过于"三顾茅庐"了！

汉末，黄巾事起，天下大乱，曹操坐据朝廷，孙权拥兵东吴，汉宗室豫州牧刘备听徐庶和司马徽说诸葛亮很有学识，又有才能，就和关羽、张飞带着礼物到隆中卧龙岗去请诸葛亮出来帮助他替国家做事。恰巧诸葛亮这天出去了，刘备只得失望地转回去。不久，刘备又和关羽、张飞冒着大风雪第二次去请。不料诸葛亮又出外闲游去了。张飞本不愿意再来，见诸葛亮不在家，就催着要回去。刘备只得留下一封信，表达自己对诸葛亮的敬佩和请他出来帮助自己挽救国家危险局面的意思。过了一些时候，刘备吃了三天素，准备再去请诸葛亮。关羽说诸葛亮也许是徒有一个虚名，未必有真才实学，不用去了。张飞却主张由他一个人去叫，如他不来，就用绳子把地捆来。刘备把张飞责备了一顿，又和他俩第三次访诸葛亮。到时，诸葛亮正在睡觉。刘备不敢惊动他，一直站到诸葛亮自己醒来，才彼此坐下谈话。在谈话期间，刘备不时地说出自己的缺点和现在目前的困境，甚至说到伤心处，还不忘记掉几滴眼泪。正是这些示弱的表现，打动了诸葛亮。诸葛亮见到刘备有志替国家做事，而且诚恳地请他帮助，就出来全力帮助刘备建立蜀汉皇朝。

无论是事业的成功者还是生活中的幸运儿，被人嫉妒是难免的，并且这种社会性心理还普遍存在着，光靠一个人的力量是很难去除的，这个时候，为了能将其副作用降到最低程度，就应该合理地利用自己的弱点，把它在别人面前显示出来，展现给大家看，使得大家心理趋于一种平衡，这种平衡有利于与人交往时掌握主动权。

当然，示弱必须善于选择适宜的时机。比如说地位高的人和地位低的人在一起的时候，为了拉近彼此之间的距离，那么这个时候地位高的人就应该"示弱"，比如说不要展示自己的显赫，而应表明自己也和对方一样是个平凡的人；比如说成功者和一些暂时还没有成功的人在一起的时候，同样也需要示弱，比如说在别人面前要多说自己失败的纪录，现实的烦恼，而不是辉煌的成绩，美好的前景等等，给人一种"成功不易"、"成功者并非万事大吉"的感觉，这样自然而然两者之间就拉近了距离，也能获得别人的同情，而不是嫉妒。

示弱的方式有很多种，比如说推心置腹的交谈，幽默的自嘲，也可以是在大庭广众之下,有意以己之短比人之长;还有在行动上的示弱,比如说故意输给对方,不和对方争一时之长短等等。无论是在大的方面还是在小的细节,都应该做到这一点。

示弱是收而不是放,是守而不是攻,因此它是一种无形的力量。可以说,为人处世中,懂得示弱是人际交往中掌握主动权的"灵丹妙药",也是谦逊为人,低调处世的制胜法宝。

3 求人办事不是命令人

很多人都在抱怨现在的社会人情冷漠,求人办事是一件很难的事情,其实事实并非如此,现代社会的人还是比较喜欢帮助别人的,只是很多时候这些求人办事的人在求人的时候,态度有点问题。既然是求人办事,那么就应该低调一点,而不能高高在上,一副指示别人的样子。要记住,求人办事不是命令人,即便是让你的下属帮助你办事情,你也不能以一副命令的口吻和对方说话,否则,效果是相当差的,甚至严重的时候还会产生反面效果。因此,求人办事时姿态一定要低,如果不保持低调,什么事情都很难办,只要稍稍低低头,对方的态度就会完全不一样。

一个领导因为一件私人的事情,需要多年前一个下属的帮忙。这个领导没有多想,就让现在的一个下属给对方打了电话,对方一听是老领导的请求,没有含糊就答应了下来。可是时间过去很长时间了,对方也没有回应,这个领导以为是对方忘记了,又让自己的下属打了一通电话,可是对方并没有忘记,而是回答说事情正在办理之中,并且还承诺在一个星期之内办完。

可是两个星期过去了,事情还是没有办完,这个领导心里有些不痛快,以为是下属办事不力,于是亲自给对方打了电话,对方听到是老领导亲自打电话,立刻表现出一副唯唯诺诺的样子,答应尽最快的时间里办好事情。这下子领导以为事情终于有着落了,可是一个月的时间过去了,那个老下属还是没能把事情办好。这下领导心里开始打鼓了,他到底想要干吗,难道这样一点事情都办不好吗?

在一次和朋友的聊天当中,这个领导无意中将这件事情说了出来,并且还感叹世态炎凉等等。可是对方却微微一笑说这件事情是你自己做得不对,怎么

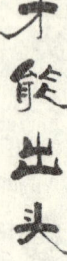

能怪对方呢？老领导觉得很奇怪，就听了下去，朋友对他说："你现在是请对方办事，但是你还是用你所习惯的命令式的口气去求人家，那么人家能帮助你吗？换个角度思考一下，要是别人这样求你，你会尽心去帮助对方吗？"听了朋友的一番话，老领导似乎明白了。

第二天，老领导亲自带着礼物和家人一起到了下属家中吃了个饭，并且非常亲切地问候了下属的家人，直到最后，老领导才提了提求他办的事情，这回老下属才痛快地答应，第二天就给答案。果然不出所料，在第二天刚上班的时候，老领导就接到老下属打来的电话说事情一切都办妥了，并且还表示说，以后有什么事情只要打个电话就可以了，就不用领导亲自跑一趟了……

老领导听到这里，微微一笑，心里默默地说了朋友告诫自己的那句话：求人办事不是命令人，该低头时就低头！

事实就是如此，在人性当中，总是有一种"尊严感"存在，这种"尊严感"不仅仅是一种表面上的尊严，也是一种内心的尊严，表现在有自己的主动权，不被别人指挥等等方面。而"命令式"的求人帮忙所触犯的就是人性中"不被别人指挥"的"尊严感"，触犯了这种"尊严感"之后，所引发的后果就是一种抵抗、反感、甚至是嫉妒、破坏等等。所以说求人办事应该低调一点，或者说低势一点，舍弃自己的面子、身份、架子等等，给对方一个平衡的心理空间，那样别人才能乐意帮你做事，才会主动帮你做事。

那么如何才能做到低势求人呢？主要有以下几点可以注意：

首先就是：舍弃"电话式"通知。所谓"电话式"通知就是你在求人办事的时候给对方打一个电话就算完事，这是非常不礼貌的，即便是朋友之间关系再好，也要尽量避免这种情况的发生。因为在人们的心目中，领导让自己的下属办事一般都是"电话式"的通知，所以，你就会给对方一个高高在上的感觉，虽然你没有命令对方，但是在对方心目中就是这种感觉。

其次就是：给足对方面子。这一点是比较重要的，在求人办事的时候一定要给足对方面子，这种面子可以是无形之中的，也可以是表面的、物质的。比如说你可以给对方戴高帽、给对方送礼物、给对方宣扬功德等等模式，总之，要让对方觉得他帮助你是有好处的，并且只要你给对方宣扬了功德，那么他们不帮助你也不行了。

最后就是：要懂得感恩。很多人在别人帮助了自己之后就把对方给忘记了，这是非常不好的现象，正是因为这样的表现，很多人都会有一种"被利用"的感觉，所以时下比较流行的一种说法就是"把朋友当成工具"，其实出现这种"悲哀"是因为很多人"感恩"工作没有做好，或者说没有做够。所以给对方一种"帮完了人情也就完了"的错觉。所以在对方帮助完了之后，不妨抽个时间去看看对方,即便是打个电话问候一下对方也是应该的,对自己的人际关系也是非常好的。

总之,求人办事是一件说难也不难,说不难也难的事情,关键就是要照顾好对方的面子和尊严,记住求人办事不是命令人,不要用命令式的口吻来和对方说话,这样伤害的不仅仅是对方,更是你自己。

4 淡泊名利才能宠辱不惊

《菜根谭》中有一句话说得非常好:"宠辱不惊,闲看庭前花开花落;去留无意,漫随天外云卷云舒。"所谓"宠辱不惊"就是"对于荣耀与屈辱无动于衷。"所谓"去留"就是"去是退隐,留是居官。"解释之后就是"对于一切荣耀与屈辱无动于衷,用安静的心情欣赏庭院中的花开花落;对于官职的升迁得失漠不关心,冷眼观看天上浮云随风聚散。"

这是被很多人奉为信条的做人准则,特别是一些得道之士,更是遵循这种准则来为人处世。可是这短短的几个字,真正要做起来并不是很容易,但是也不是很难,只要记住四个字就可以了:淡泊名利!

无论是荣誉与屈辱,无论是官职还是名誉地位,这一切都逃不出"名利"的范畴。名,是一种荣誉,一种地位。名还常常与利相连,有了名,就可能享受更大的利;有了名,通常万事亨通。总之,名以及与之相连的利的确十分诱人,古往今来,多少人立足于社会,搏击于人生的动力正来自于此。也正因为如此,很多人功成名就,奢华一时;但是也不要忘记,很多人也是因为受到名利的影响,奢华一时,最后竟然败在名利上。可以说成也名利,败也名利。倒是那些淡泊名利的人享受着美好的人生,享受着自己尊严的奢华。

有一次,孟子本来准备去见齐王,恰好这时齐王派人捎话,说是自己感冒了不能吹风,因此请孟子到王宫里去见他。孟子觉得这是对他的一种轻慢,于是便对来人说:"不幸得很,我也病了,不能去见他。"第二天,孟子要到东郭大夫家去吊丧,他的学生公孙丑说:"先生昨天托病不去见齐王,今天却去吊丧,齐王知道了怕是不好吧?"孟子说:"昨天是昨天,今天是今天,今天我病好了,我为什么不能办我想办的事呢?"孟子刚走,齐王便打发人来问病。孟子弟弟孟

仲子应付说:"昨天王有命令让他上朝,他有病没去,今天刚好一点,就上朝去了,但不晓得他到了没有。"齐王的人一走,孟仲子便派人在孟子归家的路上拦截他,让他不要回家,快去见齐王。孟子仍然不去,而是到朋友景丑家避了一夜。景丑问孟子:"齐王要你去见他,你不去见,这是不是对他太不恭敬了呢?这也不合礼法啊。"孟子说:"哎,你这是什么话?齐国上下没有一个人拿仁义向王进言,这才是不恭敬哩。我呢,不是尧舜之道不敢向他进言,这难道还不够恭敬?曾子说过,'晋国和楚国的财富我赶不上,但他有他的财富,我有我的仁,他有他的爵位,我有我的义,我为什么要觉得比他低而非要去趋奉不可呢?'爵位、年龄、道德是天下公认的三件宝贵东西,齐王哪能凭他的爵位而轻视我的年龄和道德呢?如果他真是这样,便不足以同他有所作为,我为什么一定要委屈自己去见他呢?"

从这个故事当中,我们就可以看到孟子就是一种"淡泊名利"之人。就因为他是一个"淡泊名利"之人,所以,他才能宠辱不惊,才能不把皇上放在眼里。他曾经说过:"养心莫善于寡欲。其为人也寡欲,虽有不存焉寡矣;其为人也多欲,虽有存焉寡矣"。意思是讲如果一个人心中的欲望是很有限的,那么对于他来说,外界获得的东西是多是少都与自己无关,少了不足以产生内心的不平衡,而多了也不会助长他的欲望。而若一个人充满着无尽的欲望,那么他永远也不会有舒心的时候。在名利的驱动下,很多人一心想着往上爬、挣大钱,而名利增长了以后,欲望再一次提升,如此循环下去,永远追求着名利,直至生命的尽头仍然得不到满足。

虽然很多时候"名利"是我们毕生追求的目标,也是我们毕生奋斗的动力,但是,我们应该知道,无论是官场还是生意场,或是其他社会圈子,成功者、青云直上者、名利双收者毕竟是少数,更多的是为名利所困扰、因过分追求而落败的悲剧。原因很简单,就如古语所云:木秀于林,风必摧之;堆出于岸,流必湍之;行离于人,众必诽之。名利积累到了一定的程度,就会引起别人的注意,而这种注意往往就会演变成一种嫉妒。所以摆在我们面前的现实生活是非常严酷的。既然现实生活如此之严酷,那为什么我们不能把名利看得淡泊一些呢,为什么不能视名利如过眼烟云呢?虽然很多人嘴上会说视名利如烟云,可是真正做起来却不是那么回事。最主要的原因就是他们仅仅是嘴上看淡了名利,但是心里面还装着沉甸甸地名利欲望。正是有了这种欲望,所以才有了这种欲望满足不了的痛苦。懂得糊涂哲学的人都应该懂得,生活之路是非常宽阔的,并不一定要用金钱名誉来铺路。更何况,人生的价值并不全是能用名和利来衡量的,因此若想活得有滋有味,就应该在名利的砝码上减轻几分,看开名利,看淡名利,活出生活的本色来,这样才能真正做到宠辱不惊,真正享受生活,回归人性!

5 锋芒毕露必遭拒绝

所谓"锋芒毕露"是指一个人的锐气才干全部显露出来,比喻人有傲气,爱显露自己的才干。毫无疑问,这些锋芒毕露的人都是聪明人,但是这种聪明仅仅是一种小聪明,并不是大聪明,因此,这些人经常会聪明反被聪明误,搬起石头砸自己的脚。这不是危言耸听,而是事实。原因非常简单:聪明的人往往自恃自己比别人才高一等,就处处炫耀自己,根本不把别人放在眼里,根本不清楚自己的这种炫耀其实会伤害他人的名誉和利益,自己聪明的都不知道自己是"何许人"了,那么最后肯定会吃亏。

很多人都说做学问难,其实很多时候做人更难。做学问有做学问的法则,做人却很难有一个固定的法则,面对形形色色的人,我们不可能用一种规则去对待别人,而是要在一种人性的夹缝中寻找生存的空隙,这就是所谓的"道",我们通常所说的"入道"就是这个意思,要懂得人性,通晓人性才行。这个"道"字看似语意简单,其实包含着颇为深奥的道理,是一门很深的学问。那么对于人生来说,有没有一些现成的"道"可以学习呢?答案是有的,那就是"锋芒毕露必遭失败"!

某单位有个刚刚提拔起来的行政干部,并且还是一个副手。一次在会上用非常不尊敬的语言批评下级的支部书记:"你们这些人就知道务虚,每天都不知道在干些什么,养着你们有什么用……?"这时,偏偏被单位的大书记听了个正着,心里很不是滋味,心想他说这些人(他手下的支部书记)没用不就是暗指我没用吗,那不就是在指桑骂槐吗?于是当即推开办公室的门,随即回应了这个新干部几句:"你真行啊,刚刚提拔起来就给了我这老脸一巴掌啊……"简短的几句话说的这个新手脸红脖子粗,当时就下不了台。后来,单位的大书记就有意无意地和这个干部对着干,为难他,本来非常有前途的他正是因为一句话而让自己从"前途无量"变成了"前途无亮"。

可是吃了这个亏的新干部并没有吸取教训,在很多时候还是表现得锋芒毕露。

在这个单位召开一次会议的时候,这个新任的副手又开始滔滔不绝地说个

没完,说了自己又开始说别人,说了工作又开始说生活,在一旁坐着的正职几次想插话进去都没有成功,于是听着心里很不高兴,在这次会议之后,他找了一个理由将这个副职调到了另一个很不起眼的单位,这也就意味着这个副职一辈子就只能在黑暗中度过了。而有这样的后果完全是因为他过于锋芒毕露了,他只知道张扬自己,却不知道给自己的领导上司留面子,锋芒毕露的言语和行为给了大家非常不好的印象。

因此,无论是为人还是处世,都应该要避免"锋芒毕露"的表现,比如在说话方面,要讲究分寸;在人际交往上面,要注意分寸;甚至在教育下属方面,也同样要讲究分寸。既要对上级负责,又要为下级着想,该说的你不能不说,该做的你不能不做,但是不该说你千万不能说,不该做的你一点都不要做。否则,即使你取得了一定的成就,创造了可观的业绩,你也不一定得人心。最终搬起石头砸自己脚的人肯定还是你自己。

就拿故事中的这个副职干部来说,他之所以最终遭受失败很大一部分原因就是自己在说话做事的时候过于锋芒毕露了,没有给上级和下属留有余地,没有明白自己的身份和地位,说了自己不该说的话,做了自己不该做的事情。因此,从中我们可以得到一个教训:作为职场新人,你过早地"崭露头角"是危险的,会使你陷入被动,无形中将自己的定位定得很高;你处处显露自己的才干和见识,上司和同事就会产生一种心理定势,总认为你比别人强。所以,如果你一旦有所闪失,那人家轻则说你还欠火候,重则落井下石,认为你这是自高自大的最好报应。你锋芒毕露,会过早地卷入升迁之争。升迁之争必然带来残酷的淘汰,由于你是职场新人,在公司目前还无足轻重,所以,你有可能在一种不公平的暗箱操作和利益交换中,成为无辜的牺牲品。

历史的经验和现实的教训告诉我们,做人不可过于聪明,做人不可锋芒毕露。清代大画家郑板桥经过多少年的官场积累才悟出了"难得糊涂"这一简单而又深刻的道理。许多职场新人都急于显露自己的才能和实力,盼望能尽快得到上司和同事的认可,事事都要争个"先手",有时甚至还要来个"抢跑"。所以表现得锋芒毕露,这对于胸怀大志的职场新人来说,有百害而无一利。

在现代社会,虽然好酒也怕巷子深。但是,我们不能锋芒毕露,必须有耐心,大耳朵多听,小嘴巴少说。对于初来乍到的人来说,必须尽快熟悉"圈子"里的人和事,应该全心全意种好自己的"责任田"。在平时最好保持沉默,用谦虚诚恳的态度向同事学习业务知识,用自己的实践来证明自己的能力。这样你才能一步步走向成功。

总之,一个锋芒毕露的人用自己的锋芒毕露来为人处世,必定会遭到失败,即便没有当场"砸自己的脚",也会在以后的生活中"脚疼",不是不报,时候未到!

6 "说软话"是必要的

俗话说:人抵不过三句好话。而这种"好话"很多时候就是一种"软话",也就是对方喜欢听的话。所谓"说软话"就是一个人在语言交谈中故意表现出来的低姿态,它是在承认对方、尊崇对方的基础上所表现的谦让、低就和退步。虽然说这是一种退,一种让,但是说软话可以办硬事。退是一种暂时的权变措施,软话便是实现这一措施的有利武器。

说软话,有很多类型,但是无外乎尊彼卑己,谦虚谨慎。而说软话的时机基本上可以分为两类,

第一类:就是原本就是自己理亏,那么要求得到对方的原谅和理解,这时就应该说"软话"。

某山区支部书记带领群众修路时,不慎在放炮的时候炸碎的石头砸断了路边一家农户的桃树,可能在其他地方,一棵桃树算不了什么,但是在偏远山区,这棵桃树可是这家农户的财源,每年这家农户就靠着卖桃子挣一点收入。于是主人揪住支书要他赔偿自己的损失。可是支书因为修路要很多钱,所以支书答应他,秋后一定赔偿。但是主人不肯,于是,指挥自己的兄弟一拥而上,把支书好一顿打。

听到这件事情之后,村里的党员和群众都火了,要求狠狠整治打人者。于是第二天紧急召开村民大会,郑重其事地将桃树的主人带到了现场。

不料,大会开始之后,桃树的主人并没有挨整,而是支书开始做起了检讨:"老少爷们,我还年轻,得大家帮扶。哪个活儿我安排错了,哪句话我说得不对,大家提出来,我做检讨。"对于自己被打的事情竟然一字不提。而他的这种"软话"也打动了桃树的主人,事后,他亲自找到支书,当面认了错:"你是为全村,我是为自家,我错了!今天你咋说我咋干,听你的。"

于是村支书又带着他们开始修路。

这位村支书在自己犯了自己理亏的时候,并没有倚仗自己的权力来解决这件事情,而是利用说软话的策略轻松地征服了打人闹事者。

因此，从这件事情当中，我们得到这样一个启示：我们在为人处世之时，难免会碰到一些性格倔强或一时冲动的人，在别的方法难以奏效时，不妨试试以退为进的方法，用自己的软话来打动对方的心，获得对方的支持。说几句退让的软话，是一种有效解决问题的策略。虽然它的表面是退缩，而实质则是一种进攻。退就像拉弓射箭一样，先把弓弦向后拉，目的是为了把箭向前射出去。就好比水一样，表面上是软的，但实际上它能把石头滴穿。正如这位支书一样，为了日后工作更顺利，他忍下了个人委屈。但是，他的软话不是懦弱，而是一种坚强和勇敢。

第二类：就是在别人因为一时的糊涂做一些不适当的事情，我们要学会说软话，让对方回心转意。遇到这种情况的时候，我们就需要把握指责别人的分寸，既要指出对方的错误，又要保留对方的面子，不然会使对方很难堪，破坏了交往的气氛，而且会带来一系列严重的后果。

一位干部到广州出差，在街头小货摊上买了几件衣服准备付款，可是这个时候他发现自己刚刚还在身上的一百多元外汇券不见了。而货摊只有他和卖衣服的姑娘两个人。这个干部明知这件事情与姑娘有关，但是他没有抓住对方的把柄，当他提及此事的时候，姑娘翻脸说他诬陷人。

在这种情况下，这位干部没有和她来硬的，而是压低声音悄悄地和这个姑娘说："姑娘，我一下子照顾了你五六十元的生意，你怎么能这样对待我呢？你在这个热闹街道摆摊，一个月收入几百上千元，我想你绝对看不上那几张外汇券的，再说，你们做生意的，还是信誉要紧啊！"

说到这里的时候，这个干部故意顿了顿，他想看看姑娘能不能为自己的话所动。很快，他见姑娘似有所动，便又恳求道：人家托我买东西，好不容易换来百八元外汇券，丢了我真没办法交代，你就替我仔细找找吧，说不定忙乱中混到你的衣服里去了，我知道，你们个体户还是非常能体谅人的。姑娘终于被干部的一番软话打动了，最终她就坡下驴，在衣服堆里找出了外汇券，不好意思地交还给了这个干部。

说软话会让对方觉得自己是在吃糖，心里甜滋滋的。而之所以很多时候说软话行得通的原因就是在人性当中，人们普遍存在着"吃软不吃硬"的心态，特别是那些性格比较刚烈的、很有主见的人，更是不吃强硬的那一套。你如果说硬话，以命令的口吻，对方不但不会理睬，说不定比你更硬，你如果说软话，对方反倒产生同情，纵使自己为难，也会顺应你的要求。

恳求就属于"软话"的一种。有很多时候，我们要想劝服人，说软话要比说硬话效果好得多，然而恳求并不是低三下四地哀求，而是一种斗智，是一种心理交锋,通过恳求的语言启发,暗示并使对方按照你的意思行事。

所以说,"说软话"是有必要的,软中带强,柔中带刚,这样,温柔也会成为一个无形杀手。

7 落难之时别逞强

人性的弱点决定了我们的某些缺陷,比如说人都有一颗爱慕虚荣的心,所以这个弱点决定了很多人在落难之时还是要逞强,最终一败涂地,甚至失去了自己的生命。有这样一个寓言故事:

有一只猫总是把自己吹嘘得很了不起,对于自己的过失却百般掩饰,即便是在落难之时,也喜欢逞强。它捕捉老鼠的本领还不太精,经常会让老鼠从自己的嘴边逃掉。对这种情况,它就说:"我看它太瘦,先放走它,等以后养肥了再说。"

它到河边捉鱼,鲤鱼的尾巴狠狠地劈头盖脸打下来,把它的脸打肿了,它却装出笑容说:"那是我不想捉它,捉它还不容易?我就是要用它的尾巴洗把脸。刚才到阁楼上去玩儿,我的脸弄得太脏了!"

一次,它掉进泥坑里,浑身糊满了污泥。同伴们惊异地看着它,它连忙解释道:"我最近身上长了一些跳蚤,用这办法治它们,最灵验不过了!"

后来,它掉进了河里,同伴们打算救它,它说"你们认为我遇到危险了吗?不,我太热了,想洗个澡……"话没说完,它就沉没了。有同伴说:"不好了,它沉下去了,我们快救它吧!""走吧,"另一只猫说,"我们一片好心,到时候又要被当成驴肝肺。一会儿它肯定会说它在表演潜水。"可是那只说谎话的猫再也没有机会为自己辩解了,它沉下去就再也没有上来。

这就是逞强的后果,而这个后果所付出的代价就是自己的生命。这虽然只是一个寓言故事,但是从这个故事当中,我们却能清楚地看到人性的特征:人们容易同情弱者,也喜欢帮助弱者,但是并不喜欢弱者在落难之时还要逞强,哪怕他演绎得多么逼真,多么动情感人,多么冠冕堂皇。这一切只能让周围的人远离自己,放弃自己。

不要以为这种事情只有在寓言故事中才有,现实生活中这种人也比比皆是。这种"死要面子"其实说到底就是一种虚荣心在作怪。

老张原来是一个大集团的老板,可是因为一时的决策失误使得自己的公司濒临破产。但是爱慕虚荣的他为了满足自己的虚荣心,竟然仍然极力维持原有的排场,唯恐让别人看出他落难之时的失意。为了能东山再起,老张还经常在大饭店请人吃饭,拉拢关系。甚至在宴会之时,他竟然还借钱租用别人的私家车去接宾客,甚至还请了两个钟点工扮作女佣,佳肴一道道地端上,他以严厉的眼光制止自己久已不知肉味的孩子抢菜。虽然前一瓶酒尚未喝完,他已打开柜中最后一瓶高档酒,那可以他存了好久都没有舍得喝的。那些心里有数的客人酒足饭饱告辞离去时,每一个人都热烈地致谢,并露出一种同情的眼光,但是却没有一个人主动提出帮助。因为他们知道,对于老张这样的人,即便是提出帮助他也是不会接受的,因为他有一颗强烈的虚荣心。

当然,结果谁都能想到,老张在耗尽了自己最后的一点能力的时候,不仅没有能够东山再起,还让自己落到了一个家破人亡的境地。

虚荣心可以说谁都有,但是有强烈和不强烈之分。对于虚荣心强烈的人来说,世界上唯有保住自己的面子和虚荣是最重要的事情,即便是生命和事业,也不足以阻挡他们爱慕虚荣的步伐。就像两个故事中的主人公一样,虽然一个是猫,一个是人,但在虚荣面前,他们遭受了同样的失败和后果:那就是灭亡。一个是生命的灭亡,一个是事业的灭亡。最为可悲的是,他们表现虚荣的方式竟然都是在落难之时逞强,这种人尤其可悲,也尤其可恨。

从古到今,虚荣的阴影覆盖整个世界,人类的舞台也不乏一些虚荣的故事。而表现这种虚荣的方式就是相互比较,自夸。比如说白种人自夸他比全世界有色人种都优越;男人自夸也比一切女人都荣幸;美国人向德国人自夸,德国人向波兰人吹牛,波兰人向匈牙利人逞强,而匈牙利人以为他们比蒙古人厉害,蒙古人也不肯示弱,因为他们的祖先曾经征服过中国,最后,中国人也提出自己的古代文明,自夸自己是世界上最高尚的民族。暂且不说这其中是对还是错,但至少这都是一种虚荣的表现,特别是对于中国而言,在八国联军踏入中国土地之时,竟然还在自夸说"地大物博",这难道不也是一种落难之时的逞强吗?

生活中,人们由于虚荣和落难之时逞强而引发的竞争悲剧,举不胜举,而虚荣的人能永远维持自己的虚荣的例子却屈指可数!凡是那些虚荣的人,总有一天,因为自己的逞强一败涂地,接受这个残酷的现实。虚荣虽然可以自欺欺人,但它欺骗不了自然,虚荣是反对自然的,它是与客观事实相矛盾的。

因此,在此不妨告诫那些虚荣之人,在落难之时还是不要逞强为好,该如何表现就如何表现,坦坦荡荡做人,真诚处世,不仅能让自己活得轻松,更能得到别人的帮助!生活的尊严、富足才是真正的有面子,用虚荣所撑起来的面子是维持不了多少的,更何况那种面子不是真正的面子。

8 欲取于人,必先给予人

在古代典籍中,有很多关于取舍之道的文论,比如说孙子曾经说过:"将欲取之,必先予之。"而佛经里面也说过:"舍得,舍得,有舍才有得。"通过这些古代典籍的论述,我们在与人际交往的时候,应该明白一个道理:欲取于人,必先给予人!

很多人觉得生活痛苦是因为舍不得,所以他们得不到;而有的人觉得生活快乐是因为他们舍得,所以能得到。这就是所谓的有舍才有得,舍弃不是一种抛弃,而是一种付出之后寻求回报的策略,是一种"放长线钓大鱼"的智谋。

在《假虞灭虢》的事件里,曾经有过这样一段对话:

荀息对晋献公说:"我们借道于虞,需要给虞公些礼物。晋献公说:"那就赠给虞公一些黄金吧。"荀息对晋献公说:"这点礼物太轻了。请以稀世国宝—产之乘与垂棘之璧献于虞公。"晋献公说:"是吾宝也。"荀息说:"请主公不要动怒,若得道于虞,犹外府也。"

晋献公不舍得自己的宝马美玉,但是荀息劝他说:"我们只不过是暂时寄存在虞公那里,等消灭虞国后,就会回到您的手里。"这里讲的依然是取和舍的关系。假若晋献公不舍出那名贵的宝物,虞公是不会答应借道的。那么晋国的计谋就无法施展,国土就无法扩张。

所以说:"将欲取之,必先予之。"放弃与获得是紧紧联系在一起的,有舍有得,不舍不得;小舍小得,大舍大得。为了能够获得更多、更长久,我们必须先学会正确、适时的放弃。因此,不妨从别人那里索取之前,先投对方所好,给对方所需要的,那么也就能得到自己所需要的。

东汉时,宦官张让是桓帝当权期间权倾朝野,不可一世的一个人物。可是当时还是小商人的孟陀为了能把自己的生意做大,便把脑筋动到张让的一位管家身上。孟陀不断地以金钱攻势来巴结这位管家,而这位管家自然也心知肚明天下没有白吃的午餐,孟陀这样巴结自己,肯定有他的目的。有一天,他便问孟陀到底有什么要求!孟陀回答说:"我的要求很简单,不过是希望在适当的时机你能向我叩拜一次,那样我就心满意足了。"

虽然这样的要求,管家一时无法领悟其用意何在,但还是满口答应了。没多久之后,孟陀觉得时机已经成熟,便前往张府,想要求见张让。这一天,那位管家看见他后,便急忙率领众多奴仆前来迎拜,并亲自陪同孟陀一起进入大门……众多宾客看见这种排场,当然对孟陀刮目相看,于是纷纷上前攀交情,拉关系。

孟陀身份和地位顿时水涨船高,以后便俨然一副"重要人物"的模样,做起生意来当然更加顺手,从此累积钱财的速度就更加惊人了。

或许,在一般人的眼里,管家只不过是个小人物而已,即便他是全倾朝野的张让的管家,也只不过是多了点狐假虎威的虚荣。可是孟陀却供对了管家这尊"土地公",烧对了香自然不用到处烧香,省去了到处去求神拜佛的麻烦。从中可是折射出一个商场法则:"以最小的成本,获取最大的效益"。这种成本可以是你投进去的,也可以是你故意舍弃的。

时代华纳公司董事长兼首席执行官迪克·帕森斯认为自己得到过的最佳建议是"在谈判中不要寸利必争,要给人点甜头。"我对这句话的感触很深,在与合作人谈生意的时候,如果你舍得给别人甜头,那么一旦洽谈成功了,利润将是源源不断。为了长远的利益,何必舍不得当时那点微不足道的甜头呢?

其实这样的道理,李嘉诚也曾经说过。李嘉诚曾经教育自己的儿子说,做生意要多替别人着想,要善于将利益让给别人,如果这笔生意拿五成就可以了,拿六成也没有问题,那么拿四成就足够了,把剩下的让给对方。所以很多人都知道和李嘉诚做生意肯定有赚,那么大家也都喜欢和他做生意,那么四成也就不是四成,而是几百个、几千个四成了。这就是舍弃小的,得到大的。

当然,对于我们来说,要从别人那里得到很多的东西,所以我们也要善于付出很多东西,无论是金钱、名誉还是利益。总之记住一句话:欲取于人,必先给予人!这是商场不败经典,也是为人处世的至理名言。

9 藏锋显拙只为顺利成事

一个锋芒毕露的人不是一个聪明之人，这样的人虽然看起来来势汹汹，但是并不可怕。而一个懂得藏锋显拙的人才是一个真正聪明的人，虽然他表现出一副昏昏欲睡的样子，但这正是他发动进攻之前的表现。在竞争敌手中藏锋显拙，保全自身又出奇制胜，这是很多人都懂得的道理，司马懿就是一个精通此道之人。

魏明帝景初三年正月，当时的魏明帝曹睿效仿刘备的"托孤之举"，在即将驾崩之前，委任司马懿和曹爽辅佐自己的幼子曹芳，并让当时是齐王的曹芳前去抱司马懿的脖子以表示亲近之意，为此，司马懿感激涕零，为了表示自己的忠心，当日即立曹芳为皇太子，于是曹睿放心地驾鹤西去。

丧事办完之后，为了遵照先皇的遗嘱，当时为大将军的曹爽和当时为太尉的司马懿共掌朝政，辅佐当时只有八岁的曹芳。因为曹芳年纪尚小，不懂权利和地位，所以大权自然而然就落在了曹爽和司马懿这两个顾命大臣手中。这本来是一件无可厚非的事情，但是曹爽与司马懿两人之间的资望和能力有很大的差距：暂且不说司马懿在曹操时期就立下赫赫战功，更何况他是一个老谋深算，德高望重之人。加上两个儿子司马师，司马昭也能征善战。而曹爽则依仗皇亲国戚的身份在朝廷中立足，资历威望都不及司马懿。所以司马懿对曹氏政权构成很大威胁。当时年幼的曹芳怕大权旁落他人之手，很自然地倾向于曹爽而疏远司马家族。

几年之后，曹爽的翅膀开始硬了起来，并且还渐渐地开始培植自己的势力，以排挤司马家族，之后又夺了司马懿的兵权，撤销了他太尉的实职，而安排一个太傅的空衔，司马懿见状，并没有与他争权夺利，他知道，新在曹爽的势力控制了朝廷，和他争也只能是两败俱伤。

于是司马懿就装病在家，开始不问朝政了。曹爽没有司马懿这个对手之后，揽权贪位得更加放肆了。他见司马懿告病在家，也不问是真是假，便开始得意忘形起来。他不仅提拔自己的弟弟曹羲为中领军，曹训为武卫将军，曹彦为散骑常侍，控制了宫廷京师的武装大权。甚至在出行的时候车辆仪仗舆服皆仿皇帝规模，甚至把宫中的妃嫔、乐师也带回家中寻欢作乐。这在古代，可都是欺君之罪。但是司马懿作为一个顾命大臣，并没有说什么，只是装病在家，大门不出，二门不迈。曹爽的所作所为非议渐起，为一些正直的官吏所恶，因此渐失人心。但是司马懿虽然装病在家，但是每天都在忙碌着，对朝政和时局反而更加关注了。曹爽行为渐失人心的情况，他都了如指掌，心中窃喜，于是静待时机反败为胜。

正始九年冬，曹爽的手下李胜由同南尹调任为荆州刺史，临行前到太傅司马懿家去辞行。司马懿熟谙官场之事，听说李胜来访，向身旁的侍女嘱咐几句后传令进见。李胜来到司马懿养病的卧室，只见司马懿躺在病床上，散乱着头发，一副面容憔悴的样子。司马懿一看李胜进屋，忙挣扎着要坐起来行礼，两个侍女立刻搀扶起他，而另外一个侍女则递给他外衣，司马懿十分用力地去接衣服，只是因为手颤而将衣服丢落在地上。两个侍女忙弯腰帮他拣起，忙活了好一阵子才把衣服穿上。接着司马懿又以手指着嘴，侍女忙端来一碗稀粥，司马懿也不用勺子，伸了伸脖子直接就喝，结果里一半外一半，稀粥和米粒弄得满胡子都是，前大襟上还洒了一大片。

李胜见此情景，心里非常难受，忙往前凑了凑说："只听人们说您中风病犯了，想不到竟病到这种程度。"司马懿上气不接下气地说："唉！年老病重，死期不远。君屈任并州，并州接近胡地，您可要当心啊！"说完使劲地喘了两口气又说："恐怕你我这辈子再也不能见面了，我把两个儿子师、昭都托付给您，请您多加照应。"李胜见司马懿将自己去的荆州说成了并州，就纠正说："我上任荆州，不是并州！"司马懿听了，大惑不解，偏偏头侧过耳朵问："什么？放到并州？"李胜只好再改口说："我放到荆州。"司马懿这才假装若有所悟地回答说："啊！都怪我年老意荒，耳朵也背，没听明白您的话。您这回到了'并'州任职，要好好建功立业啊。"和司马懿寒暄唠叨几句，李胜便起身告辞。

其实这次李胜前去探病是假，受曹爽之遣去摸清司马懿的情况是真。而司马懿也知道了李胜来的真正目的，所以就给他上演了这么一出好戏。

曹爽得到李胜打探回来的报告，听他绘声绘色地描述司马懿病重昏聩的老态，心中更加轻松，从此完全不把司马懿放在心上了。司马懿用这种装疯卖傻的方法，接连打发了属于曹爽一党来探望病情的几个人后，见再也无人过问，便知他们已经中了自己的圈套，于是加紧了自己的反击步伐。

正始十年（249）正月甲午日，皇帝曹芳到洛阳城的城南去祭扫明帝的平陵。而曹爽、曹羲、曹训掌握兵权的兄弟三人全部随驾出城。平陵距洛阳九十里，按当时的交通条件势必不能当日返回，必须驻扎在外，这可是给了司马懿一个绝好的机会，司马懿决定在这一天开始反击。他一边派人再去观察，一边开始了紧张的部署。三个时辰过后，司马懿估计皇帝车驾已经出城并且已走远，于是立刻分派两个儿子及心腹家人,还有以前的门生故吏分别夺取城中禁军的兵权,占领了武器库、府库、皇宫和太后宫等要害部门,然后又以最快的速度关闭所有的城门,并带领亲兵出城驻守在洛水浮桥边。就在一个时辰里,一切都部署停当,顿时整个洛阳城进入了高度紧张的战备状态。这样,司马懿控制了京城和皇太后。一切就绪后,司马懿以皇太后的名义写信给曹爽,要求他保护皇帝回城,只要投降即可免杀。而曹爽本是一个庸俗无能之人,对手下"挟皇帝出逃"的良言之谏也置之不理,竟然没有出息地投降回城。

后来,司马懿翦除了曹爽的羽翼,在此之后便以谋大逆的罪名把曹爽兄弟及亲信一网打尽。从此,司马氏独掌朝廷大权,为篡魏自立、建立西晋王朝夯实了基础。

纵观整个过程,司马懿之所以藏锋显拙,目的就是为了自己能顺利成事。大张旗鼓的部署肯定会遭到各种各样的阻力,但是藏锋显拙就好比是在地下进行,一切活动只有自己明了,欺骗了别人的眼睛也就意味着躲过了阻力。这就是人生之"弹簧之道",当形势不利于自己的时候要学会隐藏强大的实力,免得被别人嫉妒而遭暗算,要给人一种软弱无力的假象,这样才能保护自己、伺机而动、才能顺利地达到自己的目的,办成并且办好事情。

10 故意弯腰是为笼络人心

人性自私的一面决定了人是有攀比之心和嫉妒之心的,而无论是攀比还是嫉妒,所针对的都是那些能力比自己强的、地位比自己高的、或者说成就比自己大的人。人一旦有了嫉妒之心,就会对别人造成一定的伤害和排斥,无论你是有意的还是无意的。总之,伤害是在所难免的,特别是在人际关系上面,更是如此。那么,对那些能力强的、地位高的、成就大的人来说,要如何才能避免自己的人际关系受到伤害呢?最好的办法就是在适当的时候弯弯腰,显示一下自己的缺点、弱点和平常不为人知的一面,使别人对你放松戒备,造成亲近之感。

当然,这种弯腰是需要很巧妙地、不露痕迹地在他人面前暴露某些无关痛痒的缺点,让自己出点小洋相,表明自己并不是一个高高在上、十全十美的人物,这样就会使人在与你交往时松一口气,排除嫉妒心理,不与你为敌。

某企业因为经理退休,老板决定从三个副经理中提拔一个人当经理。经理这个职位对于这三个人来说都是窥视已久的,只是因为当时经理还没有退休,所以他们都不敢轻举妄动,现在机会来了,竞争之激烈是在所难免的了。

可是这个企业的领导比较聪明,他在提拔经理的时候并不是看对方的报告,不是听对方的演讲,而是由下属员工无记名投票来决定,因为这样更具有说服力,也更公平。毕竟,无论是论资历还是功劳,这三个人都是不分上下的,现在要看的就是他们之间谁最有号召力了,谁有号召力就意味着谁更能带动下属。并且老板规定,这三个人和员工进行拉票的机会只有短短的半个小时,谁都不能超出,否则就相当于弃权。

拉票那天,全企业都汇聚到了开会的大礼堂,人山人海的,嘈杂声、说笑声……拉票活动开始了,随着老板一声令下,第一个副经理开始演讲了,西装革履地站在台上,大手一挥喊道:安静安静……短短的半个小时时间,这个副经理从自己说到了别人,从家庭说到了企业,从中国说到了国外,总之,他能想到的都说了,目的只有一个,那就是告诉员工下属,只要自己当选为经理,自己一定能带着大家走向富裕等等……

掌声过后,第二个副经理上台了,同样是西装革履,同样是大手一挥,同样是天南海北的说,目的也是如此:只要自己当选为经理,自己一定能带着企业走向世界五百强……

可是掌声过后,原本应该第三个副经理上台演讲的,但是人们却突然间发现这个副经理根本就不在台上,从始至终都没有出现。就在人们焦急等待的时候,第三个副经理一副狼狈的样子从后门进来了,因为外面正在下着大雨,他一边收起雨伞,一边说着:"对不起、对不起,我迟到了,家里因为临时有事,去了医院一趟,对不起……"看着这个副经理的样子,前面两个副经理都不由地笑了:他挽着裤腿,穿着破旧的工作服,头发乱成一团,手里还拿着医院开出来的单据,似乎还没有时间放进口袋里,完全没有一个副经理的样子。

原本是半个小时的演讲时间,这个副经理站在人群中,却只说了三句话:"我想我有能力做好这个经理,不过也需要大家的支持,谢谢!"

全礼堂顿时响起了热烈的掌声,就连老板,也起立给他鼓了掌……

结果就是第三个副经理被提拔当上了经理,而那两个西装革履的副经理还是副经理,只不过在不久之后他们就因为和员工发生冲突而被请出了公司。

从始至终,第三个副经理都在示弱,无论是他所穿的衣服还是他所表现出来的狼狈相,都让员工感觉到了一种想要去亲近的感觉,而不像前面两个副经理一样,西装革履,高高在上,给人一种无法亲近的感觉,而这样的感觉是没有号召力的,所以最后第三个副经理赢了!至于后来前面两个副经理因为和员工发生冲突的事情,就是人们一种嫉妒心的表现,所以员工排斥他们,故意挤走了他们!

故意弯腰,为的就是笼络人心。在职场中竞争是激烈的,被人嫉妒是在所难免的,但是我们可以通过"弯腰"来笼络周围的人心,将原本会成为敌人的人变成朋友,而你只要给他们一个心理平衡,而这个平衡只需要你低低头,弯弯腰,甚至只是说一句软话,一句能打动人心的软话……

总之,无论是在生活中还是在职场中,懂得弯腰以笼络人心就是懂得了竞争的秘诀,懂得了人际交往的灵丹妙药!

11 借力行事必先低头求人

无论是古代还是在现代,聪明的人总是会借着别人的势力和身价来抬高自己的身价和威望,或者借着别人的名气来提高自己的名气,这就是所谓的借力行事。但是借力行事也不是说风风光光、高高在上的人能做成的,其中也需要一种低调的艺术,也需要先低势于人。否则,借力行事是不能完成的。历史上懂得这样做的人很多,左宗棠一个知己的儿子黄兰阶就是其中一个:

清政府的官场中历来靠后台,走后门,求人写推荐信。但是时任军机大臣的左宗棠却从未给人写过推荐信,当别人求他帮忙的时候,他总是说:"一个人只要有本事,自会有人用他。"左宗棠有个知己好友的儿子,名叫黄兰阶,当时他在福建候任补知县,但是很多年过去了也没候到实缺,他见别人都有大官写推荐信觅得了肥差,而自己却落的这样一个地步,于是他也想效仿那些人,找一个大官给自己写推荐信。于是他想到父亲生前与左宗棠很要好,就跑到北京来找左宗棠。左宗棠见了是故人之子来看自己,非常高兴,对黄兰阶也十分客气。可是当黄兰阶一提出想让他写推荐信给福建总督时,左宗棠顿时就变了脸,几句话就将黄兰阶打发走了。

被打发走的黄兰阶又气又恨,离开了左相府,闲逛到琉璃厂看书散心。可是在无意之间他看见一个小店老板学写左宗棠的字体,十分认真,于是心中一动，想出一条妙计。立刻要店主写了一柄扇子，并且落了款，得意洋洋地回了福州。

到了参见总督的那天，虽然是秋天，但是黄兰阶还是手摇纸扇，径直走到总督堂上，总督见了很奇怪，问："外面很热吗？都立秋了，老兄为什么带个扇子还摇个不停？"

黄兰阶把扇子一晃："不瞒大师说，外边天气并不太热，只是我这柄扇子是我此次进京，左宗棠大人亲送的，所以舍不得放手。"

福建总督听到左宗棠三个字，暗暗地吃了一惊，心想：我以为这姓黄的在朝廷里没有后台，所以候补几年也没任命他实缺，可不曾想到他竟有这么个大后台。军机大臣左宗棠天天跟皇上见面，又是皇上面前的红人，他若是怨恨我，只需要在皇上面前说个一句半句我的坏话，那我可就吃不消了。但是细心的总督怕黄兰阶作假，便借口要过黄兰阶的扇子仔仔细细地察看了一番，确系左宗棠的笔迹，一点都不差。他将扇子还与黄兰阶，闷闷不乐地回到后堂，找到师爷商议此事，第二天就给黄兰阶挂牌任了知县。

正是因为有了这次借力行事的机会，黄兰阶不到几年就升到四品道台，但是从此以后，他再也没有提起左宗棠的名字，而是靠自己的能力赢得了上司的青睐。不过福建总督有一次进京，见了左宗棠，非常讨好地说"宗棠大人故友之子黄兰阶，如今在敝省当了道台了。"

左宗棠笑着说："是嘛！那次他来找我，我就对他说只要有本事，自有识货人。老兄就很识人才嘛！"

从这个故事当中我们可以看出，人要想提高自己的名望，不仅仅要借力行事，更需要低头于人，无论是借力之前还是借力之后。如果说做一个比喻的话，那么所借的力就好比是水，而所行的事则是舟，"水可载舟，亦可覆舟"，能"借力行事"，也能"因力而毁事"，关键就在于你能不能低头于人。试想，如果黄兰阶在得到福建总督的提拔之后非常高调地去上任，高调地去宣传自己和左宗棠的关系，那么左宗棠肯定会找个借口将他拿下，更何况黄兰阶用的是欺世盗名、瞒天过海的鬼点子。

可是现在黄兰阶并没有高调为人，还是低头于人，所以左宗棠不仅不会知道事情的真相，即便是知道了，也会装作不知道，因为他没有必要大义灭亲。

其实在现代生活中又何尝不是如此呢？在求人办事，让对方给自己写介绍信、托关系、找熟人等等，也都需要低头于人，这不仅是对对方的一种尊重，更是一种需要，因为如果你高调的宣传自己借力行事的事情，难免会遭到别人的嫉妒，那么你不仅成不了事，反而会坏了自己的好事。总之一句话：借力行事也别忘了低头求人。

12 要央求更要婉求

人生在世,求人办事在所难免,但如何求人却是一门大学问,在这里,介绍一种方便而又实用的技巧——婉求!所谓婉求就是不直接出面或不直取目的,而是绕开对方可能不应允的事情,选择一个临时拟定的虚假目的做幌子,让对方接受下来,当对方进入圈套之后,你的求人目的也就达到了。

可是很多人在求人办事的时候用的是一种央求的方式,甚至是恳求,但是事后发现央求的效果并不是很好,甚至这种方式还会引起别人的反感,既达不到请求的目的,还会影响自己的人际关系。

一个员工因为犯了一个小错误而被老板开除了,如果要是在别人身上,这是一件很简单的事情,只要重新找一份工作就可以了,但是对于这个员工来说,这份工作非常重要,是非要不可的。所以为了让老板重新给自己一次机会,他就一次又一次地去央求老板原谅自己,但是老板都没有答应。这个员工看央求老板不行,于是就转换方向,去央求老板的妻子,让她帮忙给老板说说,原谅自己,给自己一次机会,但是老板娘也没有答应,一次两次,在这个员工第五次去央求老板娘的时候,老板娘终于发火了,不仅三言两语就打发了对方,还和自己的朋友说,这个人真是烦人,这么死皮赖脸的人来求人家,也不知道他自己是怎么想的,这样的人连自尊都没有了,对公司还有什么帮助?

央求的方式不仅不能达到目的,反而会让自己失去自尊、失去原本可以找到的机会。在很多人眼中,央求有一种低三下四的感觉,虽然说很低调,但是低调过了头就是一种没有尊严的表现。所以,在求人办事的时候最好能善于婉求。委婉的请求,同样能达到非常好的效果。毕竟,婉求是掩盖自己的真实目的,以虚掩实,让对方无从察觉的,即便对方知道了你的真是目的,也不会当面拒绝的。它的最大特点就是含而不露和露而不显。

当然,婉求也有技巧,主要可以从以下两个方面入手:

第一个就是取得对方信任,在此前提之下从奉托小事入手,然后再一步一步地请求对方为自己办事。一旦对方进入自己的计划之中,就可以进一步巩固

你们之间的关系,为完成自己的目的进一步打算。如果你不明白,那么不妨看看美国人雷特是怎么做的:

美国人雷特是格里莱创办的《纽约论坛报》的总编辑,随着事业的发展,他发现自己身边缺少了一位精明干练的助理,如果有这样一个人,自己的事业能发展得更快一些,所以他决定寻觅这样一个助理。寻觅不久之后,雷特将目光定位在了年轻的约翰·海身上,他希望约翰·海能帮助自己完成自己的梦想——成为成功的出版家。而当时约翰刚从西班牙首都马德里卸除外交官职,准备回到他的家乡伊利诺伊州从事律师职业,似乎对雷特的事业没有多大的兴趣。但是雷特看准了约翰是把好手,如果能够把他拉到自己身边,将会让自己如虎添翼。可他怎样使这位有为的青年抛弃自己的计划来报社里就职呢?雷特陷入了深深的思考之中,不久之后,他就想出了一个好方法:婉求!

首先,为了取得约翰的信任,雷特请他到联盟俱乐部去吃饭。饭后,他提议请约翰到报社去玩玩,让他知道自己的工作是干什么的。从许多电讯中间,雷特找到了一条重要消息,恰巧负责这个消息的国外新闻编辑不在,于是雷特就对约翰说:"请坐下来,麻烦你帮我为明天的报纸写一段关于这条消息的社论吧。"约翰连想都没有想就答应了,提笔就做。结果果然不出雷特所料,约翰的社论写得很棒,雷特同事看了之后也很赞赏,于是雷特请他再帮一星期、一个月,渐渐地雷特干脆让他担任这一职务,而这个时候约翰也因为一个星期、一个月的干着这个事情,慢慢地喜欢上了这个行业。就这样,约翰在不知不觉中放弃了回家乡做律师的计划,而留在纽约做新闻记者了。

这就是婉求,雷特凭着这一策略,猎获了他物色好的人选,而约翰也在试一试、帮朋友忙的动机下,毫无压力地接受了对方的婉求,放弃了设定好的人生取向,而选择做新闻记者。在拉拢约翰之前,雷特没有选择央求的方式,他甚至一点都没有泄露自己的本意,只是劝诱约翰帮自己赶写一篇小小社论,而约翰也不会因为这一件小事而拒绝对方。于是雷特最后圆满地实现了自己的求人目的。由此可以得出一条求人的规律,那就是:央求不如婉求。

第二条就是首先引起别人的兴趣,让别人加入到自己的事业之中。当你要婉求别人去做一些很容易的事情时,你得先让对方体会到其中的兴趣或者是强烈的刺激,产生一种一探究竟的渴望。那么这样的请求肯定能成功。

贝尔是电话机的发明人,但是他没有足够的资金来推广这项发明,所以他一直在寻求提供资金的合作者。一次,他来到一个大资本家叫许拜特的人家中,想要从他那里拉到一些资金。但是他知道许拜特是个脾气古怪的人,向来对电气事业不感兴趣。所以想要从他那里拿到推广电话机的资金是一件非常困难的事情。但是贝尔没有放弃,而是想着该怎样让他发生兴趣并为之解囊呢?

来到许拜特的家中,贝尔没有直截了当地向对方说明推广电话机预算能获得多少利润,也没有对他解释电话机的科学道理。而是坐了下来,弹起了客厅里的钢琴。弹着弹着,他忽然停了下来对许拜特说:"你可知道,如果我把这只板踏下去,向这钢琴唱一个声音,这钢琴便也会复唱出这声音来。譬如,我唱一个 Do,这钢琴便会应一声 Do,这事你看有趣吗?"

听到这些,许拜特放下手中的书本,好奇地问:"你能告诉我这是怎么回事吗?"这时,贝尔才详细地向他解释了和音和复音电话机的原理。通过这次谈话,许拜特愿意负担一部分贝尔的实验经费,贝尔如愿以偿。

这也是一种婉求的方式,只不过它利用的是人的好奇心和兴趣。当对方的兴趣被激发起来之后,就会自然而然地落入自己的"圈套"之中,于是,他就会很高兴地满足你的请求。很多成功人士都懂得人的这种弱点,于是就会利用这一点,婉求别人帮助自己做事情。事实证明,这种方法是正确的,可行的,效果也是相当明显的,以后在求人办事的时候,不妨一用!

13 请求中不妨加点眼泪

着去请求别人,似乎只有弱者才会这么做,其实不是。哭不仅仅是一种软弱的象征,更是一种求人办事的好方法,通过眼泪,通常能达到软化对方心肠的目的。这样,你请求别人的事情对方多半会答应。因为人最不想伤害的就是弱者,而眼泪就是弱者最好的标志。刘备深知这一点:

刘备深知"哭"的巨大作用,而且他很会哭。老百姓凋侃,刘备的江山是"哭"出来的。哭而能够得到江山,应该算是哭得高明,哭得巧妙。其中最为著名的一次就是"刘备哭荆州"。

赤壁大战之后,刘备按照诸葛亮的安排,用诡计夺取了当时的军事重镇荆州,而荆州原本是东吴大将周瑜的目标,当听了刘备已经抢先一步占据了荆州之后,周瑜气得金疮迸裂,决心起兵与刘备决一雌雄。后来经过鲁肃的劝说之后,东吴孙权才罢兵言和。可是周瑜是个明白人,他认为刘备占据荆州始终是东吴称霸的一个心腹大患,日后必定会为其所累。于是便命鲁肃去向刘备讨回荆州。最初,刘备以辅助侄儿刘琦为理由赖着不还。刘琦死后,鲁肃又去讨荆州,诸葛亮以"天下者天下人之天下,非一人之天下"来辩护,并立下文书,取了西川后再归还荆州。鲁肃无奈,只好空手而回。后来,刘备娶了孙权的妹妹,做了东吴的乘龙快婿,孙权又要让鲁肃去刘备那里讨还荆州,"厚脸皮"的刘备已经黔驴技穷,无奈之下问计于军师诸葛亮。

于是诸葛亮说道:"主公只管放声大哭就可以了,待哭到伤心悲切之时,我自然会出来劝解,这样荆州就不会有大问题了。"

等到鲁肃来到堂上,刘备出来接见,双方不免互相追捧谦让一番。一番礼仪过后,刘备开门见山地说:"子敬(鲁肃的字)不必谦虚,有话直说。"鲁肃说:"小人奉吴侯军命,专为荆州一事而来,现在我们可以算是一家人了,希望刘皇叔今日交还荆州,这样对双方都有好处。"

鲁肃说完后,眼睁睁地看着刘备,专候他的答复。哪知刘备一说到荆州的事情就无话可说,没有回答却用双手蒙脸大哭不已,哭得那叫一个天昏地暗,泪湿满襟,简直成了一个泪人儿。鲁肃见刘备哀声嘶哭,泪如雨下,不禁惊慌失措,急忙问道:"皇叔何如此?难道小人有得罪之处。"

可是刘备并没有理会鲁肃,只是一个劲地哭,哭声不绝于耳,哭得鲁肃胆战心寒却不知该如何是好。这时,诸葛亮摇着鹅毛扇从屏风后走出来说道:"我听了很久了,子敬你可知我的主公为什么哭吗?"

鲁肃说:"只见皇叔悲伤不已,不知其原因,还望孔明先生见教!"

诸葛亮说:"这不难理解。当初我家主公借荆州之时,曾经立下取得西川之时便还给东吴的文书,可是仔细想想,现在主持西川军政大事的刘璋是我家主公的兄弟,大家都是汉朝的骨肉,若是兴兵去攻打西川,又怕被万人唾骂,若是不取西川,还了荆州无处安身;若是不还,那东吴主公孙权又是舅舅。我主公处于这样两难的境地,而子敬你又三番两次地来讨要荆州,因此主公想想便觉心酸,泪出痛肠,不由得放声恸哭。"孔明说罢,又用眼色暗示刘备,于是刘备又耸肩摇膀,捶胸顿足,大放悲声。

鲁肃终究是一个厚道之人,见刘备泪下,放声痛哭,于是心中就动了恻隐之心,以为刘备真的是因无立足之地而哭,便起身劝道:"皇叔且休烦恼,待我与孔明从长计议。"刘备这一哭,虽然是无赖之举,但却有了立足之地,达到了自己最初的目的。

其实刘备的意图非常明显,那就是希望能赖在荆州不走,可是如果名正言顺地向鲁肃请求,那是肯定行不通的,更何况有自己所立的字据呢?可是要是真的将荆州还给了东吴就意味着将自己逼入绝境。在这个紧急关头,刘备听从了诸葛亮的建议,用"哭"来逼迫鲁肃答应自己的请求。

当然,在历史中,刘备的这种"哭"是遭人批判的,但是正是这种"哭"三番两次地让自己的请求得到了满足,所以我们不妨将这种方法进行延伸一下,在我们请求别人帮助的时候,不妨在其中掺杂一点眼泪,无论是多么铁石心肠的人面对别人的眼泪还是能心软的,而心软就是意味着让步,意味着满足对方的要请求。不要以为哭只是女人的专利,男人同样也可以哭,同样也可以利用哭来请求对方答应自己的条件,只是有一点要注意,这种方法只能在偶尔的时候适用,不能一直都用,否则将失去效果,或者说在别人眼中没有了尊严,这是得不偿失的。

14 大脸面求胜,小脸面求败

现代社会的基调就是竞争和生存。既然是竞争,那就有胜败之分。可是在胜败之间追逐也还是有讲究,要懂得人性才能立于不败之地,而在竞争之中,最大的人性就体现在面子问题上,失去了面子,即便是再大的胜利也是失败,而有了面子,即便是失败,也是一种胜利。因此,鉴于这种人性,我们应该学会在大脸面上求胜利,在小脸面上求失败。当然,这种胜败是针对于别人来说的,自己在小脸面上失败是为了给对方面子,而大脸面上求胜是为了让自己获得实惠。

用一句话来解释,就是要善于扯下自己的面子给别人,毕竟谁都希望自己有面子,所以我们这是投其所好,但是我们并没有失去什么,反而会得到很多的实惠。

古代有位大侠名叫郭解。有一次,洛阳某人因与他人结怨而心烦,多次央求地方上有名望的人士出来调停,对方就是不给面子。后来他找到郭解门下,请他来化解这段恩怨;郭解接受了这个请求,亲自上门拜访委托人的对手,做了大量的说服工作,好不容易使这人同意了和解。照常理,郭解此时不负人托,完成这一化解恩怨的任务,可以走人了。可郭解还有高人一着的棋,有更巧妙的处理方法。

一切讲清楚后,他对那人说:"这个事,听说过去有许多当地有名望的人调解过，但因不能得到双方的共同认可而没能达成协议。这次我很幸运，你也很给我面子，让我了结了这件事。我在感谢你的同时，也为自己担心，我毕竟是外乡人，在本地人出面不能解决问题的情况下，由我这个外地人来完成和解，未免会使本地那些有名望的人感到丢面子。"他进一步说："这件事这么办，请你再帮我一次，从表面上要做到让人以为我出面也解决不了问题。等我明天离开此地，本地几位绅士，侠客还会上门，你把面子给他们，算作他们完成此一美举吧。拜托了。"

郭解把自己的面子扯下来，决意送给其他有名望的人，其心态之高，其心态之平，实在令人感佩。

郭解将面子扯下来给了别人，自己实际上并没有失去什么，反而让当地的那些名望之人觉得非常有面子，可以在当地更加有自尊、有威严地生活下去。在小脸面上他是失败了，但是在大脸面上他成功了，为什么这么说？原因很简单，试想一下，如果郭解没有最后的那一招，而是自己揽下了这份功劳，那么在那些名望之人眼中郭解是一个什么样的人呢？那些当地的名望之人肯定会认为郭解影响了自己的威望，或者说证明了自己的能力不足，那么那些有名望的当地人能不嫉妒吗，能不想方设法挤走郭解吗，那么郭解还能在当地生活下去吗？因此这份荣誉其实不是真正的荣誉，而是一种祸害，一种累赘。可是要是放在当地名望之人身上，那就是一种真正的荣誉了，不仅能给他们带来威信，更能给郭解带来一份信任、一份认可、甚至是一份感动。

这就是所谓的大脸面和小脸面，一个很简单的取舍却引出了这么多为人处世的潜规则，我们只有明白其中的道理，才能用自己的面子换来自己所想要的东西。你给别人一个面子其实也就相当于你承认别人比自己尊贵，比自己占分量，比自己有面子，对方领了情之后，日后一定会对你做出相应的回报。而实际上很多时候，在你失去面子的时候就应经得到回报了，只是这种回报很多人并没有意识到。

这好比做生意，虽然你失去的只是一成的利润，但是正是因为这一成的利润在无形中让你的名气在同行业中提高了不少，同行口碑相传，这就是你所收到的回报，并且这种回报根本就无法用金钱来衡量。可以说，扯下自己的面子给别人是人际交往中不可或缺的规则。

当然，这种面子不仅仅是利益上的面子，很多时候是言语上的，行动上的。比如说指出别人的错误，批评对方，指责对方，都会让对方觉得很丢面子。无论你采取什么方式指出别人的错误——一个蔑视的眼神，一种不满的腔调，一个不耐烦的手势，都有可能带来极为不利的后果。你以为对方会因为你的指责批评而接受你的意见吗？答案是否定的。因为你那种不以为然的言语否定了他的建议、主张和判断力,打击了他的荣耀和自尊心,甚至还有可能已经伤害了他的自尊,自信和感情。他非但不会改变自己的看法,还要进行对抗和反击,处处和你作对。那么这就是小脸面求胜,而大脸面求败了。

当然,你在小脸面求败的时候一定要表现得自然一点,不然你让周围的人都知道了你是让着对方的,那么这种效果又是反面的。不仅不能让你的大脸面胜利,而且还会适得其反。总之,给人面子应成为自己处身立世的自觉行动,这样才能实现它的真正意义,否则便违背了人情账户的操作规则。

15 跌倒了,不妨先不站起来

在我们身边曾经看到过很多孩子,在跌倒之后,并没有马上就站起来,而是在那里哭或者叫自己的父母来帮助自己。面对此情此景,有多少个父母会不闻不顾,而让孩子自己站起来?相信肯定会有父母为了锻炼孩子的意志力而故意不去搀扶,但是绝大多数的父母还是会选择立刻去帮助孩子站起来。从这件事情当中我们就可以看出,面对正在遭受困难的人来说,很多人还是会能很快的给予帮助的,并且还能给予同情,只要自己能做到,很多人一定会去做。并且在旁人眼中,这种帮助是理所当然的。这正如《三字经》中所说的"人之初,性本善"。

因此,在生活当中,不妨小小的"利用"一下周围人的这种善良本性,在你"跌倒"的时候不妨先不站起来,让周围的人都看到自己的"洋相"之后再寻求解决办法,这样有两种好处:第一种就是能更快、更有效的寻求帮助。第二种就是示弱,让别人不再嫉妒你,不再与你为敌。这是一种低调的生活方式,用一种伤痛的表现形式来表现。

林某是个很优秀的企划人才,也很幸运,刚毕业就因为成绩优秀而被招聘进一家大型国有单位从事企划工作。

林某所在的企划部门里有8个人,从主管到科员,但是除了林某之外,其他几个人都未学过正规化的企划专业,甚至连正规化的企业训练都没有进行过。所以林某高效率、高质量,高创意的"企划"对他们造成了巨大的冲击,也让他们产生了嫉妒、排挤心理,开始一致对外放风声说,林某是一个理论脱离实际,根本没有一点实践经验的人，他所做的企划表面上看起来很好看，但是并没有一点点的实用价值，只是当年的赵括，只会纸上谈兵，如果按照他做的企划安排工作，非毁了企业不可等等。于是连经理、总经理都认为林某是一个没有实用价值的人，他们一致决定将林某调离现在的岗位，而去当一个普通的文案。

对于林某来说，有能力是不假，可以跳槽也是真的，但是他没有。他认为自己应该在哪里摔倒就从哪里爬起来。对于一个前途似锦的人来说，这一次的"下放"无疑是一次真正的跌倒，但是面对这种人生的灰暗，他没有做出激烈的反应，更没有选择一走了之，而是在文案的岗位上做了下去，并且还表现得非常乐观，一点抵触情绪都没有，这让他原来办公室的那些人很感到意外，一天两天，他们沉浸在得意之中，一个月两个月，他们也开始反思，是不是自己真的做错了。可是对于林某来说，自己的才华并没有被埋没，因为换了一个工作环境，他的智慧还是能发挥出来的，他不断地向上级提供一些好的建议，大大提高了工作效率，也让企业得到了前所未有的发展。因为时间长了，现在的同事大多数人都知道了林某的遭遇，也都纷纷表示同情，特别是林某的上级，愿意为林某讨回一个公道，向总经理汇报此事。

于是在一次公司全体会议上，林某现在的上级主动向公司推荐这个人才，并且列举了一大串的事实证明林某的创意并不是纸上谈兵，当然，有很多证据也证明了林某原来办公室的那几个人"占着茅坑不拉屎"的行为劣迹等等……

很快，总经理那里就有了回应：林某还是回到原来的办公室工作，不过这次去工作的身份是办公室主任，而原来的那个主任则被调去当文案，也就是林某现在的工作……

一年之后，林某成了部门经理，并且再也没有人会嫉妒他了，而原先办公室的那几个人也知趣地找了一个理由走了！

在这个故事中，林某所用的就是"跌倒了，先不站起来"的方法。林某是被冤枉和误解，被埋没才干的，他有才干和天资，但是他不但得不到重用，反而被排挤、降职等等。可是面对如此挫折的时候，他没有表现出"坚强""自尊"的一面，而是选择了"安于现状"，既然跌倒了，就让自己的身体倒在地上，等待别人的同情和帮助。有了别人的同情，那么针对于自己的嫉妒之心就少了，而有了别人的帮助，自己的势力就会上扬，自然而然也就容易成功了。

这是一种低调生活的方式，每个人都会有跌倒的时候，但是很多人在跌倒之后马上就站了起来，所以在别人心目中，他仍然是一个强大的对手，嫉妒之心仍然针对于他。可是有的人在跌倒之后并不马上站起来，只有等到别人的帮助之后才站起来，那么在别人心目中，他就是一个弱者，并且是一个需要别人帮助才能站起来的弱者，无论如何嫉妒心是不会针对于他的。这就是生活的技巧，在发现自己是个跌倒的白天鹅的时候,不妨把自己的羽毛弄脏,变成一个丑小鸭!

16 贬低自己是为了捧高别人

很多人最喜欢做的事情就是说别人坏话,无论是男人还是女人,他们都被人统一称为"长舌妇",他们这样的目的只有一个,那就是说别人的不好,通过别人的弱势来显示自己的强势。这看上去很聪明,其实这些人是假聪明,真愚蠢。因为他们这样做只会让自己陷入一种人际关系的被动之中,不仅不能捧高自己,反而会贬低自己。

那么对于这些人应该怎么办才好呢?很简单,多贬低自己,多多自嘲,这样不仅会让对方觉得自己很低调,还能起到捧高别人的目的。比如说在某些时间、场所,我们不便坦然对他人说出非常礼貌性的赞美,也不便公开地捧高对方。那么在这种情况下,不妨换一种方式来表达自己的这种心情,效果是同等的,甚至会超过所期望的效果,这种方式就是适当地贬低自己,或者说嘲笑自己。适当地贬低自己,也就相对地捧高了对方。即使是不擅言辞、不善于称赞的人,也能轻而易举地使用这种方法,达到捧高他人的目的。

王慈是僧虔的儿子,父子两个的书法都很好,在南齐时一齐知名。谢凤曾问王慈:"你的书法是不是可以赶上虔公?"

王慈回答:"我赶不上,就好比鸡永远比不上凤一样。"王慈把自己比作鸡,把父亲比作凤,一个飞翔九天之外,一个土堆中觅食,高下优劣,显然可知。他贬低了自己,却褒扬了父亲,表现了对家父的敬佩与崇敬之情,也说明了他的谦虚谨慎,永不满足。

贬低自己不是看不起自己的一种表现,相反,这是一种智慧,一种自信的表现。一个真的看不起自己的人绝对不会先贬低自己,而是会想方设法地抬高自己,以免被别人发现自己身上的缺点和弱势之处。只有那些真正自信的人才能有胆量将自己完全暴露在别人面前,即便是自己说出一两个不足之处也无妨,更何况这些不足之处是微不足道的,甚至仅仅是一种表面现象。

当然,为了捧高别人,并不一定要真正的贬低自己,只要真正的认同对方,就是一种贬低自己，捧高别人的方法。

在伊萨斯展开激烈大战的亚历山大和大流士，不过大流士非常不幸，最后失败，为了躲避敌人的追杀，他仓惶逃走。大流士一个聪明的仆人逃到大流士那里，大流士问他自己的母亲、妻子和孩子们是否都还在世，仆人回答："是的，他们都还活着，而且人们对她们的礼遇和尊敬与您在位时没有差别。"大流士听完之后又问他的妻子是否仍然深爱并忠诚于他，仆人仍然是做了肯定的回答。

紧接着大流士又问亚历山大是否对自己的爱妻无礼调戏，仆人发誓后说："大王陛下，您的王后跟您离开之时并没有什么丝毫的改变。亚历山大是最高尚的、最能控制自己的人，他不但没有打王后的歪主意，还派人将她保护起来。"大流士听完仆人这句话，双手合十，虔诚地对着苍天祈祷说："啊！宙斯大王！您掌握着人世间帝王的兴衰大事。既然您把波斯和米地亚的主权交给了我，那么我将祈求您，如果可能，就保佑这个主权永远地传承下去。但是，现在我不能继续在亚洲称王了，我祈求您千万别把这个主权旁落给他人，只能交给亚历山大，因为他的行为比任何人都要高尚，而且他对敌人也不例外。"

对敌人的捧高实际上也就是贬低自己。这样做只会让对方越来越尊敬自己，而不是看低自己，即便是对手也是如此。那么在日常生活中，我们该如何通过"贬低"自己来达到捧高别人的目的呢？总结起来不外乎以下几种：

第一种就是用自己的缺点来捧高别人的优点。每个人都有缺点，但是很多人却极力地隐藏自己的缺点，目的就是为了不让人发现。其实这并没有必要，在必要的时候，还可以将自己的缺点展示出来，和别人的优点进行比较，用自己的弱势来抬高别人的优势。比如说两个女孩子同时去购买一件衣服，虽然两个人穿同一件衣服都很好看，但是如果其中一个对对方说自己腰太粗了，还是你腰细一点穿起来更好看，那么被夸奖的那个女孩子肯定非常高兴。

第二种就是提及自己的无能之时。比如说很多人在别人面前会说自己最害怕什么东西，最没有耐心、有些时候没有礼貌等等，这样做的目的不是为了让别人更加了解自己，而是为了衬托出周围人的耐心、有礼貌等等。

第三种就是用自己的失败经历来显示自己并不是一个非常有能力的人。比如说朋友聚会很多人都会大谈特谈自己的成功经历，使得周围的人觉得非常没有面子。而一个聪明的人则会谈自己曾经失败的经历，不仅能化解当时的尴尬，还会给那个谈成功经历的人非常足的面子。

总之，在人际交往中，不要总是说自己的好话，抬高自己。不妨在适当的时候贬损自己一下，给别人一个平衡的心理空间，这样不仅能赢得对方的尊重，更能赢得自己的人际。即便是自己求人家办事，也会因此而大受其益！

第六章

成败之争,低头不误前进

我们生活在一个竞争的时代,但是,有斗志并不一定要逆流而上,知难而进,其实低头迂回也不失为一计良策。老子说:"大直若曲"、"不争为大争",前进是检验能力的一种标准,低头不误前进更能体现人的能力与素质。

1 低头是为了更快地前进

或许我们都曾经有这样一个经历:在大风天气里骑车,都会感到风的阻力很大,有时甚至不能前进,这个时候,如果你把头低一下,那么风就从你的头顶上过去了,那么阻力也就小了,前进的速度也就快了很多。生活如此,人生又何尝不是如此呢?

生活之中的"风"就好比是人生当中的"苦难"和"阻力",不低头者肯定会减慢前进的速度,甚至会倒退。人人都想挺直腰板堂堂正正做人,顺顺利利做事,但是有时环境的复杂性与处境的艰难决定了我们不得不暂时低下高贵的头颅,否则就会被碰得头破血流,眼冒金星。

失意时的低头并不是意味着你要俯首称臣、奴颜屈膝,而是为了更好、更快地前进,更好的查漏补缺,找出整洁并深思求解。这时的低头是一种静思,也是一种洞察;是一次劫后余生,更是一次生命的重生和强生。或许在从小的教育中,父母老师就一直教育我们要顶天立地做人,抬头挺胸做事,这是要教育我们要正直做人,这并没有错,但是在很多时候,我们不得不低头,不得不用低头来避开头顶上的屋檐或者是墙壁。

因此,印度孟买佛学院里有这样一扇门,它让人们受益匪浅:

印度的孟买佛学院是世界上最著名的佛学院之一,它的建筑非常辉煌,加上历史悠久、培养出了许多著名学者。但是在孟买佛学院里,有一个细节更加吸引人,并且这个细节在别的佛学院里是找不到的:孟买佛学院在大门的一侧又开了一个仅1.5米高40公分宽的小门,所有的人都能轻易进入,只要他低头。所有进入这里的人出来时都无一例外地承认,这个细节计他们受益无穷。可是,所有刚进佛学院的人都感到纳闷,宏大的佛学院有巍峨的大门可以堂皇地进入,还开这个小门做什么?

或许这些人还没有明白这扇门对人生的一种寓意:人生一世虽然说短暂,但是在这短暂的生命里,我们也不能保证自己的生活能一帆风顺,总有坎坷不

平,时而登上峰之巅,时而跌入谷之底,甚至,有时还要穿过伸手不见五指的"隧道"。这就是我们在生活当中遇到的各种各样的困难,这些困难就好比是一扇扇小门,门槛很低,如果你要想过去,那么你就得低头,不然你要么碰得头破血流,要么就是止步不前。

虽然在我们的印象中,我们要顶天立地,要挺直腰板,但是这与低头前进并不矛盾,在困难面前,我们有时的确需要低一下头。也许就低这一下,困难就会从身上"滑"过去,即使不会"滑"过,也会让我们积蓄再度登上征程的力量。而孟买佛学院却启发每一个进出的人,要学会低头。有时生活只留给我们一扇这样的小门,这时候就得学会低头,低头钻过去。这样才能更快地前进。况且低头也只是暂时的,过了这扇"小门",就可昂首阔步,挺直了腰板向前走上光明大道,走向成功。

当然,低头不仅仅是在困难面前要这么做,在一些小事情上也要这么做,因为你只有在小事上低头,才不会在更小的事情上低头,或许你低了这一次,就不用低最后的18次,那么你将会有更多的时间来前进。这就是耶稣和彼得带给我们的启示:

耶稣带着他的门徒彼得远行,途中发现一块破烂的马蹄铁,他让彼得拣起来。彼得懒得低头,假装没听见。耶稣没说什么,就自己低头拣起马蹄铁,用它从铁匠那儿换来3文钱,并用这3文钱买了18颗樱桃。出了城,二人继续前行,经过的全是茫茫的荒野。耶稣猜到彼得渴得不行,就让藏于袖中的樱桃悄悄地掉出一颗。彼得见了,赶紧拣起来吃。耶稣边走边丢,彼得也就狼狈地弯了18次腰。于是,耶稣笑着对他说:"要是你刚才低一次头,就不会在后来没完没了地低头。小事不干,将在更小的事上操劳。"

这是文学家歌德夫在他的叙事谣曲中讲的一个故事,这个故事就好比是一块瑰丽的"宝石",让我们懂得不要因为它是小事而不愿意去低头,不然你的人生就会和彼得一样,不停地低头,不停地弯腰。

不会低头的人,是一个糊涂之人;而耻于低头的人,就一定是傻子!低头确是有点累,但如果不低头,农民如何开镰收割?

学会低头,不是消极,而是一种积极向上的人生哲学。低头中蕴含着深刻的哲学道理,它并不是意味着倒下和毁灭,而是为了更坚定、更挺直地站立,以便更快地前进。低头是为了一种迂回的前进,低头是解决问题,减轻压力的另一种有效办法,也是人生的一门艺术。学会低头,也就学会了用美的感觉面对人生的苦难。学会低头；也就学会了用更高的智慧去看人世的沧桑与荣辱。

2 让他三尺又何妨

俗话说得好："留三分余地给别人，就是留三分余地给自己"，即便这种留余地是没有回报的，那么让对方三尺又何妨呢？

在合肥三孝口西南侧，曾有一巷，名"龚万巷"，又名"龚弯巷"。说起该巷由来，在民间流传有一颇具趣味的传说。

当年这里曾居住着两户相邻的人家。一家姓龚，家主为朝廷重臣，人称"龚大司马"；另一家姓万，家主为地方权贵，人称"万大老爷"。此两户人家，虽相邻多年，但并不来往。好歹是左邻右舍，各走各的门，各用各的灶，井水不犯河水，倒也相安无事。

孰知这年，龚、万两家同时大兴土木，翻建房屋，大有以亮宇而显荣贵之意。其实这本是各家自己的事，但问题是，此两户人家在翻建房屋时，均欲将各自山墙向外延伸，以扩大房基，结果引发了争吵。你不允我不依，一时间吵得天昏地暗，直吵到县衙老爷那里。

龚、万两家都是有权有势的人家，县衙老爷乃七品芝麻小官，岂敢轻易判决，以致官司迟迟没有结果。

龚家因家主官大，见此小小的官司竟迟迟无果，不免气愤难忍，无奈何，只好派管家人持书星夜赶往京城，禀报龚大司马，希求龚大司马出面干预，以振族威，出掉这口怨气。

再说远在京城的龚大司马，接到家书后，见诉，起初确也很气恼，好在其妇人乃一知书明理之人，闻情后淡淡一笑而劝道："相邻相争，只为一墙，何值如此。汝乃朝廷要臣，官居高位，对此区区小事，当大度才是，让人几尺何妨？"

龚大人闻妻言之有理，顿时息怒，随即付书一封，交管家人带回。龚家人接到龚大人来书，拆开一看，见书仅诗一首。词曰："千里来信只为墙，让他三尺又何妨？万里长城今还在，不见当年秦始皇。"龚家人见言，皆息怒默语，悄悄将与万家相邻的山墙拆除退后三尺。

龚家一反当初的举动,使万家很受震动,愧疚之余,也仿效龚家做法,主动将与龚家相邻的山墙退建三尺。这样一来,使得龚、万两家宅居间形成了一条六尺宽的巷道。人们便把这条巷道称为"龚万巷",也即后来改称的"龚弯巷"。

"让他三尺"就是不要把事情做绝,古人云:"处事须留余地,责善切戒尽言。"留余地,就是不把事情做到极点,于情不偏激,于理不过头。这样,才不会因为自己的绝情而耽误了自己的前进。在平时的工作与生活中,让别人三尺,同样是一种可以帮你成功的美德。

战国时,楚庄王赏赐群臣饮酒,他的宠姬作陪。日暮时正当酒喝得酣畅之际,灯烛被风吹灭了。这时有一个人垂涎于楚庄王关姬的美貌,加之饮酒过多,难以自控,便趁烛灭混乱之机,抓住了关姬的衣袖。

关姬一惊,奋力挣脱,并顺势扯断了那人头上的系缨,私下对楚庄王说要查明此事,并严惩此人。庄王听后沉思片刻,心想:"赏赐大家喝酒,让他们喝酒而失礼,这是我的过错,怎么能为女人的贞节而辱没将军呢?"于是命令左右的人说:"今天大家和我一起喝酒,如果不扯断系缨,说明他没有尽欢。"于是群臣一百多人都扯断了帽子上的系缨,待掌灯之后,大家继续热情高涨地饮酒,一直饮到尽欢而散。

过了三年,楚国与晋国打仗,有一个臣子常常冲在前边,最后打退了敌人,取得了胜利。庄王感到惊奇,忍不住问他:"我平时对你并没有特别的恩惠,你打仗时为何这样卖力呢?"他回答说:"我就是那天夜里被扯断了帽子上系缨的人!"

正因为楚庄王给臣子让了三尺余地,才换来了下属的忠心耿耿。

因此,在关键时刻能给别人留三尺余地并不是一种软弱的表现,而是一种大智慧,一种对于生命、对于人性的理解。试想如果楚庄王像关姬所说的那样去做,那么他所失去的不仅仅是一个将军,更是所有将军的心,而失去所有将军的心就意味着失去了自己的国家,失去了自己的国家那么楚庄王也将落于敌人之手。这个道理很清楚,就和那个"铁钉——马掌——战士——战争——国家"的故事一样,失去一件看似很小的东西,实际上就是一件关乎自己生命的东西。所以,在关键时刻,不妨让对方三尺,给对方一条路走,也就是给自己一个重生的机会。

3 不必事事都要强出头

虽然在职场中,我们经常听到"没有什么不可能的"这句励志妙语,但是事实上有很多事情我们是指定办不成的,而如果你非要去做,那么你肯定会遭遇失败,那你就是钻牛角尖,是拿自己的前途开玩笑。每个人在社会上碌碌奔走,都希望有一天能够"出头",可是古人早有告诫:"烦恼皆因强出头。"这一句话可说是社会生活的经验之谈。因此,遇到我们实在不可能完成的事情,一定要懂得放弃而不去做它,否则等待你的只能是失败,甚至影响你的仕途。

刚从师范大学毕业的青年老师小金,被分到当地一个县某中学工作,县教育局向该中学抽调人员,以便对全县的中学进行实地考察,并写出相应的调查报告,因为当时该中学只有新来的小金还没有被安排授课,所以学校就抽了他一个人。起初,小金也感觉到有些为难,毕竟他自己不仅对本县中学教育情况不熟悉,即便就是对教育工作本身,也不是非常了解。更何况他是一个刚刚走出大学之门的青年教师呢?所以小金心想自己就不去参加了,但是无奈校长已经开口,实在不好拒绝,只好勉强服从。

可是一个半月过去了,一同参加这个工作的其他中学的老师都依据分工按时交了调查报告,就唯只有小金一个人,由于不谙事故,又缺乏调查经验,对自己分工调查的三所中学连情况都还没有摸准,更不用说分析写报告了。为此县教育局局长非常恼火,打电话责备该中学校长:怎么推荐这么一个人。而校长呢也觉得自己非常委屈,于是就冲着小金不分青红皂白地说了一通。年轻的小金面子上过不去,一气之下就想辞职,可是想想自己的前途他又有些不甘心,于是心急上火、又是气又是羞愧,一下子就病倒了,在床上躺了整整两个星期,后来上班了还觉得抬不起头来。

这就是强出头给小金带来的教训,由于他当初不好意思拒绝,不仅没有顺

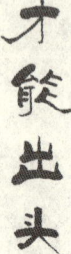

利的完成任务，反而最终落得一个面子难保，身心受到伤害的下场。这对他来说是个值得记取的教训。

其实，小金的经验教训我们何尝不需要吸取呢？在职场之中，我们总是会遇到自己不擅长的、或者是不熟悉的领域，那么这个时候，我们是勇往直前呢还是急流勇退呢？

或许有的人会选择勇往直前，因为他们信奉没有拼搏、没有尝试就没有成功；

而有的人则选择急流勇退，因为他们懂得不必事事强出头，急流勇退未必就不是拼搏；

这是两种截然不同的生活态度，但是他们的目的都非常明确，都是通过自己的拼搏和努力来出人头地，但是一个是勇往直前，一个是急流勇退。无论是勇往直前还是急流勇退都没有错，但切记不要钻牛角尖，要记住这句话的前提：你有可能是做这种事的人，而一旦发觉自己实在做不了，或者不想做的话，那么我们就不要勉强自己，千万不能硬撑，否则，很难获得成功。

不要因为交代任务的人是你的上级或者是你的好朋友，如果拒绝就会失去面子。其实我们可以这样想想，如果我们能做好，那是最好，这样既不失面子，还能让自己得到一系列的经验。但是如果我们做不好，或者说把事情办砸了，就像故事中的小金一样，那么我们还有什么面子可言？下一次谁还能再相信你是一个有能力的人？与其这样丢面子，还不如当初直接拒绝来得好一些。因此，纵使是对自己不错的上级委托的事，你若自觉实在难以做到，也要鼓起勇气，拒绝对方。

因此在工作上，自己要善于给自己量体裁衣，明白自己到底能做什么，能做好什么；不能做什么，不明白什么等等，感到难以做到的事，那就在对方委托你的时候一定要敢于拒绝，敢于放弃。因为没有能力并不丢人，丢人的是自恃有能力但是最终却没有完成。"天下没有做不到的事"，虽然有正确的一面，但这是要看人看事的，做事时一定要实事求是，做不到就"退"，否则你的强出头将会给你带来无尽的烦恼？因为"强"在这里有两个意思：

第一个意思是"勉强"。所谓勉强也就是说，自己的能力还不够，却勉强自己去做一些需要更大能力才能完成的事情，那么通常的结果就是失败，折损了自己的壮志，也惹来了一些嘲笑。或许你可以从中学习到很多经验教训，但是你给别人的印象就是"逞能"，就是一种"自不量力"，所以这些负面的词汇将跟随你一辈子，让你与很多机会擦肩而过。

第二个意思是"强力"，所谓"强力"也就是说，自己虽然有足够的能力，可是客观环境却还未成熟。环境不允许而勉强去做什么事情,也是很容易失败的。无论是"大势"还是"人势"都是如此,"大势"是大环境的条件,"人势"是周遭人对你支持的程度。"大势"如果不符合你做这件事情的要求,失败是在所难免的,即便会成功,那也会耗费太多的精力。当然"人势"若无,想强行"出头",也必定会遭到别人的打压排挤,也会伤害到别人。

总之,人在社会上寻求"出头"是好事。俗话说:"人往高处走,水往低处流。"但是要"出头"一定要讲究实力,要讲究机会,要讲究环境,力不从心之时不可勉强,时机不到时不可勉强,环境不符合之时不可勉强,否则不但会给自己造成烦恼,也会给别人造成困惑,这是做事的大忌,也是做人的大忌。

4 用一丑来掩百丑

人总是会有一个或者几个缺点,但是每个人面对这些缺点的态度却不一样,有的人喜欢想尽一切办法来掩饰自己的缺点,以免让别人发现,尽量做一个在别人眼中是"十全十美"的人;而有的人却喜欢暴露自己的一两个缺点,以掩饰其他的缺点,这就是"以一丑来掩百丑"。两者想比较而言,很显然后者比较明智,也比较可行。毕竟人的很多缺点是掩饰不了的。更何况用这种方法可以躲避其他人的审视焦点。唐朝时的李林甫就曾经用过这个方法成功地躲过了别人的审视焦点。

唐朝时的制度比较严格,对官员的选拔也有很严格的程序,不仅仅是简单的科举得中就能做官,期间还要经过吏部考选。而李林甫因为善于钻营,当上了吏部侍郎,掌握了选考官吏的大权。就在此后不久,就干出了一件巴结权贵,以捞取政治资本的事情。但是在做这件事情的时候,他表面装得正直不阿,暗地里却作奸犯科,但是却没有人发觉,因为他用的就是"以一丑来掩百丑"的方法。

吏部每年都要考选官吏,并且在考选之后的某日放榜公布。一次,在放榜前,玄宗的弟弟宁王,就暗地里拿给李林甫一个10人的名单,要他以优等列榜首放官。而对于当时的法律来说，在选官中走后门，也是严禁的，可是李林甫并没有因此而放弃，因为这可是他捞取政治资本的绝佳时机。

李林甫为了勾结宁王，就从宁王手中接过名单，心里一阵阵的高兴，而脸上却装作一副十分为难的样子，说："王爷，您一定知道这事不好办，即便是一个人也不好弄，何况一下子开出10个人来！"他不等宁王有什么表示，就马上说，"不过，王爷把这件事交给我，说明王爷信任我，抬举我。王爷是皇家，我李林甫为皇家办事、还能怕担责任？"一番话，说得宁王心里非常高兴，在他那尊贵的脸上，对李林甫显出抚慰的神色。而李林甫又从这种神色中盘算出另一个主意。很快，他有了一个绝好的主意："王爷，就这样吧！为了维护朝廷的法纪，也压压别人借机行私，请你允许我从这10人中任意挑选出一个人，用于当众驳回，留到下次列为榜首，举荐个好住所。"这时，李林甫把内心的奸诈全隐藏起来，而只表现出的一副忠诚、恭顺、干练的模样；宁王一听，心里自然高兴了，真把李林甫看成是忠心为朝廷办事，又能干的人，便大加赞赏。

出榜那天，李林甫当众说："某人托宁王给我说情，想要当朝廷命官，这是败坏朝廷纪律，此种事情不能容忍，因此，此人也绝对不能入选。"话一落音，在场的人人吐舌，相互传说："李侍郎，连宁王情面都敢驳回，真是清正廉明。"更有人说："他一定深受皇上宠幸，不然，能有这胆子？"这事传到玄宗耳中，立刻龙颜大悦，心里说："朝中有这样的大臣，一定要重用。"于是李林甫开始青云直上。

李林甫是一个徇情枉法之人，但是他却让朝野上下误以为自己是一个忠良之士，他所用的是"一丑遮百丑"的方法；他的这种方法其实就是利用了人的思维盲区：十个人都货真价实，没有问题，人们肯定会怀疑："这些人真的都名副其实吗？是不是李林甫从中得到了什么好处呢？……"而一旦一个出了问题，人们便会坚定自己的想法："果真不出我所料，你看，现在出问题了吧……"，把目光集中到了有问题的一个人身上。其余九个便想当然地被忽略，而避开了审视的焦点。

其实在我们身边又何尝没有人经常利用这个办法来躲避别人的目光呢？

比如说上级派小黄去办一件事情，在事情还没有办完之前，小黄肯定不会打包票说一切都没有问题，即便真是没有一点问题，那么小黄也会向上级说中间有一点点的小问题，在过程当中还是会遇到一点点的小困难等等，因为如果小黄不这样说，上级肯定会认为他是在吹牛，从而不信任他。为什么会这样呢？

原因就是人们的心里都有一种排斥"十全十美"的感觉,总是认为无论做哪一件事情总是会遇到各种各样的困难,无论是大困难还是小困难,而不可能一帆风顺的。

这好比算命先生给人算命一样,他不会说你"百事顺意",而是说"有不太顺的事,不过总能有办法……"等等。这样一来你会觉得比较可信呀,人都免不了小灾小难嘛,至于其余几件顺心事,也乐于接受了。

苏东坡曾有诗云:"不识庐山真面目,只缘身在此山中",照此意推论,一个人是很难看清楚真实的自己,也很难看到自己的缺点与不足。反其意而论之,人为什么不能主动暴露自己的"庐山真面目",而让别人了解一下真实的"我"呢?无论是在日常生活还是在职场生活中,人们都是从自己的角度去考虑事情、要求别人的。但真正做得十全十美的事情是没有的。与其刻意掩饰自己的缺点和不足,倒不如主动暴露一点缺点而让人接受、以一丑来掩饰百丑。

5 用弱点来迷惑对手

一个聪明的,会做事的人善于示弱求取别人的怜悯,而不是锋芒毕露。这是一种上上之策,因为示弱不是实力不强,而是强而示之弱罢了,目的就是为了麻痹对方,隐藏自己的实力。如果能把实力隐藏得非常彻底,那么就会取得意想不到的效果。

为人处世,要让别人对自己放松警惕,在很多时候要善于表现自己的无能,没有实力,即便你再有能力,实力再强,也要表现出一副软弱的样子,因为软弱不仅能让你得到别人的同情,也能化解对方心里的敌对情绪。公元前200年,刘邦被围平城,就是冒顿单于"用弱点来迷惑对手"而取胜的战例之一。

当时,匈奴的冒顿单于驻军代谷,而刘邦则亲自到晋阳督战,企图一举歼敌匈奴冒顿,以缓解北部边境之患。在交战过程中,冒顿故意显示出一副弱不可击的样子,把那些老弱病残的士兵摆在最显眼的位置,以引诱刘邦深入自己的埋伏圈之内。刘邦派去侦察的人说,匈奴都是些老弱残兵,甚至连匈奴所骑的马都瘦得不能行动,只要果断出击,不仅能打胜仗,还有可能将冒顿一举歼灭。于是刘邦听从了侦察之人的建议,一面率32万大军进发,一面又派刘敬继续去侦探敌情。大军进至句注时,刘敬急匆匆向刘邦报告:"赶快停止进军,千万不可冒进!"听了刘敬的话,刘邦非常生气,骂他是胆小鬼。刘敬说:"两军对阵向来都以自己的实力来显示军威,借以震慑敌人,但是匈奴人让我们看到的尽是一些老弱残兵,跛驼瘦马,这绝对不可能是真实的情况,我看冒顿单于一定在周围有埋伏,而故意摆出一副软弱无能的样子,以引诱我们上当,我们可千万不可上当受骗,贸然进攻啊,不然肯定会吃亏的啊!"

可是刘邦没有听刘敬的警告,而是认为自己掌握的敌情绝不会有什么差错,即使情况有点出入,几十万大军也不必有什么顾虑。因而怒气冲冲地骂刘敬是胡言乱语扰乱军心,一面令人将刘敬捆绑起来押送广武;一面命令部队快速前进,生怕冒顿逃掉。

刘邦自以为消灭匈奴、活捉冒顿就在眼前,就率领先头部队,扬鞭催马,把后续部队远远地甩在了后边。可是当他赶到平城,想到城外白登山去观察敌人情况的时候,突然冒顿的伏兵四起,杀声震天动地,把刘邦的先头部队围了个水泄不通。这时刘邦才知道自己已经中计了,即令部队抢占山头,守住山口要道,等待后续部队前来解围。哪知匈奴40万大军早将汉军先头部队分割包围,而汉军的后军被刘邦甩出去很远,一时无法前来解救。在这种情况下,刘邦被围七天七夜,缺粮断水,陷入了前所未有的绝境之中。后来陈平用大量金银珠宝贿赂了冒顿的妻子阏氏,刘邦这才得以乘大雾冲出重围。

刘邦脱险立刻后到广武将刘敬从狱中放出,十分恳切地对他说:"我不听你忠言相告,鲁莽从事,几乎性命难保,只怪我太轻信那些无真知灼见的人了。"当下就封刘敬为建信侯,而下令杀掉劝他进攻匈奴的人。

在这个战役中,冒顿就是用了"用弱点迷惑敌人"的方法打败了刘邦,虽然这只是历史上一次军事上的胜利,但对我们参与市场竞争却有着启发和借鉴作用。现实生活中的我们,固然有这先天的强项和弱点,但因为人是一个善于学习的群体,所以先天的弱点不一定是永远的弱点,而先天的强项也不是永远的强项,这就很能迷惑人的眼睛了。但是无论如何,有一条规则是适用的,那就是在你和敌手相逢的时候,可以用你的弱点来迷惑对方,无论这个弱点是你真正的弱点还是你故意示弱装出来的弱点。总结起来一句话就是"遇强则示弱"。

当我们的对手是个有实力的强者的时候,我们完全可以不必为了面子或者意气而和他争强，因为一旦硬碰硬，固然有可能摧折对方，但是也很有可能会毁了自己。因此，在这个时候不妨用自己的弱点来迷惑对方，以化解对方的戒心。

6 明着认输是为了暗中较劲

社会无处不充满竞争，有了竞争就有了认输和较劲。一个愚蠢的人总是在明处较劲，而在暗处认输。而一个聪明的人则正好相反，他们会在明处认输，以便在暗中较劲。似乎这两种人生态度只有几个字的区别，可是正是这几个字的区别让这两类人有着截然不同的人生轨迹。

追求胜利是人上进的表现，可是在社会生活中，求胜不一定要明着较量，其实暗中较劲也是一个好办法，并且这种方法还会让自己的胜利之路减少很多阻碍，能让自己更快地到达自己的终点：

有一个电视剧的主要情节就很说明这个问题：

男主角是个卧底警察，他为了查案，想办法进入某一帮会，而参加该帮会的规矩是欲加入的人必须接受该帮会三名"高手"的挑战，如果胜利，则有可能当大哥。结果男主角靠着过硬的本领先后非常轻松地"摆平"了前两位"高手"，而第三个高手就是现今的帮主，两人在经过十数回合的交手后，男主角主动俯首认输。而女主角知道男主角功夫高强，明明可以打败帮手，但是男主角却甘于认输，对他的行为大惑不解。男主角回答说，如果他现在打败那位帮主，自己就要取而代之，成为现今的帮主。可是当帮主并不是他最终的目的，而且即便当上了帮主，也无助于查明案情，何况他也不一定能带得动这些人，为了收服这些人的心，还得花很多心思，这对查案无益。因此他不在表面上较劲，而是故意认输，这样，不仅给了那位帮主及全体"弟兄"面子，更是为了能在暗中较劲。毕竟自己因为坐上了第二把交椅，接近权力核心，反而更容易了解案情的来龙去脉！

所以说这个卧底警察是一个聪明之人，他不仅懂得人性，更懂得如何去迎

第六章 成败之争，低头不误前进

合这种人性。试想,如果男主角像女主角所想像的那样,当上了现今的帮主,那么会出现什么样的情况。权力移位,必然经历一顿厮杀,谁赢谁输,谁都没有把握,那么案子怎么查,事情怎么办?一连串的问题也就出来的,更何况现在的帮主也不是一个好惹的人,他的位置又该放在哪里?而明着认输,暗中较劲恰恰解决了所有的问题,不仅能让案子得到很好的查实,也不会让这个帮会出现这样的乱子。

可是很多年轻人在进入职场的时候,并没有意识到这一点,为了展现自己的实力,处处显露自己的锋芒,处处追求胜利,其实在他们追求胜利的同时,就是把自己一步一步往失败的火坑里走。因为明着较劲,必定会让周围的人在暗中和你较劲,让你处于"十面埋伏"之中,当然,最后失败的人肯定是你!

一位李姓朋友,大学毕业后被分到一家研究所,从事标准化文献的分类编目工作。他仗着自己是学这个专业的出身,比自己的那些同事懂得肯定要多,所以处处好为人师,给任何人都提意见,只要是有胜负之分的地方,肯定会有这个人的身影,当然,很多时候他都会赢。特别是刚上班那会儿,领导摆出一副"请提意见"的虚心姿态请这位朋友提意见。老板的这种虚心气度让他受宠若惊,于是没有几天他便给老板提了不少意见,当然,领导出于礼貌考虑也点头称是,同事也没有反驳,可是结果呢?情况不但没有一点儿改变,他反倒成了一个处处惹人嫌的主儿,空怀壮志却没有用武之地。一年中,领导竟没给他安排什么具体的工作,每天别人都在忙里忙外,而他则像一个局外人似的。后来,一位同情他的"前辈"悄悄对他说:"我当初也同你一样,我看你还是换个单位吧,在这儿你别想有出息,因为你的好胜心理把所有的人都得罪了。"

于是,这个朋友听从了这个"前辈"的指点,在一段时间后,他提交了辞呈。走时,领导拍着他的肩头,非常遗憾地说:"太可惜了!我真不想让你走,我还准备培养你当我的接班人哪!"

那么老板真的觉得可惜吗,老板真的不想他走吗?想来其中"可惜之处"肯定含有"不该锋芒毕露乱提意见"的意思了。

两个故事,两种竞争方式,两种不同的人生轨迹,这就是不同。从中,我们可以看到,竞争不仅要靠自己的实力,更要懂得人性。唯有懂得人性,才能让自己的求胜之路变得越来越宽阔。

当然,明着认输并不仅仅体现在两种力量对垒的时候,很多时候还表现在隐藏自己的实力上面,事事都胜,容易引起别人的嫉妒,有时反而会影响你追求大胜利,所以宁可隐藏自己的实力,而在机会到来的时候再大展身手,这也不失为一种竞争的好办法。

一个锋芒毕露的人迟早会遭到失败,一个明着认输的人迟早会显露自己的能力而走向胜利。这个简单而明显的道理应该永远记在我们心中,在日常竞争之时,不妨一用,我们肯定能从中得到我们想要的!

7 放弃一点是为了得到十点

很多人喜欢斤斤计较,只要是有一点利益,他们都不会放过。但是纵观这些人的人生,并没有因为他们的斤斤计较而变得非常富足,反而是那些看似"大手大脚"的人更加容易得到财富、荣誉。其实其中的道理非常明显,斤斤计较的人所看到的只是眼前的利益,却忽视了长远的利益;看见的只是一颗树木,而不是整个森林。而那些看似"大手大脚"的人则正好相反,他放了眼前的小利益,着眼于长远的大利益,放弃了一颗小树木,而拥有了整个森林。所以后者的生活总是比前者的生活来得富足和有荣誉。

其实职场中有很多事情都是这样的,往往在表面上看起来是能获利的,但是从整体上来看却是损失,做事懂迂回的人不会被此迷惑,而那些只看重眼前利益的人肯定逃不过此劫。常言说得好:"因小失大。"假使你以单纯的想法自以为获利,等到后来,往往会发现其实是受到损失了。而我们损失一点是为了得到十点。一个懂策略的人无论是为人还是做事都应该懂得这个道理。

当然,放弃有两种。第一种是实实在在的放弃既得利益,把利益让给别人,以便获得更大的利益。第二种就是放弃一些荣誉等形式上的所得,把它从自己的身上移开,以便更好地打击对方。

而"退避三舍"这个故事说的就是第一种情况的放弃。

春秋时期,晋文公重耳因为遭受奸人陷害,不得不逃离晋国以避开对手的追杀。在逃亡的过程中,晋文公受到了楚成王的厚待,在一次宴席上,楚庄王就问重耳:"你以后打算用什么来回报我呢?"重耳想了想就承诺说:"无论是珍宝

还是美女,大王您都比我多,我也没有什么好进献给您的,要是我以后当了国君,希望晋楚两国永远和好,但是万一两国开战的话,我一定会命令晋国军队退避三舍(一舍为三十里),以报答楚王您对我的恩情。"当时,楚成王未置可否地笑了笑,并没有把重耳的话放在心上。

若干年之后,晋文公重耳在秦国的帮助下,回到晋国夺取了王位。公元前634年,楚国借口宋国投靠晋国为名,派成得臣率兵攻宋,宋国派人向晋国求救。晋国于是决定派兵攻打楚国的盟国曹、卫,于是,晋楚两国就形成两军对垒之势。

虽然说晋国已经在晋文公的统治下得到了一些发展,但是这时晋军的力量还是不及楚军,况且又远征作战,为了避免大的损失,最好的办法就是退兵。但是当时晋军已经占领了曹、卫两国作为前进的基地,而且已与齐、秦结成联盟,因而也很有实力,退兵似乎不是明智之举。当晋、楚两军正要开战时,晋文公的谋臣狐偃就对晋文公说:"当初您在楚国为客时,就曾经对楚王说过,万一两军交战,晋军一定会退避三舍,以报楚王之恩啊。现在您可不能失信于人啊。"晋文公听了不语,身边的部将也都纷纷反对这样做。于是狐偃又说:"对手虽猖狂,但楚王的恩情我们不能忘。我们退避三舍正是对楚王表示谢意,并非是害怕对方啊。"大家听狐偃讲得头头是道,于是就同意了他的决策。

而事实上,晋军"退避三舍"的举措,是狐偃图谋战胜楚军的重要方略。晋军"退避三舍"后,退到了卫国的城边,这里距离晋国比较近,后勤补给供应也比较方便,又便于和齐、秦、宋等各国军队的会合。当然,在客观上,"退避三舍"的举措也起到了麻痹楚军、争取舆论同情、诱敌深入、激发晋军士气等多种作用,在一夜之间将晋军的不利因素统统变为了有利因素,为夺取决战胜利奠定了基础。这样,表面上的退却,赢得了最终的胜利。

"退避三舍"不仅是晋文公为了实现自己的诺言,而且还是一种"放弃一点以获得十点"的表现,"三舍"一退,却赢得了最终的胜利,而最终的胜利和当初的"三舍"这一点相比,远远超过了十点。所以说,为人处世,不能总是盯着眼前的小利益不放,这样你所得到的只能是小利益,而旁边的大利益却与你擦肩而过了。

下面这个故事说的就是第二种情况的放弃,那就是形式上的放弃,比如说荣誉、战功等等。

战国时候,赵国的禀丘被齐国围困,赵王派孔青带领大军前去救援。孔青是当时赵国的猛将,加上当时有"神算子"之称的宁越辅佐,所以赵军只用了一战就大败齐军,不仅击毙了齐军统帅,还俘获了战车两千辆,战场上留下了三万具齐军尸体。战斗结束之时,孔青决定把这些尸体封土堆成两个大高丘,以此彰明赵国的卓越功勋。

但是足智多谋的宁越连忙劝阻道:"如此举措不可取,那些尸体还可以另有用处。我看不如把尸体还给齐国人。这样我们就可以从内部打击齐国,从而让齐军不敢再侵犯我们!""死人又不可能复活,怎么能从内部打击齐国呢?"孔青很是纳闷。于是宁越解释说:"战车铠甲在战争中丧失殆尽,府库里的钱财在安葬战死者时用尽,这就叫从内部打击敌人。我曾经听说,古代善于用兵的人,该坚守时就坚守,该进退时就进退。我军可以后退三十里,给齐国人一个收尸的机会。"

听了宁越的解释,孔青基本上明白了他的用意,可是他又问道:"如果齐国人不来收尸的话,那又该怎么办呢?""那就更好了,"宁越胸有成竹地说,"那么,齐国就有三条罪状了,作战不能取胜,这是他们的第一条罪状;率领士兵出国作战而不能使之归来,这是他们的第二条罪状;给他们尸体却不收取,这是他们的第三条罪状。老百姓将会因为这三条罪状而怨恨齐国的高官将领。居于高位的人也就无法统治下面的人,而下面的人又不愿侍奉居于上位的人,时间长了之后就会发生内乱,这就叫做双重打击齐国!""好,还是您大智大慧计高一等啊!"孔青终于完全理解了宁越的良苦用心。

于是,孔青听从了宁越的建议,后退三十里,给齐国人一个收尸的机会。果然不出宁越所料,齐国因此而元气大伤,很长一段时间不能对外用兵。

无论是晋文公的"退避三舍"还是宁越的主张,看起来都有一点软弱之嫌,但是这就是所谓的放弃一点,他们是在向对手让步,殊不知,这"让步"里面却大有文章,表面上的退步其实是为换取更大的进步和胜利。有进有退,能屈能伸,这是一个人成功的必要条件。

第六章 成败之争,低头不误前进

8
以低就高，以弱图强

人生一世，我们总是有很多目标想要实现，但是在此过程之中，并不是一帆风顺的，很多时候我们不得不面对那些强有力的竞争对手，这个时候如果我们过于彰显自己的这种欲望，就会引起竞争对手的注意和提防，甚至是从中作梗，从而增加我们精力和资财的投入，当然还有更严重的后果就是导致自己的失败。可是如果我们显示出无所谓和很坦然的姿态，那么在竞争中所出现的情景就会有所不同，不但能麻痹对手，还能让自己的阻力来得小一点。

19世纪50年代，美国议会通过了一个建设横贯美国东西的大陆铁路的议案，并且决定此工程交由联合太平洋公司承建。而安德鲁·卡内基听到这个消息之后，立刻到处奔走，希望获得铁路卧车的承建权。在一系列的奔走活动中他发现，与他竞争的对手中有很多，并且最强大的对手就是布鲁曼公司。它是一家历史悠久并且规模相当大的企业，在当时它的销售网就已经遍布全美国。

卡内基相信只要自己倾尽全力，还是能够获得铁路卧车的承建权的，可是问题还同样存在，如果和布鲁曼公司进行激烈竞争，自己获得的利润将会大大减少；可是不竞争吧，承建权很可能为对手所得。那么到底应该要怎样才能既获得承建权，又不至于使利润大幅度下降呢？为此卡内基大伤脑筋，思绪回到了从前。眼前的情况多么像自己少年时代的一段经历啊！卡内基不禁想起了自己的少年时代。

从英国移居到美国的卡内基一家起初十分贫困，小卡内基只好到纺织厂当童工，后来加入到了电报局的送电报小邮差的队伍之中。而当时的小邮差们特别喜欢送越区电报，因为每送一份可以多得一角钱，于是这种电报就成了小邮差们的竞争对象，为此他们之间经常发生争吵，甚至不惜拳脚相向。

而新来的小卡内基了解到这个内幕之后，在早晨小邮差们聚集取报的时候就提出了一个巧妙的解决办法。他建议把这份额外收入先统一保存下来，到周末再进行平均分配。每一个小邮差都为此曾被撕破衣服或者挨揍，并被电报局

186

警告过不得争吵打架,否则一律开除。所以,他的这个提议大家都非常乐于接受。结果,新来的小卡内基不但衣服没破,也没挨拳头和训斥,还顺利得到了他的那一份额外收入。

现在历史在更高层次上重现了,但是实质还是一样的。当然,竞争层次提高了,竞争对手的层次也提高了,布鲁曼不是当年的那些小邮差了,据了解,布鲁曼这个大公司除了追求利润外,对名气和招牌也相当重视。那么是否可以抓住这一点做文章呢?卡内基进行了思考,很快,办法就想到了。

他首先来到该公司老板布鲁曼下榻的饭店,也开了一个房间。一次在饭店的楼梯上,卡内基遇到了一个看上去精力非常充沛并且相当机敏的人。他敏锐地感觉到,这个肯定就是自己的竞争对手,于是向他打招呼说:"先生,您是布鲁曼阁下吧?我是安德鲁·卡内基。你也住在这里吗?"

"是的。您就是卡内基先生?"

"布鲁曼先生,我不想绕圈子,坦白地说,我们完全没有必要进行这种无谓的竞争,这样对谁都不会有多大的好处。"

"是这样吗?卡内基先生。"布鲁曼的答话显然出于礼貌而已,大有一种不以为然的感觉。

"我们当中不管谁通过竞争单独得到承建权所获得的利润,绝对比不上我们以合作的方式得到承建权各自所获得的利润。"卡内基不理会布鲁曼的那种不理会的态度,继续一口气将自己的观点说完,然后客气地加上一句:"当然,你比我更明白这一点。"

"你说的有一定的道理。嗯,你认为该采用什么样的合作方式呢?"布鲁曼改变了态度,沉吟着说。"共同成立一个新公司,然后由新公司向太平洋公司提出承建投标。""好主意,那么新公司用什么名称呢?"布鲁曼语气中流露出了他对这个问题的关切。

"哈,不出我的所料,这下你可上当了。"卡内基不由得心里一喜,表面却不动声色地说:"'布鲁曼'豪华客车公司,你看好吗?"行了,这下正好搔着了布鲁曼的痒处,他不禁喜上眉梢,随后正色地说:"我相信你卡内基,有鉴于你的诚意,敝公司极有可能接受这一提议。"几句话的时间,布鲁曼的警戒心荡然无存。以后的事情当然也顺理成章的进行开了:双方合作顺利,新成立的布鲁曼豪华客车公司获得了大陆铁路卧车的承建权。

在这次竞争中,正是卡内基放弃了扩大自己名声的机会,才使得竞争对手放松了戒备,从而"擒"得了部分承建权,更重要的是他"擒"得了大量的利润。

所以深处低处的时候不妨就从低处起步,寻求突破,身处弱势的时候不妨从弱势出发,找到图强的突破口!

9 假痴不癫,深藏不露

假痴不癫是一种生存技巧,指表面上装作痴呆、愚笨,但在内心却非常清醒;在军事上指为了麻痹对方或为了隐瞒自己的实力而伪装笨拙和怯懦,暗地里却积极行动准备攻击对方。其实在日常生活中,人们为了回避某种矛盾、赢得某种竞争、为了度过某种危难,或为了对付某个势力强大的对手,在一定时期内,故意装"傻"、充"愣"、呆痴,行"韬晦"之计,目的就是为了保存自己,等待时机战胜对手。

古时有"扮猪吃虎"的计谋。以此计施于强劲的敌手,就是在其面前尽量把自己的锋芒收敛,"若愚"到像猪一样,表面上百依百顺,装出一副为奴为婢的卑恭,使对方不起疑心,一旦时机成熟,即一举把对手制服。这就是"扮猪吃虎"的妙用。

人人都有表现自己聪明的本性,所以装愚似乎很难得。毕竟这需要有愚的胸怀风度,既能装傻,又愚得起。所以,一个真正具有才德的人要做到不炫耀,不显才华,这样才能做到退可保护好自己,进则打败对手,从而使自己立于不败之地。当年的刘备就具备这种聪明的本性和"装傻"的胸怀风度。

当年刘备落难投靠曹操之时,曹操很真诚地接待了刘备。刘备住在许都,以衣带诏签名后,为防曹操谋害,就在后园种菜,亲自浇灌,以此迷惑曹操,使其放松对自己的警惕。

一日,曹操约刘备入府饮酒,以龙状人,议起谁为世之英雄。刘备点遍袁术、袁绍、刘表、刊、策、刘璋、张绣、张鲁、韩遂,均被曹操一一贬低。曹操指出英雄的标准——"胸怀大志,腹有良谋,有包藏宇宙之机,吞吐天地之志",刘备问"谁人当之"?曹操说,只有刘备与他才是。刘备本以韬晦之计栖身许都,被曹操点破是英雄后,竟吓得把匙箸也丢落在地下。恰好当时大雨将至,雷声大作,刘备从容俯拾匙箸,并说"一震之威,乃至于此",巧妙地将自己的惶乱掩饰过去,从而也避免了一场劫数。刘备在煮酒论英雄的对答中是非常聪明的。

刘备毫无疑问是一个英雄,但是他却藏而不露,不但在人前不夸张显炫、吹牛自大,甚至还学会了装聋作哑,而不把自己算进"英雄"之列,即便是一个雷声,也"吓"得他掉了筷子。在曹操眼中,这样的人肯定不会是一个英雄,所以曹操对他放松了警惕。刘备这种"装傻充愣"的办法是很让曹操放心的,他的种菜,他的数英雄,至少在表面上收敛了自己的行为。

人不聪明是不行的,但是聪明过于外露也是不行的,只有聪明而不外露才能有制胜的力量,这就是所谓"藏巧守拙,用晦如明"。在诸葛亮死后的几年时间里,蜀汉对魏国只采取守势。魏国的势力慢慢地强大了起来,但是它的内部也因此发生了动乱。在这个时候,司马懿就是用了这种"藏巧守拙,用晦如明"才保住了自己的性命。

魏国的大将司马懿,出身大士族。曹操刚刚掌权的时候,曾经征召司马懿出来做官。那时候,司马懿嫌曹操出身低微,不愿意应召,但是又不敢得罪曹操,就假装得了风瘫病。曹操怀疑司马懿有意推托,派了一个刺客深夜闯进司马懿的卧室去察看,果然看到司马懿直挺挺地躺在床上。刺客还不相信,拔出佩刀,架在司马懿的身上,装出要劈下去的样子。他以为司马懿要不是风瘫,一定会吓得跳起来,司马懿也真有一手,只瞪着眼望着刺客,身体纹丝不动。刺客这才相信他是真瘫,收起刀向曹操回报去了。

司马懿知道曹操不会就此放过他。过了一段时期,让人传出消息,说风瘫病已经好了。等曹操再一次召他的时候,他就不拒绝了。

司马懿先后在曹操和魏文帝曹丕手下,担任了重要职位。到了魏明帝即位,司马懿已经是魏国的元老;由于他长期带兵在关中跟蜀国打仗,魏国兵权大部分落在他手里。后来,辽东太守公孙渊勾结鲜卑贵族,反叛魏国。魏明帝又调司马懿去对付辽东的叛乱。

司马懿平定了辽东,正要回朝的时候,洛阳派人送来紧急诏书,要他迅速赶回洛阳。

司马懿到了洛阳,魏明帝已经病重了。魏明帝把司马懿和皇族大臣曹爽叫到床边,嘱咐他们共同辅助太子曹芳。

装傻,看似愚笨,实则聪明。人立身处事,不矜功自夸,可以很好地保护自己,即所谓"藏巧守拙,用晦如明"。由此可见,人们不管本身是机巧奸猾还是忠直厚道,几乎都喜欢那些看起来傻呵呵的、不会弄巧的人,而并不以人的性情为转移。因此,要达到自己的目标,没有机巧权变是不行的,得学会装傻,懂得隐藏自己的"巧"处,而不为人所识破,也就是"聪明而愚",做一个大智若愚之人是最好的选择。

10 不要告诉人家你比他更聪明

每个人都有每个人的聪明之处,这一点是毫无疑问的,可是很多人却自恃自己比别人来的更加聪明,就到处炫耀,不仅给自己惹来了很多麻烦,让自己威严扫地,甚至还会因此而丧失自己的性命。

有这样一则寓言故事:

森林里,小喜鹊的窝,被斑鸠强占了。看着失去"家园"的喜鹊,斑鸠无比骄傲地说:"你可知道谁是鸟中之王?"已经被吓破了胆的小喜鹊说:"您是鸟中之王!"斑鸠得意地飞走了。不久斑鸠又遇上了倒霉的小麻雀并狠心地啄光了它头上的毛,然后傲慢地问小麻雀:"你可知道谁是鸟中之王?"

小麻雀没见过这个阵势,结结巴巴地说:"当然您……您是鸟中之王。"

斑鸠神气极了,从此它真的把自己当作鸟中之王了,耀武扬威地飞来飞去,见到一种鸟就向其炫耀自己的身份。迎面碰到了老鹰,它又问老鹰:"你可知道谁是鸟中之王?"然后得意洋洋地等待着回答。

可是,它没有听到老鹰说它是鸟中之王的回答,只看到老鹰扇了一下翅膀,它感到一股强风向自己袭来,然后就重重地从空中跌落在草丛里。它听到老鹰在它头顶上恶狠狠地说:"这下你知道谁是鸟中之王了吧?"

我们生活中有很多这样的"斑鸠",他们不知天高地厚,自我吹嘘为世界上最聪明的人,结果总是非常出人意料,被"老鹰"一巴掌就打出了原形,威风扫地。其实,那些真正实力雄厚的聪明人是不会让别人知道自己比别人更聪明的,低调是这些"王者"之人生活的主要基调。毕竟光靠嘴上功夫是吹不出实力的,就像那句顺口溜一样,"火车不是用来推的,牛皮不是用来吹的"。真的聪明,要让别人去说,不能"老王卖瓜自卖自夸"。不知收敛、盲目吹嘘自己的人,当真相被揭开的那一天只会让颜面无光、威风扫地。

所以,对于我们来说,生活要懂得谦虚和低调,不要像生活中的有些人一样总是喜欢炫耀自己曾经的辉煌,甚至把炫耀先人的业绩当作自己的光荣,其实这并不光彩。聪明当然是好事,但是总是把自己的聪明挂在嘴边,这种"聪明"难免会贬值。更何况一个真正聪明的人是不喜欢自吹自擂的,因为群众的眼睛是雪亮的,如果你真有本事,又何须炫耀呢?

美国南北战争之时,北军格兰特将军和南军李将军率部交锋,经过一番空前激烈的血战后,南军一败涂地,溃不成军,而李将军也被俘虏,还被送到爱浦麦特城去受审,签订降约。这场战争无疑是北军的格兰特将军是最后的胜利者,但是他并没有对自己的成绩自吹自擂,而是表现得非常谦虚。他很谦恭地对周围人说:"李将军是一位值得我们敬佩的人物。他虽然战败被擒,但态度仍旧镇定异常。像我这种矮个子,和他那六尺高的身材比较起来,真有些相形见绌。他仍是穿着全新的、完整的军服,腰间佩着政府奖赐他的名贵宝剑;而我却只穿了一套普通士兵穿的服装,只是衣服上比上兵多了一条代表中将官衔的条纹罢了。"这一番谦虚的话听在人家耳里,远比数次的自吹自擂好得多。

有本事要让别人去评价,不必自我吹嘘自我炫耀,因为你的聪明、你的成绩、甚至是你的成功,作为旁观者,别人会比你看得更清楚。只有那些对自己的成就持有一种怀疑态度的人,才爱在人家面前强出头,以掩饰那些令人怀疑的地方,所以说炫耀其实是一种不自信的表现,因为既然非常自信,那还用你来炫耀吗?

有人曾经说过:"愈是不喜欢接受别人称赞的人,愈是表明他知道自己的成功是微不足道的,这也就意味着他会更加努力,取得更大的成功。"假使一个人常常把一点微不足道的成绩就当作一桩非常了不得的事情来宣扬,那么他无异于是在欺骗自己,就像那些被魔术欺骗了的观众一样。这样的人早晚都会走上失败之路,因为他早已没有自知之明了,一个没有自知之明的人做事就如同盲人摸象,又如何会取得成功呢?

所以说,不要告诉人家你更聪明,而应该低调谦虚,这样不仅能摆正自己的心态来获取更大的成功,还能减少别人对自己的嫉妒,给自己的成功找一条安静、平坦的道路。

11 拥抱敌人是为了更好地打击敌人

打击敌人并不一定要针锋相对，你死我活。很多时候，拥抱敌人也是一种打击敌人的方法，因为这样能麻痹对手，放松对手对自己的警戒。

历史上的"郑人袭胡"就是一个很著名的例子：

公元前781年，周宣王去世，他的儿子姬宫涅当了天子，为周幽王。可是周幽王没有实行周宣王的仁政，不但粗暴残酷，还好色，曾经为了博得爱妾褒姒笑一笑，便点燃烽火戏弄诸侯，最后弄得人心皆散，国力迅速下降。这个时候，郑桓公也就有了给郑国寻找出路的念头。他想如果周幽王这样胡闹下去，周朝江山肯定会凶多吉少，郑国就在周朝国都镐京附近，到时肯定也会跟着遭殃，不如及早选个地方，把郑国迁得离镐京远一点。但究竟把郑国迁到什么地方去呢？这个问题让郑桓公伤了不少脑筋。他决定去请教周王室的太史伯。

太史伯建议说："依我看，把郑国迁到洛阳以东、黄河和济河的南面比较合适。因为这一大片土地都是虢国和邻国的地盘，而且这两个国的国君都非常贪财，百姓们都很痛恨他们，甚至大臣们对自己的君王也不忠心。再说您现在担任着管理土地和户口的重要职位，又是周天子的亲叔叔，只要您张口向他们借地，他们见您有权有势，不敢不给。"太史伯还给郑桓公分析了不能去南方、西方、北方的原因。听过这一番分析，郑桓公连连点头，并准备按照太史伯的建议把郑国向东迁。

公元前773年，郑桓公派自己的大儿子掘突，也就是后来的郑武公，带上丰厚的礼物去虢国和邻国借地并成功，于是郑武公随后开始搬迁郑国，将郑国搬迁到现在的河南省新郑县。不到两年，也就是公元前771年，郑桓公因为和在与西戎的大战中为国捐躯，周幽王也被西戎兵杀死，掘突便做了郑国的国君，称为郑武公。

郑武公是一个非常有抱负的人，他不仅带领郑国的军队打败了入侵的西戎兵，还巧用离间计把邻国的主要大臣和有名大将除掉，然后再去攻打，轻而易举地灭掉了邻国。

公元前767年,郑武公跟随周平王在虢国巡视虢国的军事防务时,趁机埋伏下自己的将士,活捉了虢国的国君,虢国灭亡。不久后,盘踞在中原一带的祭国、应国、共国等几个小国也被郑武公灭掉。这只是他扩张地盘的第一步,第二步就是吞并当时比较强大的胡国。

郑武公本想和灭虢国一样,趁巡视把胡国灭掉,却被胡国国君看穿,而没有成功,但他并不甘心,整日整夜都在思考着如何灭掉胡国的事情。郑武公见女儿郑姬虽然才16岁,却出落得花容月貌,亭亭玉立,不由心中咯噔一下,想起胡国国君也才刚刚20岁,英姿飒爽,正是谈婚论嫁的年龄,便心生一计。

几天后,郑武公就派人到胡国提亲,说要把自己的女儿郑姬许配给国君。选了一个良辰吉日,胡国国君要带兵去郑国迎亲,被一些老臣劝住,说郑武公非常狡诈,还是让郑国派兵把郑姬送到胡国来比较安全。郑武公早已打算好,等胡国国君来郑国迎亲时把他杀掉,但没料到他没上当。但既然良辰吉日都已定了,只好真的把女儿嫁出去了。在送别女儿时,郑武公流下了许多泪水,女儿当时还为有这样一个疼爱自己的父亲而感到幸福和满足。

在把女儿送往胡国的第二天,郑武公就召集大臣,说:"我国东迁,地少人多,必须扩大地盘,请问哪些国家可以攻打呢?"

大臣们就开始你一句我一句地讨论开了,气氛很热烈。忽然一位胡须飘飘的老者从众大臣中闪出,这位老臣名叫关其思,他上前奏道:"胡国刚刚娶了我国的公主,肯定没有防备,如果暗中偷袭,肯定能够成功。"

郑武公听到关其思的禀奏后沉默了一会儿,忽然拍案大怒,杀了关其思。随后,又派人把关其思的人头送到胡国。

胡国国君把郑姬接到宫内,正在拜天地之际,却见一郑国的骑兵来到大殿上,呈上来一颗血淋淋的人头,不由大吃一惊。待那骑兵说清了原因,他便放下心来。不一会儿,派到郑国的探子也回来禀报了关其思被杀的事情,胡国国君对老丈人的防备完全解除。

第二天,胡国国君又陪陪嫁大臣们喝了个一醉方休,直到日落西山方才散场。就在这夜四更天,正在拥着爱妻郑姬熟睡的胡国国君忽然听到鼓声大作,一打听,才知郑国的军队已杀进城内。他怒火中烧,提剑就把郑姬砍成两段,随后在冲出宫时被乱箭射死。胡国随即灭亡,郑武公实现了自己的愿望——吞并胡国。

在整个故事中,胡国国君始终被郑武公给蒙在鼓里,知道临死前的那一刻,他才明白,可是那个时候已经太晚了,国家已经陷入,人头也已经落地。而在此之前,郑武公可都是非常热情地"拥抱"胡国国君的,不仅为了胡国而杀害自己的大臣,甚至为了取得胡国国君的信任而将自己年仅16岁的女儿嫁给了对方,这一切只是为了最后的一击而做的准备。从这个故事当中,我们似乎可以得到这样的启发:面对强敌,我们可以放低自己的姿态,以一种弱势去对待敌人的锋芒,用一种"拥抱"的姿势来迎接敌人的攻击,忍一时之气,才能更好地打击对方,在对方没有完全防备的情况下,致对方于死命。

12 忍辱负重才能厚积薄发

人在追求目标的道路上总是会遇到一些"辱""重"的阻挡,一个鲁莽的人会选择盲干,不顾一切地去冲破这些阻挡,到最后就是碰得头破血流,无功而返。而一个聪明的人则会"忍辱负重",等待时机而厚积薄发,一举打破阻挡,取得最后的成功。所谓"忍辱负重"即自己的行动目标不能轻易暴露定的掩饰,哪怕是自己受多么大的委屈也要忍受,在成功之后才可以论说其成功之道,而且成大业者只有卧薪尝胆,才能厚积薄发,得到大家的认可。

战国时期,出生于魏国的范雎,因家境贫穷,开始时只在魏国大夫须贾手下当门客。有一次,须贾奉命出使齐国,范雎作为随从前往,到了齐国,齐襄王迟迟不接见须贾,却因仰慕范雎的辩才,叫人赏给范雎十斤黄金和酒,但范雎辞谢了。须贾却由此产生了疑心,认为范雎是把秘密情报告诉齐国,才得了齐襄王的礼物。回国后,须贾将自己的忧虑告诉了魏国宰相魏齐。魏齐下令把范雎传来,用竹板责打他,打折了肋骨,打落了牙齿。范雎假装死了,被人用席子卷起来,丢在厕所里。接着魏齐设宴喝酒,喝醉了,轮流朝范雎身上小便。后来,范雎设法逃出魏国,改换姓名,辗转到了秦国,最后通过自己的智慧和能力,当了秦国的宰相。

纵观历史那些能成大气候的人,当他们在处于弱势或落魄之时,总是能为了未来的成功而以屈待伸,忍耐一时之悲愤,等待机会东山再起。这是趋吉避凶的高深智慧,也是方圆处世的极佳手段。当年刘邦和项羽争夺天下的时候,用的也是这种方法:

公元前206年,项羽占有楚魏东部九郡之地,自封为西楚霸王,定都彭城(今江苏徐州)。又违背先入关中者为关中王的前约,改封先入关中的刘邦为汉王,封地有巴蜀和汉中41个县,国都为南郑(今陕西南郑县东北)。巴蜀之地,是秦朝流放罪犯的偏远荒凉之地,刘邦心中非常不快。这不仅夺了他的关中王之位,而且等于公开被贬谪了,于是刘邦怨恨项羽言而无信,意欲进攻他。

对于刘邦的心思,项羽的谋臣亚父范增早就看透了,对项羽说:"刘邦被封为蛮夷之地的汉中王,他若愿意去,定是图谋不轨,想日后伺机反扑,应当立即处死他。他若不肯去,那就是违抗您西楚霸王的命令,是对您公然的蔑视,也要立刻杀掉他!"于是项羽命人将刘邦找来,想试探一下他的态度。

刘邦听说项羽召见,早已猜到其用心,虽然明知此去凶多、吉少,但又不能公然抗命不去,心中盘算着怎样应对这场智斗。刘邦来到殿前,恭恭敬敬地伏在地上说:"拜见霸王千岁!"那谦恭的样子使项羽心中异常受用,立即放松了警惕,笑着问道:"沛公,你先入咸阳,功劳可嘉,我特意加封你为汉中王,代管巴蜀,不知你意下如何?"刘邦听罢,马上意识到项羽暗藏杀机,只要一语有失,便会人头落地。他沉吟片刻,然后从容地答道:"我好比霸王您胯下的一匹坐骑,何去何从全由您做主。"项羽闻听此言,既对刘邦的恭维感到自得,又觉得刘邦的话无懈可击,也就没有了杀他的借口,便让刘邦下殿去了。

刘邦急忙回到自己的营地,稍加打点,就依张良之计,偃旗息鼓,人不解甲,马不停蹄,率军急匆匆地向巴蜀进发。他决心以巴蜀偏僻之地为依托,招兵买马,养精蓄锐,待力量充实了,再还三秦,谋取天下。

刘邦能以一个政治家的眼光,从宏观和全局着眼,在形势于己不利时,暂忍一时之忿,以屈待伸,沉着冷静地等待时机,显示了惊人的胆识和气魄。为了进一步打消项羽的疑虑,便于自己在蜀地休养生息,他又采纳了张良之计,把走过的三百多里栈道全部放火烧毁,做出一副无意东归的姿态。

项羽闻知刘邦率军已向巴蜀进发,才感到范增所言极是,立即派季布带三千人马前去追赶,然而为时已晚。当季布率兵追到栈道口时,刘邦大军早已无影无踪,且栈道已毁,季布等人只能望崖兴叹,空手而返。刘邦后又拜韩信为大将军,广纳贤才,休兵养士,最终在众贤士的帮助下,使得不可一世的西楚霸王自刎乌江,统一了天下,开创了大汉王朝。

第六章 成败之争,低头不误前进

　　跳开当时的情景，如果说让人们在"一时之得失"和"长远之得失"当中选择一个的话，人们会毫不犹豫地选择长远之得失，可是真正到了现实生活中的时候，很多人却又迷惑了，即便旁边的人一直在提示应该选择"长远之得失"，却还是选择了"一时之得失"，这就是所谓的"旁观者清，当局者迷"。"一时之得失"就是一种盲干，一种鲁莽；而"长远之得失"就是一种忍辱负重，就是一种厚积薄发。就像范雎一样，就像刘邦一样，不到最后不爆发！

第七章

缩首畏尾，只求自保

为人处世，千万不要因为眼前的短期利益或者面子，而忍受不了小小的委屈或者让步，结果因小失大，追悔莫及。其实，在人生很多时候，都应该时时提醒自己，懂得放小取大，及时缩头也没有什么丢人之处，因为那是一种自保的智慧。

1 暂时低头是为了永远抬头

每个人都会深陷困境,而当我们身处困境的时候,应该多为大局着想,不能一味"横冲直撞"到底,而不懂得低头退让。千万不要以为"低头"是一种懦夫所为,其实暂时的"低头"是为了以此作为磨炼自己的机会,而不断丰富、充实自己,以图将来能够东山再起,而绝不会消极乃至沉沦。相反,一味的"横冲直撞"只会让自己的能力消耗殆尽,而对自己的困境却没有半点帮助。对于那些经不起困难和挫折的人,往往会彻底失去希望,畏缩不前,不愿想法克服眼前的困难,只是一味地怨天尤人听天由命,那才是真正的低头。记住,困难面前,暂时的低头是为了永远的抬头。

14世纪末,欧洲地区的强国土耳其入侵欧洲小国阿尔巴尼亚,阿尔巴尼亚第勒拉地区的领主卡斯特里奥蒂无奈之下被迫臣服于土耳其人。为了证明自己对土耳其苏丹的忠诚,卡斯特里奥蒂于1423年将自己四个儿子中的其中三个送往土耳其的首都埃地尔内作为人质。

送去做人质的三个儿子中其中有一个叫乔治。乔治是一个精力充沛,机智过人的人,他的机智和能力很快引起了土耳其苏丹的注意和器重,并被派往宫廷学校学习。并且土耳其苏丹还为他起了个叫"斯坎德培"的名字,准许他加入穆斯林教。后来斯坎德培以优异的成绩从土耳其军事学校毕业,并作为一名军人参加了土耳其军队对外国的征战。在战斗中他始终表现出众,赢得了苏丹的信任,并被封为贵族称号。1438年,土耳其苏丹穆拉德二世封他为被征服的阿尔巴尼亚著名要塞克鲁雅的领主——苏巴什。

但是,斯坎德培并没有被这种短暂的胜利冲昏了头脑,他的内心深处还是恨透了土耳其苏丹。他长期栖身敌巢为的就是骗取信任,等待时机,有朝一日突然反戈,光复自己的祖国。斯坎德培深知,想要再建国家,必须做长期、谨慎的准备,以便抓住最好的时机一举成功,轻举妄动只会让自己陷入更大的被动之中,甚至会功亏一篑,全盘皆输。

为此,他忍辱负重,卧薪尝胆。他与当地的原阿尔巴尼亚公国的大公们保持着广泛的联系,同时还秘密地和不满土耳其人的邻国,比如说威尼斯共和国,腊古扎共和国取得密切联系。1440年，斯坎德培被调往第勒拉地区任最高长官。在此期间，他继续秘密地进行准备，并同邻近的那不勒斯和匈牙利接触，建立秘密联系。

在斯坎德培任第勒拉长官期间，被征服的阿尔巴尼亚人民对长期压迫、掠夺他们的土耳其人愈来愈仇恨，甚至他们还积极准备武装起义。当地的农民们多次恳请斯坎德培率领他们起义，以反抗土耳其人。但是，斯坎德培没有答应他们的恳求，他继续装作全心全意效忠于土耳其苏丹。因为斯坎德培知道，时机还没有真正到来，如果仓促起事，那么20年之功就会毁于一旦。他仍然不动声色地忍受、等待，甘愿承受着本国人民的误解。

1443年秋天，这期待已久的时机终于来到了：就在前一年，也就是1442年，匈牙利人在胡尼亚迪的率领下对土耳其人进行了反攻，并取得重大胜利。胡尼亚迪计划在下一年也就是1443年，展开更大规模的进攻，把土耳其人彻底地从匈牙利国土上赶走。为此，他联络了巴尔干半岛的各个国家，同他们结成联盟。胡尼亚迪派人与斯坎德培联系共同抵抗土耳其。光复阿尔巴尼亚的有利国际形势已经形成，同时，反对土耳其的罗马教皇也不断向阿尔巴尼亚的封建主们施加压力，要他们一见匈牙利军队向南推进就立即拿起武器。在教皇的压力下，封建主们也加紧了准备。阿尔巴尼亚反对土耳其的国内条件也进一步具备了。

这时，土耳其苏丹对匈牙利军队的进攻感到十分恐惧，他把自己的军事力量大部分都集结在了多瑙河边以阻挡匈牙利的军队，只有很少一部分士兵驻守在阿尔巴尼亚。

1443年11月3日，匈牙利军队跨过多瑙河，直逼尼什城，而这时土耳其部队的士气却开始动摇，土军总司令巴夏下令土军后撤，千载难逢的机会到了。斯坎德培在土军撤退的一片混乱中，率领300名阿尔巴尼亚人组成的骑兵队伍从前线回调，直逼第勒拉，发动了起义。

第勒拉的阿尔巴尼亚人热烈响应斯坎德培，斯坎德培决定乘土军暂时晕头转向之际，出其不意地把国内所有要塞都拿到手。他的第一个目标就是克鲁雅。斯坎德培率军抵达克鲁雅城下，他知道城中土军还未来得及得知自己起义的消息，于是决定利用自己是土耳其苏丹宠将的身份诈开城门，引军入城。他派人进城，并送上一道假命令，城内士兵急忙大开城门，放斯坎德培部队入城。斯坎德培在当天夜里将隐藏在森林中的大批部队偷偷放入城中，突然袭击城中土军。土军惊慌之下束手被歼。这样，斯坎德培轻而易举地攻克了克鲁雅要塞，消灭了城内所有守军。

斯坎德培继续进攻，各地阿尔巴尼亚人民群起响应，反对土耳其人奴役的武装总起义开始了。由于斯坎德培的长期准备和选择了良好的时机,起义十分顺利。土耳其人万没料到斯坎德培的举动,一时措手不及,连遭重创。

1443年11月8日,斯坎德培在克鲁稚宣布恢复自由的阿尔巴尼亚公国。他在克鲁雅白色的城堡上升起了阿尔巴尼亚的国旗——红底上一只黑色双头鹰。

但土耳其人是绝不能容忍斯坎德培的所作所为的。1457年,土耳其8万精兵在久经沙场的土耳其将领叶佛列诺扎指挥下向阿尔巴尼亚进发。此时,阿尔巴尼亚正面临着极为严峻的处境。欧洲的盟国大都自顾不暇,无法援救阿尔巴尼亚;阿尔巴尼亚国内的封建领主也开始反对阿尔巴尼亚领导人斯坎德培;有些阿军将领临阵投降土耳其。斯坎德培临危不乱,他制定了在极为不利的环境下打败敌人的计策。他把自己的部队分散隐蔽起来,不让敌人发现,在看准时机的情况下突然出现,猛击敌人一下,就又消失得无影无踪。土耳其大军急切地想与阿军决战,企图一战定乾坤。然而斯坎德培却不断神出鬼没地,消耗着敌人的力量,从不与敌人做对面交锋。这使土军十分恼火和焦躁。

斯坎德培知道,土耳其人非常害怕自己,把自己看成是阿尔巴尼亚抵抗力量的象征。因此,他决定利用土耳其人这一心态,设计迷惑诱骗敌军。于是,他秘密躲藏起来,同时派人四处散布谣言,说他领导的部队已土崩瓦解,还说他为了保住脑袋已藏入深山老林,再也不敢出头露面。以至于土耳其军队司令和他的侄子也相信了这些谣言,深信斯坎德培已不会再起任何作用了。土耳其军队欣喜若狂地庆祝阿尔巴尼亚被征服。然而,就在1457年9月7日土耳其人在阿尔巴尼亚首都克鲁雅附近的阿尔蒲莱纳平原上欢庆自己的胜利之寸,斯坎德培率领阿尔巴尼亚大军从天而降,包围了不知所措的土耳其人。这一仗土军彻底被击溃,数千名军士被俘虏。

斯坎德培一举扭转了阿尔巴尼亚的危境。他不但狠狠打击了土耳其人,也打击了那些动摇和背叛的封建主,驱散了对斯坎德培政权命运的任何怀疑和猜测,斯坎德培再一次利用韬光养晦之计取得了卫国御敌的胜利

为人处世,千万不要因为眼前的短期利益或者面子,而忍受不了小小的委屈或者让步,结果因小失大,追悔莫及。其实,在人生很多时候,都应该时时提醒自己,懂得放小取大,千万不能因为只顾及眼前得失而忽视了长远的目标,绝不能因小失大,得不偿失。

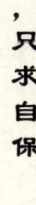

第七章 缩首畏尾,只求自保

2 鸡蛋碰石头，受伤的是自己

中国古代有句歇后语："鸡蛋碰石头——自不量力"。之所以说这种"碰"是一种自不量力，不仅仅是因为鸡蛋和石头双方的力量非常悬殊，更是因为鸡蛋碰石头，受伤的肯定是自己。可是，很多人知道有这样一句歇后语，但是真正在生活、工作、交际当中却没有将它应用起来，或者说在鸡蛋和石头对阵的时候，并没有想到，鸡蛋和石头相碰，最后碎的肯定是鸡蛋，而不是石头！

曾经某单位有这样一个例子：

有一段时间，一群刚刚毕业的年轻人对上级刚刚指派的上司非常不服。新上司还没有走马上任，这些人就都拿出当年父母做红卫兵时候斗私批修的劲头，将该上司所有老底全都翻查出来，好的说成坏的，坏的说成更坏的，越说越群情激愤，越觉得咽不下这口气。

于是这几个年轻人连夜制定了一套"行动计划"，商量要给他来一个下马威。一方面在部门内部实行非暴力不合作运动，但凡领导吩咐的事情，或拖延或搞砸，让他难受；一方面在部门外实行舆论包围攻击，甚至他们还想到去网站论坛上抖出他"臭史"的主意，再转贴回公司内部网站，他们以为这样就可以狠狠地整整这个新上司了。几个人商量着，兴奋得不得了，恨不得新领导赶快上任，这些人也好赶快尝一尝"手刃仇敌"的快感。

同事老陈看着这些人搞的恶作剧直摇头。可是这些人一直指望老陈会成为这些反新上司行动人中的中坚力量，因为他一直在这个部门里备受冷遇，从来都是升职无望的人，跟他们这些刚毕业一两年的人平级，离退休又还有很长的距离。这样的日子，这些年轻人都替他难熬。可是老陈却非常悲观地看着这些人说："没用的，别瞎折腾，到头来肯定会害了自己的。"可是这些年轻人愣是没有听老陈的，认为老陈做人太老实，正是因为这么老实，所以才一直被欺负，没有升职的机会。

当然，最后证明老陈是对的。在老板的鼎立支持下，新上司对这些年轻人的小打小闹简直不屑一顾。这些人的非暴力不合作运动以一败涂地告终，更为可怕的是这些人因为做了这件事情而屡屡被上司穿小鞋，很多人因此而放弃美好前景,灰溜溜地辞职走人。

事后老陈告诉这些人,以他几十年的从业经验来看,这些新来的上司从来都不怕新下属跟他作对,因为他们要是怕的话,就不会来了,既然是"空降"下来的,也就意味着有大老板撑腰,他们定然所向披靡,无所畏惧,上司怕的是老板不撑他,而不是下属不配合他。

这就是职场生活中典型的"鸡蛋碰石头"的例子。最终受伤害的是这些"鸡蛋"——年轻人,而"石头"——新领导还是安然无恙,至多是弄脏了自己的衣服而已。

其实,这种故事,在《红楼梦》里面也有。

吴新登的媳妇,心中藐视李纨,欺负探春是个庶出的姑娘,因此心里就存了主意要看她们的笑话,最好有些嫌隙不当的地方,大家好出二门编出许多话来嘲笑她们。探春问她话,她也推说忘了,要现查旧账,摆明了也是个不合作的。探春一顿骂,弹压了下去。最主要的是凤姐派了心腹平儿来演戏,声明只要探春想做的,只管煞了凤姐的面子放手干去。探春也会顺杆爬,当真当场就拿平儿开刀,让她去叫人给宝钗送饭来。平儿平时哪里是做这些跑腿活儿的人,这次算是给足了探春面子,忙答应了出来,在树阴底下给众媳妇们做了次思想工作:"你们太闹得不像了。她是个姑娘家,不肯发威动怒,这是她尊重,你们就藐视欺负她。果然招她动了大气,不过说她个粗糙就完了,你们就现吃不了的亏。她撒个娇儿,太太也得让她一二分,二奶奶也不敢怎样。你们就这么大胆子小看她,可是鸡蛋往石头上碰。"

这是日常生活中典型的"鸡蛋碰石头"的例子。最终受伤害的同样是"鸡蛋"——众媳妇,而"石头"——探春还是安然无恙,只不过是做了一场戏而已。

无论是职场生活中还是日常生活中,鸡蛋碰石头的事情都做不得,这样只会让自己受到伤害,而不会给对手一丁点的伤害。

那么在"鸡蛋"面对"石头"这个强大对手的时候该如何去做呢?最好的办法就是绕开"石头"直达目的,以迂代直,而不是直接冲向石头,那样先倒下的肯定不是石头,而是鸡蛋。这个道理大家都明白,但是在真正碰到这种情况的时候,还是需要大家冷静思考,千万不要冲动,不要意气用事,否则,对自己是没有半点好处的。

3 暂避锋芒以求保全自己

锋芒毕露的人肯定比较显眼，而显眼则容易招来嫉妒和排挤。因此长期以来，很多人都喜欢"藏巧露拙"，把自己的本事、优越的地方藏起来，不让人发现，为的就是隐藏自己的优点，以避开别人的锋芒。而这样做的真正目的就是为了保全自己。

那么该如何避开锋芒呢？基本上有两种方法，第一种方法就是装愚。愚笨是一个应该得到原谅的缺点。一个人已经愚笨了，对他还能有什么要求？特别是处于某种轻重不得的尴尬局面时，装愚也许是最佳选择了，这样不仅不会遭来别人的记恨，还会给自己脱身造就条件。

北魏时期有一个叫崔巨伦的，他曾经在殷州任北道别将，当时州城被葛荣的部队攻陷，他也陷在城中，救死扶伤，帮那些苦难的老百姓度过这个困难时期，敌人听到了这个事情也很敬重他。特别是敌军的主帅葛荣听说崔巨伦很有才气，便想方设法的要他为己所用，可是崔巨伦心里很是厌恶这种不忠不孝之举。当时正好碰上五月五日端午节，葛荣会集城中百官，并且命令崔巨伦即兴作诗，想要知道他到底是不是所传说中的那样才华横溢。

崔巨伦说道：

五月五日时，天气已大热，

狗便呀欲死，牛又吐出舌。

众人听了此诗后哄堂大笑，他们认为堂堂一个人人称赞的崔巨伦，以才高闻名，却作出了这样一首不堪入耳的蹩脚诗来，即便是那些出身非常微贱的造反者也忍不住大笑。

这实在是一种彻彻底底的自辱自贬，丝毫没有给自己留有什么后路，但是他也就是靠了这种彻彻底底的自我贬低，才骗过了敌人的眼光，避免了出任伪职。不久之后的一天，他偷偷结交了几个敢于拼命的勇士，并乘着夜色开始向南逃走。不想在路上遇到了巡逻的几百骑兵，大家都感到非常危险，甚至觉得难以脱身，可没想到崔巨伦却说："宁可向南走一寸而丧命，怎么能向北退一尺而求生？"于是他们就想了一个计策骗敌军说："我领了特别通行的令箭出来。"敌人不相信，就想要点火把来查看令箭，趁火还没点燃之际，崔巨伦就拔出宝剑砍了敌军头目的脑袋,其他那些勇士也都跟着拼杀,在杀伤几十名敌人之后,剩下的敌军仓皇逃走。于是崔巨伦就用他们抢到的几匹马,马不停蹄的向南逃跑,最终得以脱身。

从这次出逃成功,足见得崔巨伦的勇谋。他的自辱的勇气绝不亚于拼杀,而这种勇气背后所隐藏的智慧又不是血气之勇所能企及的。

人在装愚时,总还想有点作为,要是纯粹用于自保的话,那干脆再披上厚一点的盔甲。那就是第二种避开锋芒的办法了——装醉、装聋、装疯、装死,让对方无从下手,这些办法特别对那些已有名声且身处相熟者中间的人,尤为适用。而在古代历史上,装醉是人们用的最多的方法了,魏晋时期,竹林七贤之一的阮籍就是其中之一。

魏晋时,阮籍是竹林七贤之一。魏国权臣司马昭原想同阮籍结为儿女亲家,让阮籍把女儿嫁给自己的长子司马炎,即日后废掉魏帝建立西晋的晋武帝。可是阮籍不想卷入当时黑暗的政治之中,但又不便明着反对司马昭,于是就借着嗜酒连醉六十天。司马昭每次见他都是终日沉醉,连话也搭不上一句,最后只能作罢。以后,司马昭的心腹钟会多次访问阮籍,想请他谈谈对国事的看法,以便抓住把柄定他的罪。可阮籍还是整天酩酊大醉,不省人事,钟会开不了口,只好怏怏而回。

阮籍之醉可以说是真醉,也可以说是假醉,真假不在这六十天,而是他差不多一生都在醉,这个醉就是有意识的了,因为当时的政治极为险恶,文人要想保持清白却又不能得罪当时的权臣,难乎其难。这种缺乏起码人身保障的情形,在整个传统社会中一直没有得到根本的改变,即使在政治不那么黑暗的时候,身为官宦的人也时常需要用装傻来避免落入难以解释的困境。

明代大思想家王守仁,人称阳明先生,曾任刑部、兵部主事,因为触犯了大宦官刘瑾而受了廷杖,并被贬为贵州龙场驿丞。王守仁出了朝门,换上平民服装,立即上车前往贵州。过江时,他写了一篇吊唁屈原的祭文,又写了投江绝命辞,假装投江自尽。绝命辞传到京城,刘瑾听说王守仁已死,才打消了派刺客暗杀他的念头。到了这一步,可谓鬼神莫测了。

所以说,处世要讲究哲学,保全自己同样要讲究方法,该争取之处要做百倍的努力,该放弃处也要舍得松手;该聪明的时候要聪明,该装傻充愣的时候一定要装傻充愣,无论是装傻还是充愣,目的只有一个,那就是避开对方的锋芒以求

第七章 缩首畏尾,只求自保

自保。善于藏巧露拙,善于"糊涂",因为它是一条磨砺人心志,使自己走向成功的必由之路。

4 两面倒是为了更好地自保

说起"两面倒",人们立刻就会想到"墙头草","墙头草"的确是个不折不扣的"两面倒",但是"墙头草"并不仅仅是"两面倒"而已,而是在其中蕴含着一种深刻的"迂回"哲学。其实人生在世,不妨做一次两次"墙头草",目的就是为了自保,只要把握好风向,不丢做人的原则,同样能立稳脚跟。

冯道历经五朝宰相,直至病死家中,造就了中国古代官场的一段神话。而他之所以能创造这个神话,就是因为他善于利用自己的"心机"而"两面倒",特别是在那个纷繁复杂的环境里,要想做一个正直之人,首先得活着,只有活着才有一切做人的原则。

冯道出生在当时一个自给自足的小康之家,所以说他的出身并不是很好,在当时极重门第出身的社会风气下,冯道想跻身官场是很难的。但冯道并不因此而甘心做一个平民,而是积极地投身到求取功名的活动之中。当然,他也并不盲目投奔,而是仔细观察,选择一位明君。就在不久之后,冯道还真找到了一位明主,他经人介绍投到了李存勖的门下,成了李存勖的亲信。从此,冯道踏上了他传奇般的仕途。

五代时期是一个战乱极其纷繁的时期,只要握有兵权,略有些头脑的将帅便可称王称帝,但他们能领兵打仗是内行,治理国家却是个绝对的外行,况且对读书人又不重视,在他们眼里有了军队就有了一切。而富有"心机"的冯道并没有被现状吓到,而是极力讨好逢迎李存勖。同时,他口齿伶俐,颇善言辞,还能引经据典,劝说君臣之间的纠纷。李存勖灭后梁建后唐之后,只重视名门贵族出身的人,对冯道这样没有"来历"的人并不十分重用,但冯道却并不着急,而是仍像原来那样谦恭、谨慎。至于他心里的打算,只有他自己知道。后来明宗即位,吸取前朝教训,决定以文治国,他立刻想到冯道这人平时"表现还不错",于是便用他为宰相,这时冯道才真正开始发迹。

冯道凭"谦虚谨慎"的形象爬上相位,但他并没有居相位而安心行其职,还是密切注意着时局的发展。当叛将李从珂兵变攻打京城之时,狡猾的冯道心想,李从珂虽然刚愎自用,但他拥有大军,而刚继位的李从厚不过是个孩子而已,肯定不是李从珂的对手,于是他就打定了投降的主意,但一个人投降,不但会落个骂名不说,而且还得不到重用,于是他就劝说文武百官和自己一起投降,这样肯定能为自己捞个好差事。最终冯道使尽手段,苦口婆心,总算劝动了百官,一起到洛阳郊外迎接李从珂,并献上了请李从珂当皇帝的劝进文书。果然不出所料,冯道由前朝元老重臣摇身一变成了新朝的开国功臣。

冯道对官场的敏感预见是一般人无法与之相比的。也正因为如此,有好多人办不成的事,他都能办成。五代时期出了个臭名昭著的"儿皇帝"石敬瑭。石敬瑭为了能夺取皇帝的位置,答应了契丹出兵的条件,其他条件还都能接受,只是其中有一条最难:石敬瑭向契丹皇帝耶律德光称儿子。这本身就是一件"奇耻大辱"的事情,至于派人去契丹当册礼使,更是一件既要忍辱负重,又要冒生命危险的事。当时石敬瑭想派宰相冯道去,原因有两点,第一是宰相出马显得郑重;第二是冯道狡诈老练,基本上不会吃亏。但是石敬瑭也很为难,害怕冯道拒绝。可谁知他一开口,冯道居然毫不推辞地答应了,这真使石敬瑭喜出望外。其实,冯道这样做是另有打算,他想要得宠于"儿皇帝",就必须好好笼络"爸爸皇帝",从他的这一做法看,冯道对于保全富贵,的确算得上有胆有识了。

冯道来到契丹,看到当时的契丹的确非常强大,于是就使尽手段讨好耶律德光,但他很快发现契丹统治残暴,不会长久。于是,他又开始重新寻找主子,果不其然,石敬瑭的大将刘知远在夺取石敬瑭的政权后建立了后汉。而冯道因"保护汉人"有功,而被拜为太师。冯道摇身一变又做了后汉的宰相。

岂料后汉也没存在几年,刘知远的部将郭威便又造反建立了后周。冯道又故伎重施,做了后周的宰相,冯道每次投靠新主都有不同的手段,比如这次投奔后周,在官场混迹多年的冯道心想,自己已经多次易主,这次如果再想轻易立足的话恐怕就很难,那该怎么办呢?他有自己的一套办法,那就是总得有点见面礼。

于是,他打起了刘知远宗族刘崇等人的主意,他凭借自己的三寸不烂之舌说服这些人。果然他又被推荐当上了后周的宰相。可是冯道当后周的宰相没几年,郭威死了,郭威义子柴荣继位,这时的后汉贵族想要勾结契丹以恢复后汉政权,冯道根据他半个世纪的经验判断,此次后周怕是保不住了,历史又要再一次重复了。自己要想保住官位还得重新物色新主。可是柴荣绝非以前冯道所事的几位主子可比,他是一个很有胆识气魄的君主。当后汉、契丹联军袭来时,一般大臣都认为主上新丧,人心动摇,不可轻动,但柴荣决定亲征,别人见柴荣意志坚定,便不再说什么,只有冯道在一边冷嘲热讽。下面的对话很能刻画出冯道的心态:

柴荣说:"过去唐太宗出战,都是亲自出征,难道我就不能学他吗?"

第七章 缩首畏尾,只求自保

冯道说："不知陛下是不是唐太宗？"

柴荣又说："以我兵力之强，出击刘崇、契丹联军，犹如以山压卵，如何不胜？"

冯道说："陛下能为山吗？"

这些莫名其妙的话说得柴荣大怒，他私下里对周围人说："冯道竟然看不起我！"

刚毅的柴荣哪里知道已成"人精"的冯道心态，他不是看不起柴荣，而是为自己在下一个什么朝代做官留下一条后路，弄一点投靠的资本。不过冯道这次是失算了，柴荣凭借自己的实力率军亲征，大败后汉、契丹联军，保住了自己的位置。而此时的冯道也自知时日无多，从此结束了自己的宦海生涯，老死家中。

冯道一生历事五代君主，因此很多人都称他为中国历史上第一官场"不倒翁"，而他之所以能得到这样的"美名"，就是因为他善于"两面倒"，而这样做的目的无非就是为了保住自己，无论是性命还是官职，都在"两面倒"中保存了下来，并且是一保就是五代。所以，从冯道的人生经历中我们可以得出这样一个启示：在不失原则的情况下，不妨通过"两面倒"的方式来自保，千万不可在一棵树上吊死，否则人生就会变得非常悲惨，甚至很短暂。

5 明哲才能保身

明哲保身原来是一种褒义的意思，是指明达的人不参加可能危及自己的事情。即便现在这个词语演绎成了贬义词，但是对我们的生活还是非常有启示意义的。因为"明哲保身"是一种保全自己的手段，不仅仅适用于乱世，也适用于和平年间。这和我们常说的"留得青山在，不怕没柴烧"是一个道理。

不过明哲保身是官场文化的一部分，如果一个官员在官场不懂得明哲保身，即便他再有能耐，即便领导者对他有再大的信任，最终他也会因为得不到同事的配合而功亏一篑。

清朝时期的蒋衡就是一个深深懂得官场明哲保身之道的人，并且也因为他的明哲保身而保护了自己，在相同时代的另一个大将年羹尧却因为不懂的这些官场之道而最后身败名裂，落了一个悲惨的下场。

清朝雍正年间（1723－1735），有一员大将年羹尧在他镇守西安之时，求贤若渴,广求天下之士为自己所用,对于那些已经成为自己部下的名人志士,给予他们非常高的待遇。其中有一位叫蒋衡的文士,德才兼备,应聘前往。年羹尧和他交谈之后,也确实感到他不错,更是甚爱其才,就夸下海口对他说:"下科状元一定是你的。"

年羹尧说话口气如此之大是情有可原的,他也正是倚仗自己的功劳以及与皇帝的特殊关系才这么说的。可是蒋衡却不以为然,他认为年羹尧刚愎自用,骄奢之极,日后必定生祸,于是他就对一个同僚说:"年羹尧德不胜威,当今万岁英明神武,年大祸必至,我们不可久居此处。"可他的同僚不以为然,毕竟年羹尧的权势正如日中天,多少人巴不得投奔到他的门下呢,他们怎么会自动离开他呢?

蒋衡不顾同僚百般劝阻,执意告病回家。年羹尧眼看挽留不住,就取了一千两黄金相赠以表自己的爱才之心。蒋衡却坚辞不受,万般推辞,最后在年的坚持下,只接受了一百两。事实正如蒋衡所预料的那样,在他回家不久,年羹尧果然就出事了,为此牵连了不少人。而年羹尧一向奢华,送人不到五百两黄金的,从来不登记,蒋衡因故只接受一百两之赠,从而确保自己平安无事。

在这个故事中,两种人有着两种截然不同的命运,而导致这个不同命运的仅仅就是简单的四个字——明哲保身,由此可见,这种思想已经在中国人的心中留下了很大的影响。

《文子·微明》有这么一段话:

"通晓道理的人尊重事物的细小变化,思想行动不会错失时机,百思攻关重戒预防,祸端于是就不滋生,预防祸患为主享福为次。同日照下防霜冻无害于防者一样,愚者有防备而无害,也就与智者功劳一样。人,积爱而成福,积恨而成祸。人都知道怎样去救祸患,却不知道使祸患不再发生的道理。人,使祸患不发生容易,一旦祸患发生去再救祸患那就太难了。今天的人,不求不发生祸患而是大张旗鼓地去救祸患,就是神通再大的人也不能为谋呀。祸患的由来,千变万化。思想家能深居避患,策划对策以待解决时机。一般人不知道祸福来源途径,行动后就陷于刑罚,虽然委曲求全,终不能满足心愿。因此说,最上策是先避患而后就利,先远辱而后求名。因此,思想家常从事于实践的现象之外,心也不滞留在现实的成果之内。这就是祸患没理由到,不能毁誉不能成为尘垢的道理。"

其实,所谓"明哲"就是明白人性,明白人到底是怎么想的,面对一件事情的时候会怎么去做,知道了这些,也就能保住自己的性命了。

6 防范小人是为了躲避冷枪暗箭

这个世界不乏小人,因为这些小人,经常让我们饱受"冷枪""暗箭"的痛苦,因此要想让自己远离这样的痛苦,就必须要多防防这些小人所投掷过来的"冷枪"和"暗箭"。俗话说得好:害人之心不可有,但防人之心不可无。特别是和一些小人打交道,更是要注意这些事情,否则你的生活中将永远充满着血腥味。

那么要想防小人的"冷枪"、"暗箭",首先就必须知道什么样的人是小人。所谓小人,也就是那些人品非常差,气量非常小的人,并且还热衷于不择手段、损人利己之恶徒。他们动辄对上司溜须拍马、在朋友之间挑拨离间、造谣生事、结仇记恨、落井下石。历史上这样的人很多,唐玄宗手下的奸臣李林甫就是其中典型的一个。

李林甫是唐玄宗手下常伴随其身边的一个奸臣,为人心胸极端狭窄,也极其嫉妒,容不得别人得到半点唐玄宗的宠爱。可是唐玄宗有个喜好,那就是比较喜欢那些外表漂亮、一表人才、气宇轩昂的武将。即便是这些人,李林甫也是想方设法的排挤。

有一天,唐玄宗在李林甫的陪同下正在花园里散步,远远看见一个相貌堂堂而身材魁梧的武将走了过来,唐玄宗便随口感叹了一句:"这位将军真漂亮!"李林甫心里便开始不痛快。在唐玄宗问他那位将军姓甚名谁的时候,李林甫就支吾着说不知道。因为此时他心里很慌张,生怕唐玄宗喜欢上那位将军而使自己失宠。

事后,李林甫为了断绝这种慌张,便暗地里指使人把那位与唐玄宗只有一面之缘的将军调到一个非常边远的地方,自然也就再也没有机会接触到唐玄宗,当然也就永远丧失了升迁的机会。从李林甫的表现中我们可以看到小人的行为真是让人莫名其妙,他的心眼之小,会因为一点小荣辱而不惜一切,不择手段的干出损人利己的事来。

因此和那些小人打交道的时候,如果没有必要,就千万不要得罪这些人,因为小人是琢磨别人的专家,敢于为芝麻大小的恩怨付出一切代价,我们如果和这些人斤斤计较那确实是不值得。大唐时期的郭子仪就很清楚这一点。

唐朝时期的郭子仪,为大唐的中兴立下赫赫战功,他不仅在战场上攻城掠地,得心应手,而且在待人处世方面上也是一个高手,特别善于对付小人,他与小人打交道的秘诀,就是"宁得罪君子,不得罪小人。"

"安史之乱"之后,身居高位的郭子仪并不居功自傲,反而比原来更加小心。为的就是防止小人嫉妒。如有一次,郭子仪生病在家,有个叫卢杞的官员前来探望。郭子仪听到门人的报告,马上下令左右姬妾都退到后堂去,不要露面,他独自凭几等待。家人很不理解他的这种举动,在卢杞走后,就又回到病榻前询问郭子仪:"许多官员都来探望您的病,你从来不让我们躲避,为什么此人前来就让我们都躲起来呢?"郭子仪笑着说:"你们有所不知,这个人相貌极为丑陋,生就一副铁青脸,脸形宽短,鼻子扁平,两个鼻孔朝天,眼睛小得出奇,世人都把他看成是个活鬼,可是这个人内心却十分阴险,万一你们看到他忍不住失声发笑,那么他一定会记恨在心,如果此人将来掌权,我们的家族就要遭殃了。"后来,事实果然不出郭子仪所料,这个卢杞当了宰相,一人之下,万人之上,并假公济私,极尽报复之能事,把以前所有得罪过他的人统统加以报复,可是唯独对郭子仪比较尊重,因为郭子仪一直都没有得罪这个小人,最终没有动他一根毫毛。

试想假如郭子仪没有对卢杞的"冷枪"、"暗箭"进行防护,那么他的结局也就和那些得罪过卢杞的人一样。

在现代这个激烈的社会竞争中,要想出人头地,要想平步青云,就必须懂得一些为人处世的技巧,才能让那些或明或暗的竞争伤害不了自己。那么到底有什么样的技巧需要学习呢?美国斯坦福大学心理系教授罗亚博士给我们提了这样几个建议:

(1)无论你多么能干,具有自信,也应避免孤芳自赏,更不要让自己成为一个孤岛,在同事中,你需要找一两位知心朋友,平时大家有个商量,互通声气。

(2)想成为众人之首,获得别人的敬重,你要小心保持自己的形象,不管遇到什么问题,无须惊惶失措,凡事都有解决的办法,你要学会处变不惊,从容对付一切难题。

(3)你发觉同事中有人总是跟你唱反调,不必为此而耿耿于怀,这可能是"人微言轻"的关系,对方以"老资格"自居,认为你年轻而工作经验不足,你应该想办法获得公司一些前辈的支持,让人对你不敢小视。

(4)若要得到上司的赏识与信任,首先你要对自己有信心,自我欣赏,不要随便对自己说一个"不"字,尽管你缺乏工作经验,也无须感到沮丧,只要你下定决心把事情做好，必有出色的表现。

（5）凡事尽力而为，也要量力而行，尤其是你身处的环境中，不少同事对你虎视眈眈，随时准备指出你的错误，你需要提高警觉，按部就班把工作完成，创意配合实际行动，是每一位成功主管必备的条件。

（6）利用午饭时间与其他同事多沟通，增进感情，消除彼此之间的隔膜，有助你的事业发展。

在交际的时候，要时刻记着这样一句话：这个世界是很复杂的，人心也是很复杂的，要想保全自己，就必须要警惕那些角落的"冷枪"、"暗箭"。

7 装疯卖傻只为委屈求存

生存是永远的话题，但是很多时候人们的生存会遇到各种各样的威胁，那么面对这种境况我们该怎么办呢？毫无疑问想尽各种办法来延续自己的生命，而最好的办法就是装疯卖傻以保全自己，历史上得益于"装疯卖傻"而得以保存性命的人很多，朱元璋时期的袁凯就是其中一个。

在明太祖朱元璋没当皇帝的时候，他是一个爱护百姓、礼贤下士之人。可是等他当上皇帝之后就开始变得性情暴躁，杀人如麻，大批功臣老将都死在他的屠刀之下，因为朱元璋知道这些人是有功劳的，他们活着就会威胁自己的江山。于是他借口杀了右丞相汪文洋，不久之后又借口杀了左丞相胡惟庸。就连当年元帅府的都事、后来被封为韩国公而且是他的儿女亲家的李善长，一家七十余口也都死在朱元璋的屠刀之下。当年被假斩过的徐大将军，后来也被朱元璋真的毒死了。其中胡惟庸一案，甚至株连了三万多人，以致民间流传着朱元璋"火烧庆功楼"，将功臣全部烧死的传说。洪武十五年，朱元璋又建立了特务组织——锦衣卫，四处活动，随便抓人、杀人。

朱元璋之所以这样做，就是为了保住大明江山，为太子接位做好准备。而皇太子朱标却是一个仁慈之人，他见自己的父皇这样乱杀人，心里很不是滋味。偏偏朱元璋见自己已是年过半百，一心想训练太子以后称帝的能力，常常要太子帮助自己处理政务。皇太子朱标却总是和老子想不到一块去，所以两人常常因为想法不一样而闹别扭。这样一弄，弄得满朝文武百官夹在中间左右为难。

有一天，朱元璋上朝，一脸的杀气，玉带围在肚皮下面。百官见此情景，知道是朱元璋又要杀人了，都吓得浑身发抖，因为这意味着不知谁又要倒霉了。这时，只听得朱元璋粗声粗气一声喝令："袁凯！"

御史袁凯赶忙跪在地上听朱元璋训话："把这些案卷送去给太子复查，看后，火速带回。""臣遵旨！"袁凯接过案卷，三步并作两步，直奔太子朱标住的东宫。

太子接过袁凯递过来的案卷一看，知道父皇又要杀许多人了，心中就十分难过；可是他也知道，父皇一经决定的事情就无法挽回。他叹了口气，在案卷上写了几句话就交与袁凯带回了。

袁御史上气不接下气地捧回案卷呈与朱元璋，朱元璋翻开一看，只见太子在上面写道："父皇陛下！以小儿之见，还是应该以仁德结民心，以重刑失民心，望父皇三思。"

朱元璋看完之后，脸色更加难看了，他看着袁凯，突然发问："朕要杀人，太子要从宽，你说谁对谁不对？"

这一问，袁凯的心就像钻进了一只兔子，怦怦直跳，这可叫他如何回答是好啊？一个是皇帝，一个是太子，怎敢说谁对谁不对呢？可是不回答又不行，急得他脸上冷汗直冒。满朝文武百官也无不替袁御史捏了一把汗。这时的袁御史却很聪明，心里一急，却急出话来了，他立刻叩头答道："微臣愚见，陛下要杀，乃是执法；太子要救，乃是慈心，都有至理在。"

袁凯这一答，满朝文武都不禁暗暗称赞："袁御史不愧聪敏机智，善于应对，这话回得多好呀！"就连朱元璋也暗暗称赞："这老家伙真会说话，回答得天衣无缝，叫人抓不到把柄。"

可正当袁凯和百官都准备松一口气的时候，猛地听到朱元璋一拍御案，怒气冲冲地站了起来，手指袁凯骂道："你这老滑头，竟敢在朕面前花言巧语，两边讨好，我先斩了你，看还有谁敢到朕面前来卖弄口舌！"

风云突变，吓得文武百官个个手足无措，都不敢吭声，一个个低眉垂眼，像个木头人，有胆小的竟吓得往后退缩，想找个地缝钻进去。袁凯更是被吓得脸色惨白，像一堆泥团瘫倒在殿上。幸亏还有几位胆大的大臣跪在地上替袁凯求情，苦苦哀告道："陛下息怒，饶了他第一次！"朱元璋才算没有杀袁凯。

好不容易捡了条性命，回到家里的袁凯心里非常清楚："君要臣死，臣不得不死。皇上置我于死地还不容易？今日虽躲过，但是明日肯定难捱。"袁凯的妻子知道此事之后，也忿忿地说："看来这朱皇帝的残暴也和秦始皇差不多！"

听到妻子说到秦始皇，袁凯不禁有所悟：当初秦二世逼要赵高女儿赵艳容，赵艳容装了疯，保住自身，自己何不效仿赵艳容，也来个装疯卖傻躲过此劫呢？

想到就做。第二天早朝，朱元璋一上来就要召见袁凯，想要找他的岔子。可是底下没人答应——袁凯竟然没有来上朝。

第七章

缩首畏尾，只求自保

"袁凯哪里去了?"朱元璋怒气冲冲。文武百官都吓了一跳:这个袁凯,昨日皇上免你一死,今日你竟然不来上朝,若皇上再杀你,谁敢再保?"派人到袁凯家去察看,为何不上朝?"朱元璋命令道。

一会儿,察看袁凯的人回来了,上殿禀奏:"启奏陛下:袁御史疯了。""什么?疯了?"朱元璋一怔。"是的,他昨晚胡言乱语,乱蹦乱跳,一会儿哭,一会儿笑,砸锅摔碗,打人骂人,从晚上到天亮,家中被摔得一塌糊涂。"那人回禀道。

朱元璋却一声冷笑:"朕不信,昨天他还好好的,过了一个晚上就疯了?这老头儿又想耍什么花招呢?即便是疯了也要给我绑上殿来!"

于是袁凯被绑上殿,披头散发,满脸黑灰,衣衫撕破,沾满粪泥,人不像人,鬼不像鬼。上得殿来,不参不拜,不禀不报,呆呆直立,两眼上翻。

"看来袁凯是真的疯了!"百官摇头叹息道。

朱元璋却半信半疑:"来人!拿木钻钻他几下,看他是真疯还是假疯!"木钻将袁凯手背钻了一个洞,鲜血直冒,袁凯却像一根木头一样,毫无反应。

"这老儿真疯了,带出去吧!"朱元璋将手一挥,袁凯站在那儿毫无反应。两个武士将他送回家,却躲在门口看,只见他进门后,不喜不怒,却趴在地上学狗叫,血弄得满脸都是。

两人回朝向朱元璋回禀后,朱元璋仍不放心,第二天派了亲信前去察看,却只见袁凯趴在地上又滚又叫,手里捧着一团屎往嘴里塞,那亲信一阵恶心,只看了一会儿就回宫复命,斩钉截铁地说:"陛下!袁凯那老儿实实在在是疯了。"

朱元璋听了好笑:"也罢。不管这老头儿真疯假疯,他肯吃屎就算他是真疯了。"

其实,袁凯早就预料到朱元璋绝不会轻易放过他,事先叫妻子用炒面拌糖做成屎状摆在篱笆旁边,用这招骗过了朱元璋,时间一长,家人呈报让袁凯回乡养病,朱元璋也不愿再白白给个疯子发俸禄,于是就准了,就这样,袁凯捡得一条性命回到华亭故乡,得了个善终。

从这个故事中,我们不仅看到了朱元璋的残暴,更看到了袁凯的生存哲学:装疯卖傻以求自保。虽然装疯卖傻会让人失去尊严和荣誉,但是这些东西和生命比较起来,又能算得了什么呢?一个人到了这个地步,自己做人的姿态已经降到最低了,那么对手也基本上就不会为难他了。或许有人会觉得既然都这样了,那生活是否还有什么意义呢?但如果用生命来衡量的话,那肯定还是有意义的,因为有了生命就会有机会再创奇迹!

8
委曲求全只等出头之时

人生之多艰,很多时候我们不得不面对委屈和困难。一个冲动的人总是会想尽一切办法冲出牢笼,即便碰得头破血流也在所不惜,可是到头来,不仅没有成功,而且还搭上了自己的性命。但是对于一个聪明的有志之士来说,他们决不会在面对委屈和困难的时候失去理智,更不会动摇自己的信心。因为他们深深地懂得,忍一时之屈才可以谋长远大业,只有暂时的委曲求全才能等待出头之时。环境愈艰苦、条件越恶劣,就越是能磨炼人的忍耐心,越能造就战胜困难的强者。

一代女皇武则天专权之时,为了给自己当皇帝扫清道路,先后重用了武三思、武承嗣、来俊臣,周兴等一批酷吏。并且以严刑酷法、奖励告密等手段,实行高压统治,对抱有反抗意图的李唐宗室、皇室贵族和官僚进行严厉地镇压,因此,而先后杀害李唐宗室达数百人,接着又杀了朝廷大臣数百家;至于所杀的中下层官吏,那更是多得无计其数。

在都城洛阳的四门前,武则天曾下令设置类似现在的"意见箱"的工具接受大家的告密文书。而对于告密者,任何官员都不得问元,如果告密核实后,对告密者进行封官赐禄;而即便告密失实,也不予追责。这样一来,告密之风大兴,其中不幸被株连者上千万,朝野上下,人人因此而自危。一次,酷吏来俊臣诬陷当时的平章事狄仁杰等人有谋反行为。并且还出其不意地将狄仁杰逮捕入狱,然后才上书武则天,建议武则天降旨诱供,说什么如果罪犯承认谋反,则可以减刑免死,完全是一副先斩后奏的嘴脸。狄仁杰突然遭到监禁,既来不及与家里人通气,也没有机会面见武则天说明事实,心中不由地焦急万分。

对狄仁杰审讯的日子很快就到了,来俊臣还未来得及在大堂上读武则天的诏书,就见狄仁杰已伏地告饶。他趴在地上一个劲地磕头,嘴里还不停地说着:"罪臣该死,罪臣该死!大周革命使得万物更新,我仍坚持做唐室的旧臣,理应受诛杀。"狄仁杰不打自招的这一手,反倒使来俊臣搞不明白他到底唱的是哪一出戏了。

既然狄仁杰已经招供,来俊臣干脆就将计就计,判了他个"谋反是实",只不过免去死罪,听候发落。

等审判完狄仁杰之后,来俊臣退到堂后,而坐在一旁的判官王德寿悄悄地对狄仁杰说:"你也要再诬告几个人,如果能把平章事杨执柔等几个人牵扯进来,那么我就可以减轻你的罪行了。"狄仁杰听后,感慨地说:"皇天在上,后土在下,我既没有干这样的事,更与别人无关,怎能平白无故再加害于他人?"说完一头撞向大堂中央的顶柱,顿时血流满面。王德寿见状,吓得急忙上前将狄仁杰扶起,送到旁边的厢房里休息,又赶紧处理柱子上和地上的血渍。狄仁杰见王德寿出去了,就急忙从袖中抽出手绢,蘸着身上的血,将自己的冤屈都写在上面,写好后,又将棉衣撕开,把状子藏了进去。一会儿,王德寿进来了,见狄仁杰一切正常,这才放下心来。

狄仁杰对王德寿说:"天气这么热了,烦请您将我的这件棉衣带出去,交给我家里人,让他们将棉絮拆了洗洗,再给我送来。"

王德寿很快答应了狄仁杰的要求。狄仁杰的儿子接到棉衣之后,听到父亲要他将棉絮拆了,就猜想里面肯定有文章。于是他送走王德寿后,急忙将棉衣拆开,看了血书之后才知道父亲已经遭人诬陷被捕了。他几经周折,托人将状子递到武则天那里,武则天看后,弄不清到底是怎么回事,就派人把来俊臣叫来询问。来俊臣做贼心虚,一听说武后要召见他,知道事情不好,急忙找人伪造了一纸狄仁杰的"谢死表"奏上,并编造了一大堆谎话,将武则天应付了过去。

又过了一段时间,曾被来俊臣妄杀的平章事乐恩晦的儿子也出来替父伸冤,并得到武则天的召见。他在回答武则天的询问后说:"现在我父亲已死了,人死不能复生,但可惜的是您的法律却被来俊臣等人给玩弄了。如果您不相信我说的话,可以吩咐一个忠厚清廉、您平时信赖的朝臣假造一篇某人谋反的状子,交给来俊臣处理,我敢担保,在他残酷的刑讯下,那人没有不承认的。"武则天听了这话,稍稍有些醒悟,不由得想起狄仁杰一案,忙把狄仁杰召来,不解地问道:"你既然有冤,为何又承认谋反呢?"狄仁杰回答说:"我若不承认,可能早死于严刑酷法了。"

武则天又问:"那你为什么又写'谢死表'上奏呢?"狄仁杰断然否认说:"根本没有这回事,请太后明察。"于是武则天拿出"谢死表"核对了狄仁杰的笔迹,果然发觉完全不同,才知道是来俊臣从中做了手脚。于是,下令将狄仁杰释放。

这是一个典型的"委曲求全只等出头之时"的例子。从狄仁杰身上,我们可以得到这样一个启示:有时候以"忍"为武器与对手周旋,是斗争中的良策,相反如果以硬碰硬,会让自己吃大亏,这样做无论从哪方面都是不明智的。欲成大事者一定要记住这一点,在对手过于强大的时候,不妨委曲求全一下,这样才能有出人头地的那一刻!

9 得意忘形只会毁了自己

有职场经历的人,经常会遇到这样一种情况:在我们获得一定的荣誉之后,不仅没有得到别人的祝福,反而会引起大家的嫉妒,甚至会因为一个小小的成功而毁了自己的美好前景。虽然很多人想竭力阻止这种情况,但是事情还是会出现。那么为什么有这种情况出现呢?原因就是这些人在获得了一点成就和荣誉之后就开始得意忘形了,以至于自己的"光环""扎痛"了周围人的眼睛,引起了别人的嫉妒和不满,最终因为别人的嫉妒和不满而毁了自己前程。

小林是一家业务公司的业务员,因为她能说会道,加上性格又比较开朗,无论是什么样的客户她都能玩到一起去,所以她的业务一直做得有声有色,即便是刚进入这个行业那会儿,业绩也是超出老业务员很多。刚开始的时候,大家也没有把她当回事,只是在说起业务的时候经常恭维她几句,同事之间的关系也就平平淡淡地过着。

可是不久之后有,她和一个大客户签订了一个数目不小的大单子,使得她的业务量直线上升,并且还得到了很高的业务提成,为了奖励小林对公司的贡献,老板还特意给她包了一个红包,在公司的例会上老板还当众表扬了她的工作成绩。小林暗暗下定决心要再接再厉。

这本来是一件好事,但是事情并没有朝着小林想像中那样去发展。因为她在得到了红包之后,并没有现场感谢上司和属下们的协助,更没有把奖金拿出一部分请同事们"腐败"一下,反而在同事面前不停地唠叨自己是怎么样怎么样才和那个大客户签订的合同,又吹嘘自己是怎么有能耐和有本事等等,惹得大家心里都不是滋味。大家虽然表面上没说什么,但心里却感到不舒服,于是就慢慢地和她产生了隔阂,因此,同事们在以后的工作中时不时地和她对着干就在所难免了。而小林也因为上司的白眼,同事间关系的冷漠,最后她终因呆不下去而辞职了。

小林本来是一个非常有前途的人,只是她在对待荣誉的时候并没有做得低调一下,而是一味地吹嘘自己的能力和业绩,可以说到了得意忘形的地步。殊不知她的这种行为正在将自己慢慢地带向危险的边缘。

因此,在面对荣誉和业绩的时候,不妨低调一点、坦然一点。以一种宽大的

胸怀和他人分享这份成功,因为一份快乐和别人分享之后,就会变成多份快乐。可是如果你没有这样去做,那么在别人眼中,你就是一种得意忘形了。要知道,如果你对自己的荣耀业绩过于高调地显摆的话,就有可能会让别人变得暗淡无光,甚至处于一种尴尬的境地之中,使周围的人产生一种妒忌和厌恶之感。可是如果你能摆正自己的心态,以一种低调的态度来看待这些身外之物,把自己放在很低的位置,懂得去感谢,学会与人分享,那么你所获得的将不仅仅是荣誉,还有更多你所意想不到的东西。

因此,当你工作优异,有特别表现而受到领导的肯定嘉奖时,千万记住——别独享荣耀,否则这份荣耀会为你带来人际关系上的危机。那么我们到底应该要怎么样做才能低调地对待自己所获得的荣誉呢?不妨做好以下三条:

第一,我们应该以一种谦虚的姿态来示人。很多人往往一有了荣耀就会"忘了自己是谁"而自我膨胀,虽然说这种心情是可以理解的,但是他们的这种行为可就让旁人遭殃了,他们要忍受你的嚣张气焰,却又不敢出声,因为你正在享受自己的荣誉,根本不把别人放在眼里;可是慢慢地,他们会在工作上有意无意地抵制你,或者不与你合作,或者故意让你碰钉子等等,总之,就是让自己的事业变得不那么顺利。所以说有了荣耀,更要懂得谦虚;别人看到你的谦虚,会说"他还满客气的嘛!"这样他当然就不会找你的麻烦,和你作对了。

第二,就是学会把自己的成功与他人分享。无论是精神上的感谢还是物质上的感谢,总之就是要让别人知道你在拥有了成果之后不是一个人在独享,而是拿了出来和大家分享为好。精神上的感谢主要是口头上的感谢,这也是一种分享。而物质上的分享则是"主动分一杯羹"给别人,比如说像故事中的小林一样,在发了红包之后,不妨请大家吃个饭,或者请大家吃个糖,这都是一种分享。只有你主动地与他人分享,就会让他人有受尊重的感觉,如果你的荣耀事实上是众人鼎力协助完成的,那么你更不应该忘记这一点。别人分享了你的荣耀,受到你的尊重,今后你们的关系会更融洽。

第三,我们还应该有具有感恩之心。有所成就之后,不要认为这都是自己的功劳,要感谢同仁的鼓励、帮助和协作,正因为有了他们你才会有今天的成绩。当然,同时还要感谢自己的上司,感谢他对自己的提拔、指导、授权。无论这种情况是不是属实,都应该这么去做。比如我们在日常生活中,经常可以看到在一些颁奖礼上,那些获奖人在领奖的时候都要感谢一大堆人一样,道理就在于此,因此,感恩之心是少不了的。

总之,对于已经获得的荣耀,不必过分显摆,不要反复提起,更不要独享荣耀,说穿了就是不要得意忘形,不然,这样受伤害的肯定是自己。人生就是这么奇妙,如果你习惯独享荣耀,那么总有一天你会自讨苦吃,独吞苦果。

10 恃才傲物定遭恨

对于每个人来说,有才并不是一件坏事,因为这样你可以得到很多成功的机会,一个人有了一定的才气,自然身价倍增。但有才这并不是自己骄傲的资本,也更不能因此而恃才傲物,自恃清高,不把别人放在眼里。这样的人肯定会遭到别人的记恨,如果有机会肯定会打击报复,要知道,任何人都有被瞧得起和被尊重的需求,否则恃才傲物,目中无人,到头来可能因此而得罪了他人,断了自己的后路。

嵇康是魏晋风流名士竹林七贤的突出代表,也是魏晋时代著名的思想家、文学家和音乐家。他喜好老庄,卓然不群,是一个傲骨铮铮,愤世嫉俗之人。正是这种与世人格格不入的个性决定了他一生悲剧性的结局。

和嵇康同一时代有一个叫钟会的人,他是魏国大臣钟繇的儿子,司马氏新贵刚一得势,钟会立即俯首称臣,依附司马氏集团,成为司马集团的重要人物。他对玄学颇为喜欢研究。有一天,钟会带着众宾客衣冠锦绣的、乘着骏马特地去拜访嵇康。而嵇康则非常精于锻铁,在钟会去拜访的时候,他正在宅内的大柳树下挥臂扬锤干得正欢,当时正是盛夏酷暑,汗流浃背,嵇康却丝毫没有疲惫之感,显得神情怡然。竹林七贤之一的向秀也在一旁鼓风,两人正锻得不亦乐乎。钟会一行人浩荡而来,嵇康非但不停下来迎接,连他们到后站立身边时也毫不理会,完全一副视若无睹的样子,仍然自顾自地把铁炼得叮当乱响,仿佛锻铁真是件其乐无穷、令人不忍罢手的大事。

钟会刚开始并没有生气,因为他久闻嵇康的怪异言行,今天又是专程前来讨教的,初也不以为忤,只是带着自己的众宾客垂手默立一旁,静静地等候。可谁知这一等就是一个时辰,而嵇康却仍挥锤如初,丝毫没有要停歇的意思。钟会心想,能让我这么耐心等一个时辰的,世上恐怕没有第二个人了,嵇康你也太张狂了。心下开始变得怏怏不乐,正想着打道回府,却不料一直不曾言语的嵇康在这时开口说道:"何所闻而来?何所见而去?"这话不说倒也罢了,可是钟会一听就恨从心底起,心里默默地咒骂道:"你小子当着这么多宾客的面给我冷脸我也就忍了,你非但无丝毫歉疚,竟还敢出言讥讽揶揄我!"钟会强压着怒火,硬邦邦地扔下了一句"有所闻而来,有所见而去"就拨马而走。嵇康过后并未将这件事情放在心上,而钟会却一直耿耿于怀,伺机报复,只是苦于没有机会。

后来吕巽、吕安兄弟的纠纷终于让其遂了心愿。吕巽和吕安都是嵇康的好朋友,有一天,一直垂涎于吕安妻徐氏美貌的吕巽,趁吕安外出之时,竟灌醉了弟妇将其奸污。事情败露之后,吕安非常气愤,意欲与丧尽人伦的兄长对簿公堂。而作为两兄弟好友的嵇康自然不愿意看到二人不可收拾的局面的出现,竭力从中和解。在嵇康的调解中,吕氏兄弟暂且平息了干戈。岂料事隔不久,吕巽竟然恶人先告状,诬说吕安是一个不孝之子,不仅虐待老母,还虐待自己的夫人,并诽谤中伤吕安。由于吕巽是钟会的红人,吕安对此有口难辩,竟糊里糊涂地身陷囹圄,被判处发配边地。吕安激愤难抑,上诉申冤,在言辞中提及嵇康。嵇康向来耿介,仗义忘危,挺身陈述整个事情的来龙去脉,因此也被牵连入狱。

曾被嵇康冷落戏弄的钟会这时大喜过望,因为整治嵇康的机会到了。钟会欲就此置之死地而后快。他在司马昭面前进谗说:"忠于曹魏的将领毌丘俭起兵造反时,嵇康曾企图响应,并且嵇康,吕安等人平时言论肆,菲薄汤武,攻击名教,为帝者不容,应予除灭,以正风俗。"而司马氏对嵇康批评政治的激烈言论也早就不满,只是苦于没有机会下手而已,而钟会这一搬弄口舌正中下怀,杀心顿起。

魏元帝曹奂景元三年(262年),嵇康被杀于洛阳东市,不能不说这是一个令人扼腕于墓道的悲剧。

当然,不仅仅历史上有这样的事例,其实在我们身边也有不乏像嵇康这样的人。

比如说在日常工作中我们就不难发现身边有这样的同事:虽然他们的思路非常敏捷,讲起话来简直是口若悬河,但他讲的话别人都不愿意听或者不屑于去听,为什么?因为他的表现非常狂妄,令周围的人非常不舒服,因此别人很难接受他的任何观点和建议。

在心理交往的世界里,那些谦让而豁达的人们总是能赢得很多很多朋友的青睐;相反,那些妄自尊大、过于高看自己而小看别人的人总是会引起别人的反感,最终在交往中使自己走到孤立无援的地步,让自己的事业和人际陷入绝境。吕坤在《呻吟语》中说:"气忌盛,心忌满,才忌露。"把心满气盛、卖弄才华视为待人处世的大忌。

其实在很多时候,我们面对的根本就不是什么大是大非的原则问题,没必要针锋相对。退让一步,别人过去了,自己也可以顺利通过。毕竟宽松和谐的人际关系能给我们带来很多方便,更重要的是它能帮我们避免许多麻烦。如果你胸怀鸿鹄之志,和谐可以让你一心一意去积蓄力量;如果你只想做普通人,和谐也可以让你活得从从容容,逍遥自在。可进可退,两头是路,何乐而不为?恃才傲物又能给自己带来什么样的好处呢?

11 好草必先遭啃食

或许人们都有这样一个常识:对于牛羊来说,最先吸引它们的肯定是长势好一点的草,而不是长势弱的草,所以好草总是先遭到牛羊的啃食;其实人也是一样,最先受到别人打击、嫉妒的肯定是那些优秀的人,而不是那些不优秀的。正所谓"木秀于林,风必摧之",一个人要是不想遭到别人的打击,那么不妨将你"好草"的表象隐藏起来,做一个不受别人关注的人。特别是在干一项事情,在实力和规模还不足以搏击长空的时候,就不能与人家硬拼,而应该在不显山不露水中悄然发展。有些时候装傻是一个不错的选择:

有一个地方志中记载了这样一件事:古时候,在我国北方一个边陲之地,两个部落之间因为领地纷争而发生争战,结果其中一个部落被另一个部落打败,胜利者决定杀死这个部落里所有十岁以上的男人,但是其中却有一个十四岁男孩却幸免于难,而他之所以没有被杀死的原因就是他善于装傻。

当一个首领将矛刺向卧伏在草丛中的这个男孩的时候,被另一个头目制止住了,原因就是这个大男孩看起来非常的愚钝,当矛刺向他的时候,他没有和别人一样选择偷跑,甚至连害怕的神色都没有,仍然傻乎乎地看热闹,也不知求饶。所以人们都认为他是一个傻子。于是,这个男孩就这样幸存了下来,他与其他十岁以下的男童被当作未来的奴隶给留了下来。但事实上,那个十四岁的男孩非但不傻,而且是一个智慧超群的小孩,他的名字就叫关山。在他二十九岁的时候,他率领本族人打败了他的仇敌,报了血海深仇。这一切都是"装傻"的功劳,当初若不是他装出很呆滞、很柔弱的样子,也早被杀死了。

由此可见,为了能保全自己的有生力量,最好的办法就是不让别人关注自己,或者说不要让别人关注自己过多,隐藏自己的实力,隐藏自己的野心等等,都是具体可行之策。《四十二章经》中说:"人之随其情欲而追求华名,就像烧香时众人虽闻其香,而香则仍然自熏自燃。"

其实对于一个想做大事的人来说,虚名一点都不重要,聪明人都知道,名声其实没有实体,仅仅是人们茶余饭后的话柄而已。唯有淡泊名利的人才不会为这些所谓的虚名而耽误。所以,当不幸处在这种既被猜疑而又遭嫉恨的恶劣环境中时,最好不要哗众取宠,而应凭借自己的才华和节操保全自己。

第七章 缩首畏尾,只求自保

战国时期，魏国国王曾经向楚怀王赠送了一名美女。这名美女长得眉清目秀，秀色可人，简直可以和春秋时的西施相媲美。有这样的美女相伴，楚怀王自然对她非常倾心，并给她取名叫珍珠，两人整天形影不离。而楚怀王原本就有一名爱妾叫郑袖。珍珠没有被送来之前，楚怀王整天与她在一起，而如今来了一个珍珠，怀王对郑袖渐渐疏远了。郑袖对怀王的移情别恋十分恼火，同时对珍珠忌妒得几乎发狂。但是，郑袖没有大吵大闹，因为她知道那样做对自己非常不利，所以表面上对珍珠还是百般疼爱，视她为自己的亲妹妹，稍微有空就跟她聊天，以此向怀王表示她对珍珠也十分爱惜。

有一天，郑袖偷偷地对珍珠说："大王对你很满意，也非常宠爱你，不过，对你的鼻子他好像有点看不惯，大王曾在我面前说了几次，因此以后你在大王面前，一定要将自己的鼻子捂住。"珍珠压根儿不知道，这竟是郑袖设的圈套。从此她在怀王面前总是一只手捂住鼻子，并做出不情愿的样子。怀王莫名其妙，便来询问郑袖。开始郑袖故意装出一副迟疑的样子，欲言又止："别害怕，有什么就说出来嘛！"怀王说道，"她在我面前说大王有体臭，并说特难闻。因此她就捂住自己的鼻子了。"

楚怀王脾气十分暴躁，他听完郑袖的话，盛怒之下，将珍珠处以割鼻子的劓刑。郑袖又回到了怀王的怀抱。珍珠空负美女之名，不知道保护自己，最后的下场实在可悲。

因此，无论我们身在职场还是在日常生活中，都要注意一点：出风头，争名誉，争地位有时是很危险的；相反，当我们身处一种无名之地的时候，也不要觉得这是一种贬谪、一种惩罚，这其实恰好为我们提供了一个打造意志，养精蓄锐的契机，谁说这不是一件好事呢？因为最先遭啃食的就是那些有名有利的"好草"。

12
功成身退以免兔死狗烹

面对事业，我们不乏"激流勇进"，所以我们成功；面对成就，我们不妨"急流勇退"，因为这是功成身退，能退则身保，不能退则难免兔死狗烹。这是对历史那些开国功臣最好的总结。无论是曾经的文种还是后来的韩信，都说明了这样一个道理。

一切事物都在不断变化,时世的盛衰和人生的沉浮也是如此,必须待时而动,顺其自然,不可强求,不可眷恋。这就是许多真正的权谋家都懂得的"进退有度"的道理。

在创业之初,我们要勇敢地"挺进",以期望自己能大展宏图,辅佐明君一统江山;可是在实现了他们的夙愿之后,我们更要懂得"退",即便是非常简单地"一退",也能让自己避开了灾祸。这就是功成身退以免兔死狗烹的道理。

范蠡曾经追随勾践20多年,许多军国大计都是出自他之手,为灭吴复国立下了汗马功劳,官封上将军。作为一名具有远见卓识的战略家和对人生社会具有深刻洞察力的思想家,凭借他多年从政的经验,范蠡深深地懂得功高震主这个道理,正如常言所说:"大名之下,难以久安。"范蠡知道自己现在已经是名声显赫了,因此,也就不可能在越国久留了,何况他也深知勾践的为人是那种可以共患难,而难以同安乐的人。于是,范蠡毅然决定急流勇退——他要弃官归隐。于是他给勾践写了一封"辞职信",信中说:"我听说主上心忧,臣子就该劳累分忧;主上受侮辱,臣子就该死难。从前,君主在会稽受侮辱,我之所以没有死,是为了报仇雪耻。现已报仇雪耻,我请求追究使君王受会稽之辱的罪过。"话虽然说的很委婉,但是勾践也不是傻子,他明白范蠡到底想说什么话。但是越王勾践却表现出一副恋恋不舍的样子,他流着泪对范蠡说:"你一走,叫我倚重谁?你若留下,我将与你共分越国,否则,你将身败名裂,妻子被戮。"范蠡对宦海沉浮,洞若观火。他一语双关地说:"君行其法,我行其意!"

最终,范蠡不辞而别,驾一叶扁舟,入三江,泛五湖,谁也不知其所住。果不出所他所料,在他走后,越王封他妻子百里之地,铸了他的金像置之案右,以拟他仍同自己在朝议政。人走了,留下的只是一尊金像,可以崇拜,借此沽名钓誉,但对还留在朝中的功臣,勾践则是另一种态度了。

范蠡泛舟江湖,意味着跳出了是非之地,他秘密地来到齐国。此时,他想到了曾经有知遇之恩,且风雨同舟20余年的文种,于是他给文种作书一封,写道:"凡物盛极而衰,只有明智者了解进退存亡之道,而不超过应有的限度;俗话说,'飞鸟尽,良弓藏;狡兔死,走狗烹'。越王为人,长颈鸟喙,鹰眼狼步,可以共患难,不可以共安乐,先生何不速速出走?"

文种接到范蠡的信之后才恍然大悟,便自称有病不再上朝理政,但此时已经为时已晚;不久,就有人诬告文种企图谋反,尽管文种反复解释也无济于事。于是勾践赐文种一把剑,说:"先生教我伐吴七术,我仅用其三就将吴国灭掉,还有四条深藏先生胸中,请去追随先王,试行余法吧!"文种知道自己死期已至,再看所赐之剑,乃吴王当年命伍子胥自裁之剑,这真是历史的莫大嘲弄、文种一腔孤愤,仰天长叹:"我始为楚国南阳之卒,终为越王之囚,后世忠臣,一定

第七章 缩首畏尾,只求自保

要以我为借鉴啊!遂引剑自刎而亡。

同样是功臣,范蠡和文种对待官禄的态度不同,自然有两种不同的结果。前者是功成身退,保住了自己的性命,也得到了应有的荣华富贵;后者是兔死狗烹,落得一个自刎而死。这是一个历史故事,但绝对不仅仅只是一个历史故事,即便是放在现在也还是有教育意义。

现在社会,同样有创业打拼天下的事情,也同样有同苦但不可共甘的事情出现。特别是在一些公司里面,刚开始的时候老板员工一起打拼,创下了基业,可是等到企业走向正轨的时候,很多老板都会用各种各样的理由封杀自己的功臣,这难道不也是一种兔死狗烹的下场吗?

由此我们可以得出这样一个结论:一个人成就了功业就应及时抽身隐退,这才是符合自然规律的。那些只知道进取而不知道引退的人,难免会落得一个"鸟尽弓藏,兔死狗烹"的下场。这就是《易经》"乾卦"所说的"亢",也就是过分的意思;火中能验证寒暑交替的征候,处在鼎盛时要警觉进退两难的灾咎。天时人事同一枢机,进取引退道理相同,应当引退而不退,灾害就会一起降临。到那时再嗟叹后悔,哪里来得及!

第八章

低头的温柔，只为心中的爱

有人说，爱情是一场博弈，但爱情不是战争，既不能用爱来制约对方，也不是用来打败对方的。爱是一种柔韧、持久、坚强的力量。夫妻之间，并无高下贵贱之分，谁付出更多一些，这些都无关紧要。重要的是低头可以赢得关系的和谐，赢得美满的家庭。

1 做得了奴隶,才能做王子

美好的爱情,每个人都向往;做对方的白马王子,每个男人都梦寐以求;可是白马王子并不是好当的,首先得经过考验,而考验的内容就是做一段时间的奴隶。或许很多男人都有这样的体验,在追寻自己幸福爱情的时候,日子过得很不是滋味,简直和奴隶没有区别。那么这就是考验,只有经过了这段时间的考验,你的身份才能从奴隶升级为王子。

当然,这只是一个比喻而已,真正的意思就是我们要甘愿为对方付出,爱情就是一个相互付出的过程,有付出就有回报,没有付出就没有回报,付出的是奴隶般的生活,得到的王子般的待遇。无论是古代的爱情还是现在的爱情,都离不开"奴隶"的考验。毕竟你只有做得了奴隶,才能做王子。

莲就像她的名字一样总是给人一种清澈纯洁的感觉,加上高挑的身材和一份好的工作,追求她的人不计其数,但是心气一向很高的她对于身边的追求者并不是非常在乎,甚至她只是故意将他们当成自己的朋友,即便有些时候其中一两个人向她提出要和她交朋友,她要么含而不答,要么选择离开,或者就是转换话题……她的这种表现让她周围的追求者很是糊涂,她到底想找一个什么样的人呢?

其实在莲的心目中,她选白马王子只有一个要求,那就是能经得起"奴隶"般的考验,无论是婚前还是婚后,都是如此,因为她觉得一个女人要是嫁给了一个不能承担任何责任的男人那么也就意味着这一辈子就算完了,即便对方多有才气、有财富,自己的一辈子也都是不会幸福的,毕竟人不能和才或者是财过一辈子。因此,她对于身边的男人有自己的评判标准。

过了27岁的生日,莲在父母的催促下,决定迈开爱情的第一步:寻找合适的男友。选男友是选老公的第一步,而未来老公的人选就应该经得起自己的考验,于是她"阴险"的考验计划开始了。一天,她和自己的母亲去天津游玩,晚上十点多钟的时候,她给远在北京的那些男性朋友各自发了一条短信:我在天津,和我母亲在一起,身上没有钱了,如果你愿意的话请速带一千块钱给我,记住,最好是连夜赶来,不然我们明天早上就得饿肚子了。

北京到天津虽然说不是很远,但是在十二月份,又是晚上十点,寒风呼啸的,谁都不愿意出去。因此,很多人都回了短信:明天早上我一早给你汇钱,把卡号发过来。一个人这么回短信,两个人这么回短信,最后基本上所有的人都是回了短信,要么说给她汇钱,要么说自己身上没有钱,让她另外想办法等等,莲似乎有点失望了,看来姐妹们的话没错:现在的男人没有一个是真心的!

委屈的泪水伴着莲进入了梦想。早上还在梦中的莲突然被一个电话铃声吵醒,莲一看是天津的号码,这是谁啊?莲赶紧接了起来。

"莲,是我,我是杉,我现在在天津,你能告诉我你在哪个旅馆吗?我是来给你送钱的……!"

听到这里,莲的泪水再一次的落了下来,望着外面白皑皑的大雪,莲不顾一切地跑了出去。

没错,电话是杉打来的,因为昨天手机没有充钱,所以他没有给莲回短信,向自己的朋友借了一千块钱,直接就赶了过来。

杉是莲身边的一个男孩子,只不过这个男孩子并不是特别的机灵,虽然他很聪明,但是他不善言语,所以表现得比较愚笨。当时莲还没有怎么注意过他,甚至有些时候莲也觉得他有些愚笨。可是现在她不这么想了,她觉得杉才是世界上真正爱自己的人,才是自己的白马王子。见到杉的那一刻,莲不顾一切地扑到杉的怀里,幸福地抽泣了起来……

半年以后,莲和杉走上了婚姻的红地毯;一年以后,他们有了一个可爱的女儿,朋友们都说杉找了一个好老婆,而莲却说自己找了一个好老公,隐隐约约中,人们似乎还能听到房子中传来:"老公,给我洗脚……老公给我泡茶……老公,快点帮我洗衣服?……"而回答无一例外都是:"好……"。

可能在别人的眼中,杉过得是奴隶般的生活,但是杉渐渐富态起来的身材却告诉了人们其实不是,他过得是一种王子的生活,谁是谁非,只有杉自己最明白了!

爱情,需要"奴隶般"的付出;爱情,也会给你"王子"般的待遇。只有做得了奴隶的人,才能真正做一个白马王子,只有经过了"奴隶"般的考验之后,才配拥有真正的爱情,这是一个不变的真理。不要排斥考验,因为它能帮你认清楚谁是真正爱你的,也能帮你分辨谁是你真正爱的人。奴隶,爱情幸福的另一种解释。

2 服得了软，才爱得了人

爱情，并不一定全部都是甜蜜，偶尔的吵闹也会让爱情陷入低谷。但是这种吵闹不应该影响彼此之间的爱情，因为吵闹是短暂的，而爱情是需要长久经营的。如果因为短暂的吵闹而放弃了长久的爱情，不仅仅是可惜，更是一种可悲，一种无可救药。那么对于爱情来说，该如何越过这些沟沟坎坎呢？最好的办法就是服软，只有服得了软，才能真正去爱一个人。只有服得了软的爱情，才是真正可以长久的爱情。

刚结婚时，芸和先生的生活过得非常甜蜜，加上他们又是青梅竹马，一时间美煞周围多少人。

然而，婚姻生活并不像恋爱那般的风花雪月，因为年轻、冲动，不能忍受琐碎，他们的生活过得越来越乏味，经常为一些小事而没完没了的争吵。一次，为了谁去洗碗的事情，他们又吵了起来，愤怒之下，芸控制不住自己的情绪，冲上去扯住了先生的衣服，把他的纽扣揪下来几颗。纽扣哗啦啦散落在地上。只是只有一颗没有掉下来，那是芸昨天晚上专门为他缝的。看着那颗孤零零的纽扣，芸突然间清醒了过来：这是我亲手钉牢的纽扣啊，那是最最爱的人啊，我这是干什么呢？一种发自内心的伤感涌上心头，芸颓然坐在地上。

没想到过了半晌，先生居然温和地坐在了芸的身边，揽着芸的肩说："怎么了？哪里不舒服？"芸有些意外，刚才还怒气冲冲的先生怎么变了，难道他不怪我的无理取闹啦？芸靠在他的肩上，说自己有些不舒服，后来，先生主动洗了碗，看芸躺在床上，还给她泡了一杯她爱喝的高乐高，一件不愉快的事就这样转化成了温馨的情景剧。芸很感激那颗靠近心脏的纽扣，是它提醒了自己，女人任何时候都不要显得太强硬，那样只会让事情越来越糟。只有服软才能将事情解决好。

从那以后，芸才发现原来自己处理问题的方式有点不太对。以前她总是很强硬地要求先生去干什么，芸越是要求，他越是不想做，没达到愿望后，一场争吵就不可避免地发生了。想想女人还是表现得弱一些好，示弱只会给自己带来好处。于是芸想出了一个好办法：再生气时先盯着先生的纽扣看三秒，让自己冷静下来，冷静三秒，一切都不一样了。

芸不喜欢先生外出应酬，以前她都会冷嘲热讽，板着脸发牢骚，而现在芸总是有意无意地对先生说:"你不回来,我一个人睡不着,在你身边我睡得踏实。"这不仅仅是因为芸胆小,更是因为她觉得作为女人,应该表现得软弱一点,这样更能引起先生的保护欲望,一个太要强的、不服软的女人是不会引起男人的保护欲望的。

事实也是如此,在爱情当中,只有适当地软弱一下,双方才能平静地过日子。否则针锋相对、针尖对麦芒肯定不会有好的结果。爱情不是一场游戏,失去了就不能重来了,与其这样这样作贱自己的感情,还不如在适当的时候退让一点,给对方一个台阶下,给对方一个平息的空间,这样或许更好一些。

当然,服软不是没有原则的退让和忍让。所谓服软是在不丧失原则的情况下,做一些适当的让步,特别是在对方已经有了退让之意的时候,你不能得了便宜还卖乖,步步紧逼,不依不饶的,最终逼得对方"狗急跳墙",这样做最终伤害是我们自己,而不是别人。

那么如何服软呢?不妨教你几招:

(1) 不要非争出个谁对谁错

婚姻中的冲突往往不是在于一个人对,另一个人错。许多夫妻在争吵时,心里面想的根本不是同一件事。所以吵架时,最好别要争出个谁对谁错,非要某个人认错赔罪才罢手。只要把事情讲明白了,一切也就都过去了。

(2) 避免指责对方

指责只会让事情变得越来越糟糕。况且争吵一旦陷于互相指责控诉,沟通之门便从此关闭,对两人关系也会产生莫大的伤害。所谓一个巴掌拍不响,当两人起争执,最好都能承认争吵是由两个人共同引起的,不能只要求对方道歉认错,自己也要反省,说不定是自己火上浇油才把争执弄得不可收拾。日落之前如果你们俩无法和解,至少可以找出自己犯错的地方,改变自己的态度,让争执不再恶化下去。

(3) 给双方台阶下

避免战火继续扩大,必须在争吵加温之前,降温灭火。在 Gottman 的研究中发现,婚姻幸福的夫妻通常有一些方法来降降彼此的火气。这些方法包括,先离开争执现场一会儿,或是拿宠物当缓冲。通常这需要幽默感,例如做做鬼脸、吐吐舌头,说几个只有你们俩懂得的秘密笑话,用幽默的方式先把彼此的情绪冷静下来。有时吵架争不出输赢,来个耍赖撒娇,说不定真的能床头吵架床尾和,愈吵愈甜蜜。

(4) 善于打圆场。

所谓打圆场就是一种结束战争的方法,夫妻之间在吵架时,要是有一个人说:"好了好了,不要在为这件事情而伤害感情了",那么这个时候,另一方就应该闭嘴不说了,不要不依不饶一直说,这样子做的话只会把对方逼急,只会让战争越来越大。

总之,爱情是甜蜜的,也是需要经营的,更是需要忍让的,服软就是一种最有效的忍让之法。有了服软,彼此之间的感情才会越来越深,爱对方才会越来越多!

3 下得了厨房,才上得了厅堂

很多女性为了追求所谓的高贵,便一味地想要离开厨房而登上厅堂。或许在她们眼中,只要下了厨房,就会埋没了自己的高贵,或者说一个高贵的人绝对是不会进入厨房的,推而广之,高贵之人是绝对不会去干家务的。可是事实是这样吗?在人们眼中,一个真正高贵的人不仅下得了厨房,也上得了厅堂,并且还是只有下得了厨房,才能上得了厅堂。

夫妻之间在爱情上,没有人规定谁就应该下厨房,谁就应该上厅堂。也没有谁规定说只要是下了厨房的人就一定不是一个高贵之人。相反,只有一个厨房厅堂都能去的才是真正的高贵之人。年近三十的兰在一次夫妻争吵之后才真正意识到了这一点。

兰是一个富家女孩,从小都被财富包围着,光身边的保姆下人就有很多,于是在她幼小的心灵里就向往着一辈子都能过上这样高贵的生活。一次,在无意之间,她听到一个姐妹说了这样一句话:高贵的女人是不用去厨房的,而只需要在厅堂指挥就可以了。而衡量一个男人是不是爱自己,最好的衡量标准就是他能不能一辈子为你下厨房,而不是一辈子指挥自己下厨房。

受到姐妹这句话的影响,兰心里就有了一个愿望,那就是以后要找一个永远不要自己下厨房的男人,因为自己要做一个高贵的女人。很快,在父母朋友的撮合下,富有的兰和同样富有的斌结合了,在浪漫的婚礼上,斌深情款款地对兰说:"我要你做一辈子高贵的女人!"兰听了这句话,心里很是感动,心想:"自己终于找到了一个真正爱自己的男人,看来自己的愿望是实现了!"

可是蜜月之后没有过多久,兰和斌就吵吵着要离婚了,原因很简单:斌想要兰下厨房,而兰却从来也不去! 因此,每天晚上等着一身疲惫的斌回到家里的时候,锅碗瓢盆还是冷冰冰的,不仅没有人做饭,甚至连上一顿吃的碗筷都没有洗，而兰则边吃零食，边催促着斌赶快做饭，自己都快饿死了，而她自己则在津津有味地看着电视，一次两次，斌都忍了，要么开始做饭，要么和兰一起出去吃饭，可是时间长了，斌也忍受不了了，在一次争吵过后，斌狠狠地丢下一句话：有这样的老婆还不如没有的好！

说完这句话之后，斌走了。离开了自己的家，而回到自己的父母家舒舒服服地吃了顿饱饭。看着自己的孩子遭受这样的委屈，斌的父母心里难过极了，但是他们没有冲动，而是希望能和兰好好谈谈。

就在斌离家出走的第三天，斌的父母和兰的父母聚到了一起，商量着如何和兰好好谈谈。四位家长都是通情达理之人，出现这样的情况他们都感到非常的难过。在晚饭即将开始的时候，兰走进了公公婆婆的家，看见自己的父母也在，一肚子的委屈顿时像放闸的洪水倾泻而出，一边哭诉一边还说斌是个骗子，明明说好要让自己做一辈子高贵的女人，可是一年都还没有过去，他的诺言就不知道抛到哪里去了。

兰在说些这些东西的时候，四位家长都没有说话，只是一个劲地沉默。异样的气氛引起了兰的注意，她看到平常最疼爱自己的母亲现在也是异常的严肃，兰敏感地感觉到即将发生什么事情。

果然，在兰将泪水擦干的时候，父亲开始说话了。

他首先就问兰一个问题："你说说你的母亲和你的婆婆是不是高贵的女人呢？"

兰兰不知其中有诈，非常莫名其妙的回答说："是的！"在兰的心目中，母亲是世界上最高贵的女王，无论是在家里还是在生意场上，都是一副高贵的样子，给自己的父亲增添了不少光彩。而至于自己的婆婆，虽然并没有了解很多，但是看她的样子，也肯定是一个相当高贵的人。

没有等兰想太多，父亲又接着问了兰第二个问题："你的母亲下过厨房吗，给你我做过吃的吗？"

"做过，我最喜欢妈妈做的……"

"那你现在还觉得一个高贵的女人是不用下厨房的吗？"父亲的第三个问题直奔主题。

现在兰终于明白父亲的意思了，他是在用母亲和婆婆的例子来教育自己：高贵的女人是同样需要下厨房的，不仅要下厨房，更要学好一门手艺，就像母亲做的那个饼一样，就是自己最喜欢吃的，并且也为父亲的很多朋友所称赞，那个时候，她就觉得自己的母亲是世界上最高贵的女人。想到这些，兰有些后悔了，她知道这段时间斌所受的委屈了。她什么都没有说，笨拙地走向厨房，开始了第一次的厨房之旅。看到这些，欣慰的斌从背后紧紧地抱住了兰……

一个很多人都可能遇到的故事,一个谁都可以理解的简单道理,但是却吞噬了很多原本应该非常甜美的爱情。厨房、厅堂,这两个看似有些矛盾的地方其实一点都不矛盾,只有做了厨房的女王,才能做厅堂的女王,毕竟只有下得了厨房的女人,才有资格做一个厅堂中的高贵之人。

4 低头迎纠纷,不了而了

家庭生活中不是害怕纠纷,而是害怕纠纷之后谁都不让步,吵得大家都没有安稳的日子。人们一直都很羡慕陶渊明笔下的"桃花源"式的生活,因为那里有最基本的和谐,人与人之间少了那种猜忌,少了那种争斗,更是少了那种纠缠不清的纠纷,而剩下的就只有和谐与安宁了。

但是这种和谐和安宁不是说得到就能得到的,每个家庭都会出现纠纷,可是有的人善于首先低头,用一种退让的姿态来对待纠纷,那么就能大事化小,小事化了;可是有的人却正好相反,一点小事就吵吵闹闹,最后是小事变大,大事就闹翻天,直至离婚了事。婚姻破裂之后,或许他们会想这又是何必呢?可是那个时候已经晚了,即便破镜能够重圆,但是那份感情已经不是最初的感情了。与其这样折磨自己,还不如在事情刚刚出现的时候就低调一点,低一低头。低头不仅能带来和谐,更能拯救家庭,拯救失落的灵魂。梅就曾经深深地感受到了"低头"的好处。

梅是一家公司的业务骨干,事业心比一般的女性都强,经常为了公司的事情要出差,回到家里又忙忙碌碌的做家务,和丈夫之间的交流就相对的减少。

终于有一天,梅好不容易征得领导的同意休一天假,难得一家人在一起度周末,可突然女儿冷不丁的问了一句:"妈妈,你今天怎么在家啊,那成阿姨还来不来玩了阿?"

女儿的问话让梅大吃一惊。

"成阿姨是谁?"梅问丈夫。

"她是我们单位刚来的一个大学生。"丈夫表现得很不好意思,脸似乎还有点红。

梅似乎已经知道什么了,便没有再追问,只是微笑着哄女儿说:"今天成阿姨有事不能来了,下次我们请成阿姨来玩,好不好阿?"

梅想想自己对丈夫是如此的信任,可他最后却……梅真的快崩溃了,不管她怎么样的安慰自己,心里还是很难受,眼泪止不住的流了下来,依照她的脾气,她真的想和丈夫大吵一顿,或者干脆就离婚算了,可是一看到女儿稚嫩的脸,梅忍了又忍。

过了许久,梅情绪总算冷静了许多,也终于认识到自己经常为了工作奔波在外,对女儿和丈夫都亏欠了很多,更何况自己还并不能肯定丈夫和成的关系,说不定两人还不是自己所想的那样呢,或者仅仅是好朋友呢?如果这时不分青红皂白地和丈夫闹,反倒显得自己很没有度量了。

晚饭的时候,她没让保姆做,而是特意自己亲自下厨麻利地弄了几个丈夫最爱吃的菜。

晚上睡觉的时候,她把孩子安顿好了之后,便依偎着丈夫轻轻地说:"我经常出差在外,把你一个人留在家里看孩子,实在是太难为你了。我不在的时候你肯定很寂寞,就和我一样孤零零地睡在旅馆里,直到现在我靠在你身上才发觉好踏实,如果没有你的大力支持,我的工作一天也不能做好。"梅不知道哪来的那么多话,一下子说了这么多。

而丈夫却一声不吭,只怜爱地抚摸着梅的头。

梅看到丈夫这样,心中似乎踏实了许多,便轻声问:"周末我们一起请她来吃晚饭,怎么样?"丈夫似乎面有难色,不敢作出答应。

梅又接着说:"你难道还不放心我吗,我不会让你为难的,也不会为难她的,我们只是请她来吃个便饭而已。"

周末,成真的来了,梅又一次亲自下厨做了满满的一桌菜,饭桌上,梅热情地为成夹菜盛饭,大家都沉静在欢乐之中。

临走了,梅特地让丈夫留下来看孩子,自己却独自一人把成送到楼下,并拉着她的手说:"只怪我自己工作太忙了,也太认真了,对他以及我的女儿都缺乏照顾,真的很感谢你能常来我家带我们宝宝玩,也非常感谢你帮着照顾他。看你这样贤淑,温柔可爱,真不知道是哪个小伙儿会有前辈子修来的福气娶到你。好了,不远送啦,有空欢迎常来玩,下次我还为你做好吃的。"

梅一席话说的成又是感激又是惭愧。

后来,成找了个很帅气的男朋友,并且他们与梅夫妇都成了好朋友。

一般人在遇到梅这种情况的时候,肯定会大吵大闹,要对方一个交代,不仅要惩治"凶手",更会以放弃婚姻来对对方进行惩罚。那么这种惩罚真的是惩罚吗?到底是惩罚对方还是在惩罚自己,还是两个人都惩罚?似乎不同的人有不同的答案,但是有一点是肯定的,你这个家庭破碎了,那么你肯定也过得不舒坦。

因此,梅在这件事情结束以后就曾经告诉自己的姐妹,男人难免会犯错,在他犯错的时候,就应该把他们当成孩子,不能严厉地教育,不能吵闹,而是应该宽容,应该学会低头。这样不仅能化解对方的敌对情绪,更能给自己的爱情寻找一个出路。这就是明智的人,因为往往我们在低头迎纠纷的时候,纠纷就已经不了而了!

5 给对方台阶,就是给自己台阶

面子问题无论在什么地方都适用,并且也都很重要,很多人觉得夫妻之间这种面子可以舍弃,给对方一个真实的自己。事实并非如此,夫妻之间同样需要面子,同样需要给对方一个台阶下,不仅给对方面子,而且也是给自己一个面子;更是给自己的爱情一个机会。

那年,小玉刚刚25岁,虽然个子并不是很高,穿上高跟鞋才一米五多点儿,但是她身上所透射出来的青春气息还是能让周围的男孩子感受到她的活泼个性,人们都称赞她是水中绽放的美丽白莲花。虽然自己没有很好的身材,但是心高气傲地小玉非要嫁个条件好的。在一次相亲的时候,小玉和枫认识了。枫,是她第五个相亲对象,一米八的个头,魁梧挺拔,剑眉朗目,小玉第一眼便喜欢上了他。隔着一张桌子坐着,却低着头不敢去看枫,两只手反复抚弄衣角,脸红得像两个熟透了的苹果,而心里更像揣了好几只兔子,左冲右撞的。而枫也被眼前这个娇小可爱的女孩子给迷住了,他一直想自己为什么不早点遇到这个女孩子呢?

很快,两个人相爱了。恋爱的日子如同蜜里调油,恨不得24小时都黏在一起。两个人拉着手去逛街,一大一小,虽然有些不协调,但是也引来了大家赞许的目光。楼下的大爷眼花,有一次见了枫就问:送孩子上学啊?枫镇定自若地应着,却拉小玉一直跑出好远,才憋不住笑出来。

枫没有大房子,小玉也心甘情愿地嫁了枫。拍结婚照时,两个人站在一起,小玉还不及枫的肩膀。小玉有些难为情,枫笑,没说小玉矮,却自嘲是不是自己太高了?摄影师把他们带到有台阶的背景前,指着枫说,你往下站一个台阶。枫下了一个台阶,就这样,小玉从后面环住枫的腰,头靠在他的肩上,附在枫耳边悄声说:"你看,你下个台阶我就有面子了,我有面子,你也就有面子了。"

结婚后的日子就像涨了潮的海水,各自繁忙的工作,没完没了的家务,孩子的奶瓶尿布,数不尽的琐事,一浪接着一浪汹涌而来,让人措手不及。面对这些烦琐的事情,小玉和枫不可避免地就有了矛盾和争吵,于是就有了泪水和纠缠。

第一次吵架,小玉任性地摔门而去,走到外面才发现无处可去。只好又折回来,躲在楼梯口,听着枫慌慌张张地跑下来,听声音就能判断出,枫一次跳了两个台阶。最后一级台阶,枫踩空了,整个人撞在栏杆上,"哎哟哎哟"地叫。小玉看着枫的狼狈样,终于没忍住,捂嘴笑着从楼梯口跑出来。小玉伸手去拉枫,却被枫用力一拽,跌进枫的怀里。枫捏捏小玉的鼻子说,以后再吵架,记住也不要走远,就躲在楼梯口,等我来找你。小玉被枫牵着手回家,心想,真好啊,连吵架都这么有滋有味的。其实小玉并不知道,这次枫撞在栏杆上完全是一个骗局,他只不过是找了一个台阶让小玉跑出来看自己。

有了第一次的吵架就有了第二次。

第二次吵架是在街上,两人为了买一件东西而吵了起来,一个坚持要买,一个坚持不要买,争着争着小玉就恼了,甩手就走。走了几步后躲进一家超市,从橱窗里观察枫的动静。以为枫会追过来,可是让小玉失望的是他没有追过来。枫在原地待了几分钟后,就若无其事地走了。小玉又气又恨,怀着一腔怒火回家,推开门,枫双腿跷在茶几上看电视。看见小玉回来,仍然若无其事地招呼小玉:回来了,等你一起吃饭呢。枫揽着小玉的腰去餐厅,挨个揭开盘子上的盖,一桌子的菜都是小玉喜欢吃的。小玉一边把红烧鸡翅咂得满嘴流油,一边愤怒地质问枫:为什么不追我就自己回来了?枫说,你没有带家里的钥匙,我怕万一你先回来了进不了门;又怕你回来饿,就先做了饭……这次,枫一下子给了小玉两个台阶下,也正是因为这两个台阶,小玉扑哧一声转怒为笑,所有的不快全都烟消云散。

还有一次,枫打牌一夜未归,孩子又碰上发高烧,小玉给枫打电话,关机。小玉一个人带孩子去了医院,第二天早上枫一进门,小玉窝了一肚子的火噼里啪啦地就爆发了……

这一次是枫说要离开了。他说吵来吵去的自己已经累了。匆匆忙忙收拾了一些东西之后,枫就搬到了单位的宿舍,家里留下小玉一个人。面对着冰冷而狼藉的家,小玉心凉如水。想到以前每次吵架都是枫百般劝慰,主动下台阶跟小玉求和,现在,枫终于厌倦了,爱情走到了尽头,枫再也不肯努力去给台阶了。

那天晚上,小玉辗转难眠,突然她看到了他们的结婚照,于是又想到了那个台阶的故事,于是小玉顾不上穿上衣服,跑到客厅里拨通了枫的电话,只响了一声,枫便接了。原来,枫一直都在等着小玉给自己台阶。

幸福有时候真的只需要一步台阶的距离,无论是他下来,还是自己上去,只要两个人的心在同一个高度和谐地振动,那就是幸福。因此,必要的时候,不妨给对方一个台阶,那你就维护了爱情,也保全了家庭。毕竟给对方一个台阶,就是给自己一个台阶呀!

6 是赌气还是赌情

人,总是会为了活一口气而去做很多事情,正如我们经常所说的那样:"人活着,就是为了一口气!"所以有的人选择了志气,有的人选择了勇气,有的人选择了生气,更还有人则选择赌气。特别是在爱情面前,几乎所有的人都曾经赌气过,即便是再理智的人也难逃"赌气"这个魔掌。

印度有一个已经80岁的老先生乌拿达,他原来是一个大地主的儿子,从小就和临村有钱人家的女儿定了亲。印度人的风俗是早婚,女孩子十多岁就可以结婚,但小新娘希望他搬出去跟她娘家的人一起住。乌拿达从小就是个"有志气"的男子汉,心想,这就是要他入赘,怎么行呢?于是两人离了婚。

离婚后乌那达就立下志愿,这辈子要娶足100个太太,以此来羞辱自己的第一个老婆。

这种做法当然是为了赌气。大部分人赌气的时间都不长,但乌拿达的毅力却很惊人。他从少年时期便开始迎亲,80岁时已经迎娶了90个妻子,生了29个孩子,由于他过于热衷于迎亲活动,每一段婚姻都不长久。而目前,只有一个太太、两个儿子和一个女儿,和自己住在一起。

因为结婚记录太辉煌,所以他已经成为国际名人。当新闻报道说他打算再娶十个妻子凑足一百个后,已经有三个美国女人、三个日本女人、两个匈牙利女人和一个德国女人排队想要嫁给他。

为什么有人要嫁给一个糟老头呢?她们可不只是想共襄盛举创造世界纪录,而是因为乌拿达的"习惯"是给每个愿意嫁他的女人很大一块地——这位大地主的儿子,为了娶100个太太,已经把老爸留下来的地耗光了。有些女人,分了地就走人,他也不在乎,他说,除了赌口气外,他不断迎娶太太,是为了帮助贫穷妇女。结婚,是他的慈善事业。

暂且不管这种动机是不是真的,就是他的一生因为赌气而娶了100个女人,那么他赌的到底是气还是情呢?恐怕是后者吧!

对于一个真正有"志气"的人来说,不仅需要勇气,更要舍得一时的"英雄气短",否则因为自己的赌气而赌掉了自己一辈子的幸福。更何况,赌得太长徒然浪费人生的美妙时光。气是赌到了,目标也完成了,可是人生又能有什么收获,自己的感情生活又在哪里呢?倾一生之力,又无人感激,一辈子,就只换得一个笑话而已。

赌气是人类特长。而赌气的最终原因就是因为"生气",很多人因为生气而变得异常冲动,以至于干出一些损人不利己的事情来。

历史上有个很有趣的"赌气"逸事:

明代有个才子叫解缙,小时候住在一个做官人家曹尚书的对面。曹尚书家中有个漂亮的竹园。解缙年纪小小,很爱吟诗做对,每天看着茂密的竹林,十分畅快,于是写了一副对联:门对千竿竹,家藏万卷书。

很多人看了,称赞他是个天才,曹尚书知道了很不高兴,心里在想:竹林明明是我家的,怎么可以借给他当题材写诗呢?于是故意让仆人把竹林砍短。这还不算,他越想越不开心,又命令仆人全部砍去,给神童难堪。没想到,解缙又在对联上加了四个字,变成:门对千竿竹短无,家藏万卷书长有。

曹尚书无端毁了自家竹林,又让解缙证明了他的才华,全然是损人不利己,可见人在气头上,什么不理性的事都做得出来。

赌气,可能只是因为小小的事情,却因为一时气不过,做出你死我活的决定。

当然,在现代生活中,在我们的身边,因为感情而赌气的事件都很多,曾经就有这样一个报道:

有个女孩和男友吵架,就在地下铁的月台上。女的先踹了男的一脚,男的气不过,也甩了女友一巴掌,女友竟然赌气跳下地铁月台,还好服务人员及时发现,要女孩别碰有高压电的铁轨,男友又在紧急时刻把女孩抱了上来,这才没有发生惨案。

那么请问这到底是在赌什么呢?赌气,赌感情,还是赌生命?似乎没有人明白。人不可能没有"气",但是有"气"的时候你可以发泄,可以忍,但是千万不能拿去赌,因为你赌的不仅仅是你的"气",而是你的前途,无论是婚姻的前途还是生活的前途,这一切都会让自己后悔不已。

7 软声细语牵住爱情

所谓好言好语三冬暖,恶言恶语盛夏寒。那么对于家庭而言,该怎么样说话才能让自己的爱情长久呢?最好的方法就是用软声细语来牵住爱情,这样就不会让爱情跑远,更不会让爱情迷路。

当然,软声细语对于女人来说很容易就能做到,但是对于很多男人来说,这似乎并不是非常容易,软声细语说白了其实就是一种妥协,一种退让,这样做的话会让他们觉得放不下面子。其实事情根本没有这么复杂,对于爱情来说,一切的付出都是值得的,更何况是几句软话呢?

小丽是有名的甜嘴。据说,小丽在小时候就特招人喜爱,见到认识或不认识的人总是叔叔阿姨叫个不停。看到这么一个活泼可爱,而且又特别懂事的小丫头,谁能不喜欢呢!

他和小丽是经人介绍认识的。他们第一次见面,小丽就甜甜地对他说:"大哥,你来了!"听了她的问话,他先是一愣,然后笑着说:"来啦,大妹子!"他的话一脱口,她笑了:"咱俩在这儿演小品呢!"他的手脚比较懒惰,而且脾气也比较暴躁。婚前小丽就对他说:"等结婚了,我好好修理修理你!"听了她的话,他心中不由暗笑:老妈修理他这么多年都修理不好。凭你这两下子,能修理得了我?

结婚第一天,早晨小丽在被窝里甜甜地对他说:"老公,你起来做早餐啦!"他懒惯了,结婚第一天就让他做饭,摇摇头说:"昨天喝多了,今天早晨他有点不舒服。你起来做吧,想吃什么你就做什么!""不嘛,我们那儿有个风俗:结婚第一天,老婆要吃老公做的饭。据说这样可以使女人长命百岁!"一听小丽的话,就知道是她瞎编。但甜甜的小丽把话说到这份儿上,他还能说什么,再不起来,不明摆着不让她长命百岁吗!

第二天,小丽又把他从梦乡中摇醒:"老公,我还想吃炸鲜蛋!"一听小丽的话,他心中不由地叫苦,昨天他犯的哪门子傻,做饭竟拿出了自己的绝活儿。一时讨好了小丽,但以后的早餐……哎,一步错,步步错啊!

小丽的甜嘴,避免了他们生活中的许多矛盾。在他大喊大叫准备发脾气时,小丽定会轻轻地拉着他的手,柔柔地说:"老公别生气了,是我错了!"听到小丽轻声细语的道歉,他的火气顿时就消去了一大半!

记得有一次,他们之间为了一件小事而吵了好几天,因为双方都不想退让,所以感情迅速滑向了危险的边缘,终于在一次激烈的争吵之后,他狠狠地丢下一句话:我们离婚吧!说完,他就离开了,一个上午都没有回来。小丽留着眼泪慢慢地收拾起了衣服,虽然她在做着这些事情,但是她完全是不由自主地在做,因为她还不想放弃这段感情,可是事情已经闹到了这一步,到底该如何收场呢?

这时,小丽想起了曾经听人说过的一个故事:说是有两条狼,因为争夺一份食物而互相撕咬了起来,眼看着其中一条就要命丧黄泉的时候,其中的一条狼主动放弃了撕咬,而是去亲密地舔了舔对方,就在它伸出舌头的那一刻,对方那条狼也伸出了舌头舔了舔对方,于是双方又和好如初,食物也就被平分。而后来听人介绍,那两条狼是两口子,一条公狼,一条母狼。

小丽想想自己和老公现在这个样子不就是那两条狼吗?如果这个时候能放弃撕咬,不也是能挽回自己的爱情吗?同时小丽还想到平时出现争吵的时候,不也是自己说了软话,老公就和自己和好了吗?为什么这次不再试一次呢?

想到这里,小丽拿起了电话……还没有说两三句话,对方也就软了下来,并且还承诺以后再也不这么任性了。幸福的泪水挂满了小丽的脸庞。

爱情就是这样,需要有一个人先开口,更需要两个人的软声细语。一个刻薄的人是不会拥有美好的爱情的,因为没有人受得了这样的生活。在你发现爱情出现危机,或者是两人出现争吵的时候,不妨试试用自己的软声细语来牵绊住自己的爱情,不让它跑远,也不要让它迷失回家的路。

8 爱情没有输赢对错之分

爱情里没有输赢,赢的是感情,输的也是感情,更不能记得失。爱情是自由的,拥有时一定要珍惜,失去时一定要珍重。心灵是自由的,悲伤可以占满你的心头,快乐也可以充斥你的内心,不惧怕任何的失败,我们才是胜利者。爱情,如果以失败结局,其实就是两败俱伤的故事,在爱情里没有输赢或对错,因为你伤害了对方其实也就是在伤害自己。即便你赢了,是你对,那么也是你输了,也是你错了。

有人说,爱让一个人低声下气,爱让一个人失去自己。他们说,谁爱得多,谁就输得多。或许有人相信,爱情是一场博弈,需要心理的较量,但爱情不是战争,爱不是用来打败对方的,更不能用爱来制约对方。爱是一种力量,爱是一种宏博、柔韧、持久、坚强的力量。夫妻之间,并无高下贵贱之分,没有谁更优秀、谁更爱谁,谁付出的更多一些。这些都无关紧要,只要能长长久久过上幸福的日子,一切都是对的。

珍珍和丈夫结婚已经三年多了,还有一两个月就是四年了,可是就在这一两个月之间,珍珍和老公之间发生了严重的分歧,以至于闹到了离婚的地步。而产生这样的分歧原因很简单:老公上个月给自己的母亲买了一台两千多块钱的冰箱,而这个月,珍珍的母亲也希望珍珍的丈夫给自己买一台冰箱,可是根据老丈母娘的要求,她所要的冰箱只要一千多块钱的就可以了,因为珍珍的父亲在几年前已经去世,所以她母亲一个人并不需要太大的冰箱。

可是当他把这个想法告诉珍珍的时候,珍珍发火了,她认为自己的丈夫是偏心,给自己的母亲买这么好的冰箱,而给丈母娘却买这么差的,这不是明摆着看不起自己吗?尽管丈夫多次进行解释,珍珍都听不进去,硝烟弥漫的战争过后就是可怕的冷战时间,两个人虽然身处同一室但是却是一整天都没有一句话,可怜的孩子夹在两个人之间不知道该怎么办才好,只是小心翼翼地在自己的房间玩耍,生怕惹恼了父母中的任何一个人。

晚上,争吵又开始了,珍珍非得要丈夫承认是自己错了,而丈夫则一口咬定自己并没有错,是珍珍错了,并且要她道歉。话不投机半句多,珍珍和丈夫争吵了两句之后,赌气带上女儿离开了家,来到自己的母亲家里,一把鼻涕一把泪的向母亲哭诉开了,而丈夫则一个人留在家里发愣。

没过多久,在母亲家里的珍珍就受到了丈夫寄来的离婚协议书,珍珍没有想到三年的夫妻感情就在一件小事上结束,但是心气高傲的她并没有想多久,就在上面郑重地签上了自己的名字。

可是法院宣判那天,珍珍后悔了,她哭着闹着对丈夫说是自己错了,是自己太自私了。是丈夫赢了,是丈夫对的。可是现在说这些有什么用,一段逝去的感情还能真正找回来吗?

听着女儿撕心裂肺的哭声,珍珍突然明白了一个道理:爱情是没有输赢对错之分的,即便自己赢了,其实也输了,对了也是错了。可是现在明白了又能挽回一些什么呢?

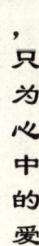

第八章 低头的温柔,只为心中的爱

在爱情里面,是没有输赢之分的。爱了就要全身心地投入去爱一场,互相迁就,互相理解。谁又会说爱得深爱得多的那个人就是输家呢?能让生命体验到了真爱是很难得的,在这个世界上谁知道有多少人一生都没有遇到自己的真心爱人呢?

爱情需要的是那段享受美好日子的过程,而不是享受争吵所带来的输赢对错。爱了就爱了,幸福了,体验了。伤了,痛了。无论如何不要为自己的付出后悔。因为在爱情里面永远没有谁输谁赢。若要爱的幸福,两个人最好付出对等的爱,善待对方的爱,那么两个人都将会是爱情共同的赢家。

9 认错是为了更多的和谐

古人云:"人非圣贤,孰能无过?"实践证明这绝对是一条真理。我们每个人谁都不能保证自己一生不会犯错误,特别是在主观意识非常强的感情生活上,难免会出现这样或那样的错误和过失。虽然说每个人都会有错误,但是每个人处理错误的方式却不尽相同。有的人坦率认错,知错就改,所以他也能得到对方的原谅。有的人却遮遮掩掩,拒不认错,所以最终弄得家里鸡飞狗跳,不得安宁。

其实,有了错误并不可怕,只要勇于承认,努力改正,不仅可以得到大多数人的谅解,还能有助于自我完善。因为在人们心目中始终认为敢于认错才是是强者风范,敢于认错的人才是真正的爱面子之人。所以,我们没有必要害怕犯错误,关键在于我们如何对待错误。

莉莉和男友经过7年的爱情长跑终于修成了正果,在一个风和日丽的春天的正午,他们走上了神圣的红地毯。在拜见双方父母的时候,莉莉的公公对莉莉的丈夫说了一句让人发人深省的一句话:"孩子,你现在长大了,但是我还是不能保证你不犯错误,如果你真的有这样一天,那么就请你和从前一样,主动认错,好吗?"

因为是婚礼,莉莉和丈夫都没有过多地考虑公公这句话的分量。只是过了仅仅几个月,两人的感情就出现了不大不小的危机。原因就是因为莉莉的丈夫整天因为忙于工作,而忽视了莉莉,这本来可以算是一件小事,但是莉莉是一个依赖心极强的女孩子,她总是希望自己的丈夫能在业余时间多多陪陪自己,这样两人之间就会有更多的交流,更多相依相偎的时间。可是每次莉莉提出这些的时候,丈夫都是以各种各样的理由来拒绝,一会儿说今天要加班,一会儿说明天要出差……总之,就是不能在家陪自己。

女人的第六感感觉到丈夫出事了,虽然她们刚刚结婚几个月人,但是男人也是一种善变的动物,说变就能变,更何况在他们爱情长跑的时候,莉莉的丈夫也曾经因为路边的野花而一度停下了脚步。想到这些,莉莉突然担心了起来,但是她又不知道该怎么办,在姐妹们的劝说下,她采取了最冒险的做法:跟踪。

晚上回到家,莉莉故意和丈夫说隔壁的大商场正在促销,想让丈夫陪着自己去逛逛,可是丈夫却说要开会,聪明的莉莉早就预料到了他会这样说的,但是莉莉从丈夫的同事那里已经得知第二天全体公司放假一天,这样的现实更加证实了莉莉的担心——丈夫有外遇了。伤心的泪水流下了莉莉的脸庞。既然丈夫这样绝情,那么她也就没有什么好顾虑的了,只要捉奸成双,抓个现行,看丈夫还有没有话说。

丈夫一早就出去了,在丈夫出门的时候,莉莉故意躲在被窝里不肯出来,可是一等丈夫把门关上的时候,莉莉就跟了出去:她一晚上根本就没有脱衣服。一路上丈夫走走停停,似乎是在躲避追踪似的,但是莉莉也是一个聪明人,她没有跟的很近,也没有被丈夫发现。可是就在莉莉暗自着急的时候,她发现了自己要寻找的答案:丈夫,丈夫的初恋情人,相依相拥,亲吻……似乎他们才是真正的新婚夫妻。

莉莉再也看不下去,在丈夫和他初恋情人毫无防备的情况下泪流满面的出现在了他们的面前。丈夫被莉莉突如其来的出现惊呆了,而他的初恋情人也因为莉莉的出现变得异常尴尬,想说什么却又说不出口……丈夫一直在质问莉莉为什么跟踪自己,莉莉没有回答,她只是证明了自己的猜测,然后又泪流满面地回到公公家里,把事情的来来回回都倾诉了出来,她之所以没有回自己的母亲身边是因为她怕自己的父母因此而担心自己,更何况她相信公公婆婆是明白道理的人,一定能帮助自己解决问题。

很快,丈夫被严厉的公公叫到了自己的跟前,空气中迷茫着浓烈的火药味。大家什么话都没有说,只有莉莉断断续续地抽泣声。公公严肃地坐在藤椅上,一根接着一根地抽烟,婆婆一脸担心的坐在身边。静默了很长一段时间之后,公公终于开口了,他还只是说了一句话:"还记得我在你婚礼上说过的话吗?如果你还记得,如果你还是一个男子汉,那么就按着我说的话去做吧!"

丈夫听到父亲说的话,突然间想起了结婚那天父亲确实跟自己说过一句

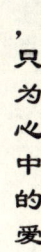

243

话:"孩子,你现在长大了,但是我还是不能保证你不犯错误,如果你真的有这样一天,那么就请你和从前一样,主动认错,好吗?"而现在不正是自己犯错误的时候吗?懊悔不已的丈夫紧紧地抱住莉莉,一连说了十几个对不起,惊慌失措的莉莉开始破涕为笑。

从那以后,一有什么样错误,他们都会主动认错,无论是莉莉还是丈夫,也从那天开始以后,丈夫再也没有因为各种各样的理由离开莉莉。一家人又开始了和谐幸福的生活,一年之后,他们又给父母添了一个可爱的孙子。

所以说人生最大的勇气就是勇于认错,而不是固守面子。爱面子,是人的一种本能,是人维护自尊心的体现。但这并不表示在你犯了错误之后,还应该维护自己的面子而不去承认错误,不去承担责任。如果真是这样,那就是死要面子,最终会因为死要面子而活受罪,受伤害的肯定是自己。因为认错不仅不会让自己丢失面子,而且还会让自己的生活获得更多的和谐。

10 低头认错以免鱼死网破

爱情似乎总是有无穷无尽地事情可以争吵,而每次争吵完,总是会有无穷无尽的转身离去,然后又转身回来,这就是爱情的奇妙之处。这样做并不是一种没有尊严的表现,而是一种珍惜,一种对于神圣爱情的呵护。有人说两个相爱的人之间出现了矛盾,第一个低头转身的就是他们之间感情上的天使,所以,如果你真的是爱对方的,那么不妨就做自己感情的天使,在彼此之间发生矛盾的时候,不妨主动低头转身,这样做的目的很简单,不要让自己的爱情鱼死网破。

琴和彬是青梅竹马。只不过,一直都是彬小心地呵护着琴。彬大琴三岁。在学校时,虽然他们在不同的年级,不同的系,但彬的体贴却是无处不在。彬并不是每天都来找琴,但琴的手机在每晚临睡前却总是会准时响起,说一些天冷了,记得加衣服、晚上别在被窝里看书的话。

所有的人都知道琴有一个为琴甘愿付出的男友。琴嘴里不说,心里却是得意的。彬在校园里并非默默无闻之辈,长相俊朗,才气逼人,是多少女孩子暗恋的对象,这样的一个人,却独独对琴用情至深。琴知道彬的好,但琴是父母宠坏的孩子,彬就像是琴父母的接力棒,父母不在她身边的时候接着宠爱琴。因此,琴撒娇,任性,甚至有时候蛮不讲理都会得到彬的原谅。每次彬琴吵架,彬总是生气地走开,但最后低头转身的总是彬。彬说,丫头,我们和好吧。每次听到这句话,琴的心里都会涌出泪来,其实琴是最害怕失去彬的。

有人说,两个相爱的人之间发生了矛盾,第一个转身的就是他们感情上的天使。琴心里想,彬一定就是上天给自己安排的那个天使吧。

彬和琴相继毕业走出校园,彬和琴选择了生活在一起。琴是一个玲珑剔透的女孩子,喜欢自由,向往完美的生活,但是生活中的琐碎让琴不胜其烦,而彬则主动承担了大部分的家务,照顾琴,还是一如既往地宠着琴。但琴却觉得,彬开始有意无意地干预琴的生活了。某次琴下班和男同事喝酒,深夜才回去,彬大为震怒,那一夜彬睡到了另一个房间。

可是就在几天后的夜里,彬又主动来到琴的房间,拥住了琴,说对不起。他们的争吵虽然不断,但每次都是彬转身说对不起,虽然琴觉得等待彬转身的时间变得越来越长,但他还是没有主动转身过一次。后来有一次,他们为一件小事争吵后,彬走出了琴的房间,走出了他们所住的房子。一天,两天,三天,琴等待着彬转身。一个星期后,琴耐不住这种等待的痛苦,决定到外地几天,琴想,当自己回来的时候,一切都会烟消云散的,彬还是会往常一样主动拥住自己说对不起的。

可是当琴回来时,眼前的一切让她惊呆了,房间里已经没有了彬的痕迹。彬已经辞职,听他同事说他已经去了外地。琴没有想到彬会采取这种决绝的方式。琴知道自己是深爱着彬的,那么多的争吵都是因为自己的任性,不懂得珍惜。而彬,不是一直包容着琴,扮演着感情的天使吗?而琴却一直都没有扮演过这种角色。

很久以后,琴把这件痛心的往事讲给朋友听,仍然不明白为什么彬会突然离去。朋友听了,突然说:为什么你不转身呢?那一刹那,琴泪流满面,多么简单的一句话,可是当初为什么琴没有转身呢?似乎美好的爱情大抵都是如此,总会有无数次的低头和转身,而那个最先转身的人是彬琴爱情的天使。但如果每一次转身的都是同一个人,天使也会疲倦,也会因为受不了而选择离开。彬就是那个天使,那个已经疲惫了的天使。

爱情是两个人的事情,正所谓比翼双飞需要的就是这种公平和珍惜,一个人一次两次的转身并不是很难,难就难在一辈子都低头转身,这对于那个人来说实在太累了。虽然说爱情当中没有公平对错之分,但是最基本的怜惜、知足也还是有的。虽然说爱情可以包容任性,可以包容错误,但是这种包容毕竟只是暂时的,人生之路漫漫而又坎坷,谁能保证谁能包容谁一辈子、谁能一辈子都

低头的温柔,只为心中的爱

做那个首先低头转身的天使呢?

  人都是有自私心理的,即便是神圣的爱情里面也是有这样的成分。所以我们应该认识到这一点,在彼此之间发生争吵之时,不妨主动低头,主动转身,哪怕仅仅是一次,也会换来爱情的和谐美好,才不至于让自己的爱情鱼死网破。婚姻甜蜜和破碎的区别只在低头转身的一个距离。